AF557356

Joachim Seifert · Peter Schegner

Zellulare Energiesysteme

Prof. Dr.-Ing. habil. Joachim Seifert
Prof. Dr.-Ing. Peter Schegner

Zellulare Energiesysteme

Grundlagen · Teilsysteme · Märkte · Rahmenbedingungen · Praxisbeispiele

Mit Beiträgen von:

Dr.-Ing. Paul Seidel (Teile Abschnitt 11.1)

VDE VERLAG GMBH

Bibliografische Information der Deutschen Nationalbibliothek
Die Deutsche Nationalbibliothek verzeichnet diese Publikation in der Deutschen Nationalbibliografie; detaillierte bibliografische Daten sind im Internet über http://dnb.dnb.de abrufbar.

ISBN 978-3-8007-5557-8 (Buch)
ISBN 978-3-8007-5558-5 (E-Book)

Coverabbildung: Ronald Grüner, publicnomad productions | MDR

Satz: Reemers Publishing Services GmbH, Krefeld
Druck: CPI books GmbH, Leck
Printed in Germany 2023-03

Vorwort

Die Vernetzung von unterschiedlichen Energiesystemen gewinnt durch die Energiewende zunehmend an Bedeutung. Zusätzlich ist eine Umstrukturierung von einer zentralen zu einer dezentralen energetischen Versorgungsstruktur zu erkennen. Vor diesem Hintergrund möchte das vorliegende Buch einen Überblick über *„Zellulare Energiesysteme"* vermitteln. Sicherlich gibt es schon einzelne qualitativ hochwertige Veröffentlichungen zu der genannten Thematik. Das Buch versteht sich daher eher als kompaktes Nachschlagewerk, um erste Erkenntnisse zu gewinnen und einen Einstieg in die Thematik zu bekommen. Die Gliederung spiegelt dabei Lehr- und Forschungsinhalte der TU Dresden wider, die die Autoren seit vielen Jahren vermitteln. Die nachfolgenden Ausführungen reihen sich in die Veröffentlichungen der „Dresdner Schule" ein und umfassen sowohl Grundlagenthemen als auch aktuelle Forschungsfragestellungen.

Die Autoren möchten sich ausdrücklich beim VDE Verlag für das Interesse sowie die Herausgabe des Buches bedanken. Möge das Buch für die Lehre und Forschung an universitären wie nicht-universitären Einrichtungen sowie für den interessierten Leser in der Planungspraxis hilfreich sein. Das Autorenteam ist für Hinweise sehr dankbar.

Dresden, im Januar 2023

J. Seifert / P. Schegner

Inhaltsverzeichnis

Formelzeichen und Abkürzungen

Lateinische Buchstaben

Symbol	Bedeutung	Wert	Einheit
a	Koeffizient der Berechnung		–
a	Anteil der Einzeldruckverluste		–
A	Fläche		m^2
b	Koeffizient der Berechnung		–
BLV	Betriebsleistungsverhältnis		–
c	Koeffizient der Berechnung		–
c_p	massespezifische Wärmekapazität		$J/(kg \cdot K)$
c_p^*	volumenspezifische Wärmekapazität		$J/(m^3 \cdot K)$
C	Kapazität		Ah
$CAIDI$	Customer Average Interruption Duration Index		min
d	Durchmesser		m
e	spezifische Exergie		kW/kg
E	Exergie		Wh
$\dot{E}$	Exergiestrom		W
E	Energie		cal/mol
E_v	flächenbezogener Lichtstrom (Beleuchtungsstärke)		lx
f	Frequenz		Hz
f	Fehler		%
F	Fehlerfaktor		–
g	Fallbeschleunigung	9,81	m/s^2
G	freie Enthalpie (Gibbs-Energie)		J
G	Anheizgradient		K/s
GV	Gebäudeversorgungszustand		–
h	spezifische Enthalpie		J/kg
h	Höhe		m
H	Enthalpie		J
H	Hub		%
I	Strom		A
j	komplexer Operator (imaginäre Werte)		–
k	Rauigkeit		mm

Symbol	Bedeutung	Wert	Einheit
k	Wärmedurchgangskoeffizient		$W/(m^2 \cdot K)$
k	Knotenanzahl / Schichtanzahl		–
k	Zeitschritt		–
k_V	Volumenstrom durch ein Ventil		m^3/s
k_{VS}	Volumenstrom durch ein Ventil (Einheitsbedingungen)		m^3/s
K	Kompressibilitätszahl		–
K_i	Korrekturfaktor		–
l	Länge		m
m	Masse		kg
m	Maschenanzahl		–
m	Anstieg (Prognose)		kWh/K
$\dot{m}$	Massestrom		kg/s
n	Drehzahl		s^{-1}
n	Anzahl der Verbindungen		–
N	Zyklenanzahl		–
p	Druck		Pa
p	Leistungsstufe		kW
p	Polpaarzahl		–
p_M	spezifische Leistung (massebezogen) / Leistungsdichte		W/kg
p_V	spezifische Leistung (volumenbezogen) / Leistungsdichte		W/l
P	elektrische Leistung (Wirkleistung)		W
q	spezifische Wärme (Arbeit)		J/kg
Q	Qualität eines Systems		–
Q	Wärme (Arbeit)		kWh
Q	Blindleistung		var
$\bar{Q}$	durchschnittliche, gemessene Wärme		kWh
$\tilde{Q}$	fiktive Wärme (Prognose)		kWh
$\dot{Q}$	thermische Leistung		W
r	Radius		m
R	Ausfallwahrscheinlichkeit		h^{-1}
$\tilde{R}$	Resilienzmaß		h
R	Widerstand (thermisch)		K/W
R	längenspezifischer Druckverlust		Pa/m
Re	Reynolds-Zahl		–
R_a	Farbwiedergabeindex (= Colour Rendering Index, CRI)		–
s	spezifische Entropie		$J/(K \cdot kg)$

Symbol	Bedeutung	Wert	Einheit
S	Scheinleistung		VA
$SAIDI$	System Average Interruption Duration Index		min
$SAIFI$	System Average Interruption Frequency Index		–
T	absolute Temperatur		K
u	spezifische innere Energie		J/kg
U	Spannung		V
UGR	Unified Glare Rating (vereinheitlichte Blendungsbewertung)		–
U_0	Gleichmäßigkeit der Beleuchtung $U_0 = E_{v,min} / \overline{E}_v$		–
U_j	komplexer Effektivwert-Zeiger der Spannung		–
v	spezifisches Volumen		m^3/kg
V	Volumen		m^3
V	Vermaschungsgrad		–
$\dot{V}$	Volumenstrom		m^3/h
w	Leistungsdichte		W/m^2
w_M	spezifische Arbeit (massebezogen) / Energiedichte		J/kg
w_t	spezifische technische Arbeit (massebezogen)		J/kg
w_V	spezifische Arbeit (volumenbezogen) / Energiedichte		J/l
w	spezifische Arbeit		J/kg
w	Geschwindigkeit		m/s
W	elektrische Arbeit		kWh
X	Summe der unterbrochenen Verbraucher		–
X	Reaktanz		Ω
Y	Admittanz		S
Y_{ij}	komplexe Admittanz		S
z	Anzahl der Netzzweige		–
Z	Druckverlust durch Einzelwiderstände (Summe)		Pa

Griechische Buchstaben

Symbol	Bedeutung	Wert	Einheit
α	Admittanzwinkel		rad
α	Wärmeübergangskoeffizient		W/($m^2 \cdot$ K)
β	Nutzungsgrad		–
χ	normierter Energieinhalt		–
δ	Spannungswinkel		rad

Symbol	Bedeutung	Wert	Einheit
ϵ	Emissionskoeffizient		–
ϵ_{Carnot}	Carnot-Zahl		–
φ	Phasenverschiebung		–
φ	relative Luftfeuchte		%
η	Wirkungsgrad		–
η	dynamische Viskosität		kg/(m · s)
λ	Wärmeleitfähigkeit		W/(m · K)
λ	Schnelllaufzahl		–
λ	Rohrreibungskoeffizient		–
ν	kinematische Viskosität		m^2/s
ϑ	Temperatur		°C
ϑ_{op}	operative Raumtemperatur		°C
ϱ	Dichte		kg/m^3
σ	Stefan-Boltzmann-Konstante	$5{,}67 \cdot 10^{-8}$	$W/(m^2 \cdot K^4)$
τ	Zeit		s
υ	isentroper Gütegrad		–
Ω	Rotorgeschwindigkeit		min^{-1}
ψ	normiertes Restspeicherpotential		–
Ψ	Ventilautorität		–
Ψ	Gesamtzahl der Verbraucher		–
ζ	Einzeldruckverlust		–
ζ	exergetischer Wirkungsgrad		–

Tief- und hochgestellte Zeichen

Index	Bedeutung
a	außen / Außenzustand
a	bezogen auf die steuerbare Anlage
ab	abgeführt
akt	aktuell
arit	arithmetisch
A	Abzweig / Auftrieb / Anschluss
AG	Abgas
Ah	Amperestunden
Anl	Anlage

Index	Bedeutung
AS	atmosphärischer Speicher
ASG	Asynchrongenerator
b	brutto / Betrieb
B	Verbrennung / Betriebsbedingungen
BG	Brenngas
BM	Biomasse
BZ	Brennstoffzelle
C	Condensor / Current
dopASG	doppelt gespeister Asynchrongenerator
D	Durchgang
DEA	Dezentrale Energieanlage
DS	Druckspeicher
e	effektiv / erzwungen / Eintritt
el	elektrisch
E	Expansion / Entladung
EIN	Einschaltung
f	frei
F	Fluid
FP	Fahrplan
geo	geometrisch
gl	gleichprozentig
G	Generator / Gegenlauf / Gas
H	High
HK	Heizkörper
i	auf den Heizwert bezogen
i	innen / ideal
inst	installiert
ist	Ist-Zustand
I	Strom
k	konvektiv
lam	laminar
lin	linear
lt	long term
L	Luft / Leitung / Ladung / Low
LE	Leiter-Erde
LL	Leiter-Leiter
L1…3	Leiter

Index	Bedeutung
m	Mittelwert
max	maximal
min	minimal
M	momentan / Masse / Motor
n	netto
N	Nutzen / Nenn / Norm
opt	optimiert
OF	Oberfläche
PCC	Point of Common Coupling
pot	potentiell
PV	Photovoltaik
r	real / bezogen auf den Bemessungszustand
r	rated (engl.) – Bemessung / Auslegung
rev	reversibel
R	Reaktion / Rücklauf
Ro	Rotor
s	auf den Brennwert bezogen
soll	auf den Soll-Zustand bezogen
sp	Speicher
st	short term
str	Strahlung
sys	System
S	synchron / Schmelze
SG	Synchrongenerator
SZ	Solarzelle
t	technisch
th	thermisch / theoretisch
turb	turbulent
T	Turbine / Trennung
U	Spannung / Umgebung
V	Vorlauf / Ventil
V	Verbraucher/ Verlust / Verdichter / Volumen
W	Wind / Wand / Wasser
WA	Wiederaufheizung
WE	Wärmeerzeuger
Wh	Wattstunden
zu	zugeführt

Index	Bedeutung
1ph	eine Phase (Elektrotechnik)
0,1 … n	Laufvariablen
0 … 1	Bezugszustand
100	100 %

Abkürzungen

Abkürzung	Bedeutung
aFRR	automatic Frequency Restoration Reserve
AC	Alternating Current (Wechselspannung)
AES	Advanced Encryption Standard
AFC	Alkalische Brennstoffzelle
AG	Ausdehnungsgefäß
API	Application Programming Interface
ASG	Asynchrongenerator
ATP	Adenosintriphosphat
BACnet	Building Automation and Control Networks
BGVen	Berufsgenossenschaften
BDH	Bundesverband der Deutschen Heizungsindustrie
BImSchG	Bundes-Immissionsschutzgesetz
BIP	Bruttoinlandsprodukt
BK	Brennkammer
BKV	Bilanzkreisverantwortlicher
BM	Biomethan
BSI	Bundesamt für Sicherheit in der Informationstechnik
BSZ	Brennstoffzelle
BTA	betriebstechnische Anlage
CEN	Comité Européen de Normalisation
CLS	Controllable Local System
COP	Coefficient of Performance
CPE	Customer Premises Equipment
DAG	Datenaggregation
DC	Direct Current (Gleichspannung)
DCC	Demand Connection
DEA	Dezentrale Energieanlage / Diethanolamin-Verfahren

Abkürzung	Bedeutung
DES	Data Encryption Standard
DIN	Deutsches Institut für Normung e.V.
DMFC	Direktmethanol-Brennstoffzelle
DVGW	Deutscher Verein des Gas- und Wasserfaches e.V.
DWW	Druckwasserwäscher-Verfahren
EE	Erneuerbare Energien
EEG	Erneuerbare Energien Gesetz
EEX	European Energy Exchange AG
EIB	Europäischer Installationsbus
EMS	Energiemanagementsystem
ENWG	Energiewirtschaftsgesetz
ENSTOE	European Network of Transmission System Operators for Electricity
ENSTOG	European Network of Transmission System Operators for Gas
EWE	ehemals Energieversorgung Weser-Ems
F	Formstück
FCR	Frequency Containment Reserve
FH/IFAM	Fraunhofer Institut für Fertigungstechnik und angewandte Materialforschung
FNN	Forum Netztechnik/Netzbetrieb im VDE
FNB	Ferngasnetzbetreiber
FW	Fernwärme
GHD	Gewerbe Handel Dienstleistungen
GS	Gasströmungswächter
HAN	Home Area Network
HGÜ	Hochspannungs-Gleichstrom-Übertragung
HT	Turbine (Hochdruckteil)
HV	Verdichter (Hochdruckteil)
IEEE	Institute of Electrical and Electronics Engineers
IKT	Informations- und Kommunikationstechnologie
ISO	International Organization for Standardization
K	Kühler
KNX	Konnex-Bus
KRITIS	kritische Infrastrukturen
KTE	kurzzeitige Trennung
KWEA	Kleinwindkraftanlagen
KWK	Kraft-Wärme-Kopplung
KWKG	Kraft-Wärme-Kopplungsgesetz

Abkürzung	Bedeutung
LMN	Local Metrological Network
LON	Local Operating Network
LowEX	Niederexergetisch
LPG	Liquified Petroleum Gas
LZ	Leitzentrale
mFRR	manual Frequency Restoration Reserve
MCFC	Schmelzkarbonat-Brennstoffzelle
MEA	Monoethanolamin-Wäsche-Verfahren
ML	Minutenreserveleistung
MPP	Maximum Power Point
MOP	Maximum Operating Pressure
MQTT	Message Queuing Telemetry Transport
MS	Mittelspannung
MSB	Messstellenbetreiber
NSH	Nachtspeicherheizung
NS	Niederspannung
NT	Niedertemperatur / Turbine (Niederdruckteil)
NV	Verdichter (Niederdruckteil)
ö VNB	örtlicher Verteilnetzbetreiber (Gas)
OTC	Over the Counter
PAFC	Phosphorsäure-Brennstoffzelle
PCM	Phase-Change-Material
PEM	Proton Exchange Membran
PEMFC	Polymerelektrolytmembran-Brennstoffzelle
PID	Proportional Integral
PL	Primärregelleistung
PV	Photovoltaik
PWM	Pulsweitenmodulation
PSA	Pressure Swing Adsorption
R	Rohr
RfG	Requirements for Generators
RLM	registrierte Leistungsmessung
RNB	Regionale Gasnetzbetreiber
RVK	Regionales virtuelles Kraftwerk
S	Sondertarifkunde
SF	Schwarzstartfähigkeit

Abkürzung	Bedeutung
SG	Synchrongenerator
SH	Spannungshaltung
SL	Sekundärregelleistung
SLP	Standardlastprofil
SM	Synchronmotor
SMES	Supraleitende Magnetische Energiespeicher
SOFC	Oxidkeramik-Brennstoffzelle
Sub	Substrat
T	Transformator
T	Tarifkunde
TAB	Technische Anschlussbedingungen
TAE	thermisch auslösende Absperreinrichtung
TAR	Technische Anschlussregeln
TASE.2	Telecontrol Application Service Element 2
TCP/IP	Transmission Control Protocol/Internet Protocol
TE	Technische Einheit
TL	Tertiärregelleistung
TUD	Technische Universität Dresden
TWE	Trinkwassererwärmung
UZ	Unterzentrale
ÜNB	Übertragungsnetzbetreiber
VDE	Verband der Elektrotechnik Elektronik Informationstechnik e. V.
VDI	Verein Deutscher Ingenieure
VHP	virtueller Handelsplatz
VPN	Virtual Private Network
VNB	Verteilnetzbetreiber
WAN	Wide Area Network
WEA	Windenergieanlagen
WP	Wärmepumpe
WPA	Wi-Fi Protected Access
WSA	Wärmespeicheranlage
WVA	Wasserversorgungsanlage

Mathematische Symbole

Symbol	Bedeutung
x_0	Arbeitspunkt für die Taylor-Entwicklung
Δ	Differenz
ν	Iterationszähler
$\bar{(\cdot)}$	zeitlicher Mittelwert
$\frac{\partial}{\partial_t}$	partielle Ableitung nach der Zeit
$\frac{d}{d_t}$	Ableitung nach der Zeit
$!$	Fakultät
$\underline{(\cdot)}$	komplexe Größe

1 Einleitung

1.1 Allgemeines

Die Umgestaltung des Energiesystems hin zu einer CO_2-neutralen Energieversorgung stellt eine der größten Herausforderungen unserer Zeit dar. Betrachtet man Abb. 1.1, so kann für die Bundesrepublik Deutschland mit Stand 2021 eine CO_2-Emission von $m = 753\ \text{Mio.t}_{CO_2}$ bestimmt werden.

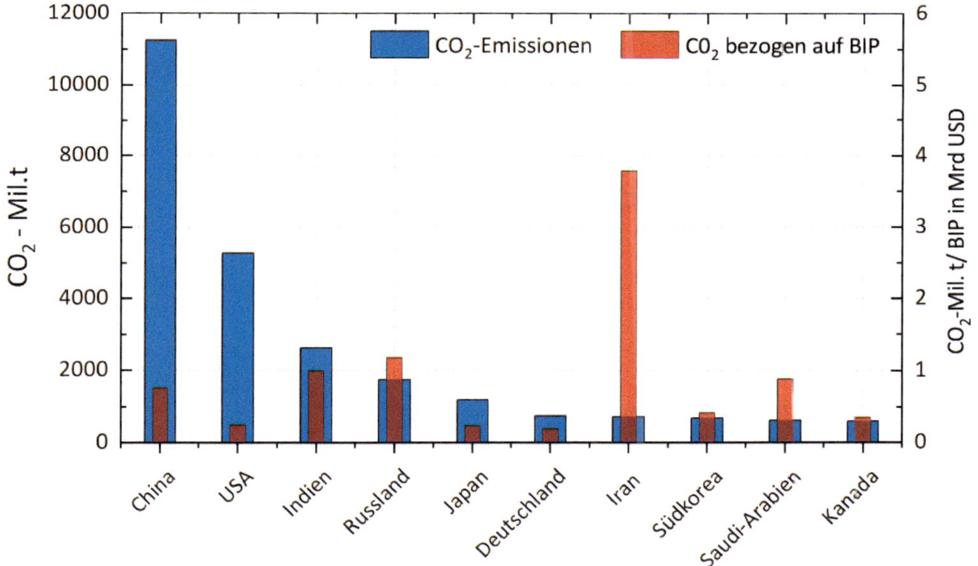

Abb. 1.1: CO_2-Emissionen verschiedener Länder im Vergleich

Im Vergleich zu anderen Industrienationen, z.B. USA, Russland oder Kanada, weist Deutschland eine mittlere CO_2-Emission auf. Interessant ist jedoch eine Betrachtung, bei der das BIP[1] in Bezug gesetzt wird. Diese Daten sind ebenfalls in Abb. 1.1 mit dokumentiert. Vergleicht man diese Kenndaten, dann weist Deutschland die niedrigsten CO_2-Emissionen auf. Ziel eines Transformationsprozesses für die Energietechnik muss es daher sein, die absoluten CO_2-Emissionen zu reduzieren und gleichzeitig ein Absinken des BIP und damit der Wirtschaftsleistung der Bundesrepublik Deutschland zu vermeiden.

Der für den Umbau des Energiesystems notwendige Transformationsprozess ist eine große Herausforderung, da aktuell ein zentralistisch orientiertes Energiesystem existent ist. Dieses Energiesystem wird geprägt von Großkraftwerken, wie Kohlekraftwerken (Braun- und Steinkohle) / Gaskraftwerken sowie Kraftwerken auf Basis von Erdöl[2]. Zukünftig werden vermehrt kleinere

1 Bruttoinlandsprodukt

2 Bis 2022 war noch ein signifikanter Anteil von Atomkraftwerken in Deutschland in Betrieb.

Kraftwerke bzw. Energiewandlungseinrichtungen zur Verfügung stehen, die jedoch so betrieben werden müssen, dass weiterhin die Versorgungssicherheit gewährleistet bleibt. Abb. 1.2 zeigt eine Prognose über die Anzahl an elektrischen Erzeugungsanlagen für die Jahre 2025 und 2030. Die Daten zeigen, dass Anlagen mit einer Leistung von P_{el} < 100 kW stark ansteigen werden. Im Jahre 2025 wird mit 2,7 Mio. Anlagen gerechnet und im Jahre 2030 mit über 6 Mio. (vgl. Abb. 1.2). Diese hohe Anzahl von Systemen mit kleiner und mittlerer Leistung wird nicht mehr gebündelt an einem Ort installiert sein, sondern vielmehr dezentral, d.h. nahe beim Verbraucher.

Abb. 1.2: Prognose zur Anzahl von Elektroenergieerzeugungseinrichtungen in Deutschland

Ausdruck verleiht sich die stärkere dezentrale Ausrichtung der Energietechnik schon heute am Trend der zugebauten Anlagen, wie z.B. PV-Systeme, PV-Speichersysteme, Wärmepumpen und E-Fahrzeuge. Abb. 1.3 dokumentiert den aktuellen Trend.

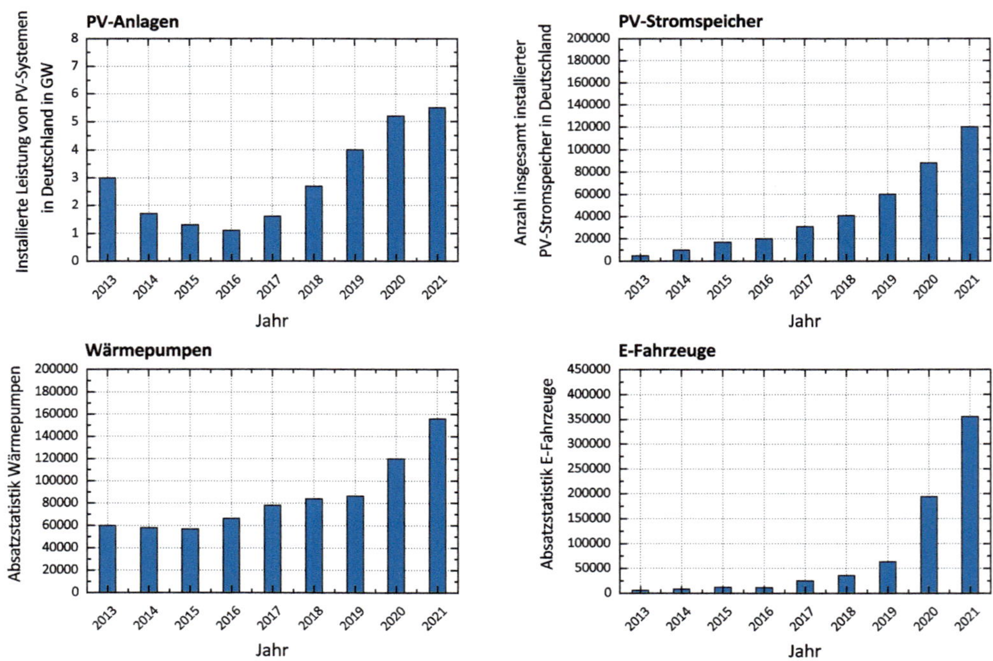

Abb. 1.3: Installation verschiedener dezentraler Energieanlagen + E-Fahrzeuge in Deutschland [22, 23, 78, 84]

Derzeit[3] sind $P = 59\ GW_P$ an Erzeugungsleistung für PV-Systeme installiert. Ausbauziel bis zum Jahre 2030 sollen $P = 215\ GW_P$ sein. Die aktuell installierte PV-Batterie-Speicherleistung entspricht $P = 2{,}5\ GW$ (PV-Batterie-Speicherkapazität $W_{el} = 4{,}4\ GWh$) und ist in den letzten Jahren stark angestiegen. Zusätzlich ist ein enormer Zubau von Wärmepumpensystemen aufgrund der Wärmewende zu erwarten. Jährlich geplant sind von der Bundesregierung 500.000 Wärmepumpen-Neuinstallationen. Flankiert werden diese Entwicklungen vom starken Anstieg der E-Mobilität, wobei signifikante Anteile der Ladeinfrastrukturen dezentral, bei den Gebäuden installiert werden sollen. Dies alles führt dazu, dass dem elektrischen Niederspannungsnetz eine Schlüsselrolle bei der Umgestaltung des Energiesystems zukommen wird, da die dezentralen Energieanlagen hier installiert werden.

Charakteristisch für die neuen Energieanlagen wird sein, dass nicht mehr wie bisher die Nachfragelast die Steuerung der Anlagen bestimmt, sondern vielmehr die Residuallast[4] die bestimmende Größe darstellt. Auf der Nachfrageseite wird der klassische *„Consumer"* durch einen *„Prosumer"* zunehmend abgelöst.

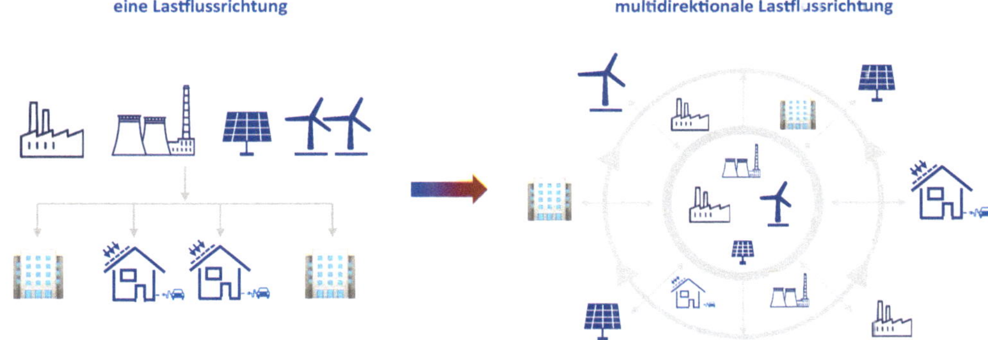

Abb. 1.4: Prognose zur Anzahl von Elektroenergieerzeugungseinrichtungen in Deutschland

Durch den Übergang vom *„Consumer"* zum *„Prosumer"* ändert sich die Struktur der Energiesysteme (gastechnisch / wärmetechnisch / elektrotechnisch). Die vormals gerichtete Lastflussrichtung geht in eine multidirektionale Lastflussrichtung über (vgl. Abb. 1.4). Diese zeitlich stark variierende Lastflussrichtung erschwert die Fahrplangestaltung der Systeme erheblich, da sich eine Abkehr von den bisher verwendeten, standardisierten Nachfrageprofilen hin zu einem stark zeitabhängigen, individualisierten Nachfrageprofil ergibt. Zusätzlich erschwerend kommt auf der Nachfrageseite noch die Integration der Elektromobilität hinzu. Es werden große regionale Unterschiede auftreten, wobei eine neue kennzeichnende Größe des Energiesystems die Flexibilität sein wird.

<u>Flexibilität:</u>

Unter Flexibilität wird die Fähigkeit verstanden, sich an veränderte Randbedingungen selbsttätig anzupassen.

---

3 Stand 2021

4 Die Residuallast ist der Anteil am Stromverbrauch, der abzüglich der volatilen erneuerbaren Energie bereitgestellt werden muss (Restbedarf an Strom, der gedeckt werden muss).

Ein weiteres wesentliches Merkmal des veränderten Energiesystems wird sein, unterschiedliche Energieformen zu integrieren und eine Wandlung zwischen diesen zu ermöglichen. Abb. 1.5 zeigt dies exemplarisch.

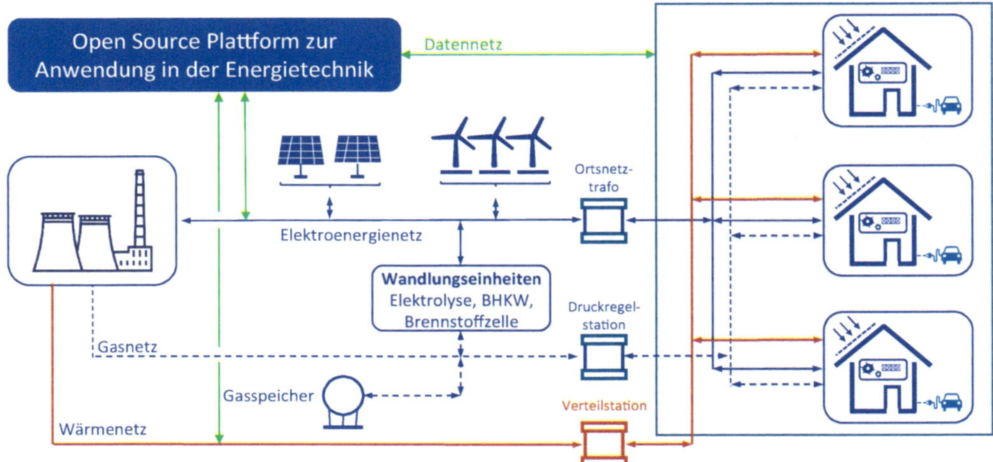

Abb. 1.5: Interaktion der unterschiedlichen Energiesysteme – schematische Darstellung nach [127]

Das vorliegende Buch möchte diesen Themenkomplex aufgreifen und den Fokus auf *Zellulare Energiesysteme* richten.

1.2 Zellulare Energiesysteme

1.2.1 Grundlagen

Bezogen auf die Fachdisziplin der Biologie ist eine *Zelle*[5] die kleinste lebende Einheit aller Organismen [119]. Man unterscheidet zwischen Einzellern und Vielzellern. Die Einzeller bestehen nur aus einer Zelle, wohingegen die Vielzeller zu funktionalen Einheiten verbunden sein können. Betrachtet man den Unterschied zwischen Ein- und Vielzeller, so haben die Vielzeller die Fähigkeit größtenteils verloren, allein zu leben. D.h., die Zellen haben sich auf eine Art „Arbeitsteilung" in Geweben spezialisiert. Betrachtet man weiterhin den Aufbau einer Zelle, so können die Bestandteile entsprechend Abb. 1.6 bestimmt werden.

[5] lateinisch: cellula = kleine Kammer, Zelle

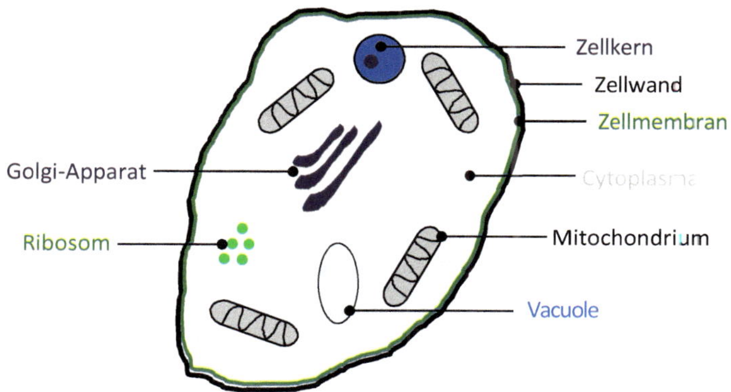

Abb. 1.6: Aufbau einer Zelle (Tier) – schematische Darstellung nach [119]

Mit Bezug auf die Energietechnik stellen die *Mitochondrien* signifikante Bestandteile der Zelle dar. Sie sind die Zellkraftwerke und sind für die Bereitstellung von Adenosintriphosphat (ATP) verantwortlich. Das ATP-Molekül besteht aus einer Base (Adenin), einem Zucker (Ribose) und drei Phosphatradikalen. Zwei dieser Phosphatradikalen sind sehr schwach gebunden und setzen bei ihrer Abspaltung eine große Energie frei ($E = 12.000$ cal/mol$_{ATP}$). Mit dieser sehr großen Energie werden praktisch alle relevanten intrazellularen metabolischen Prozesse realisiert.

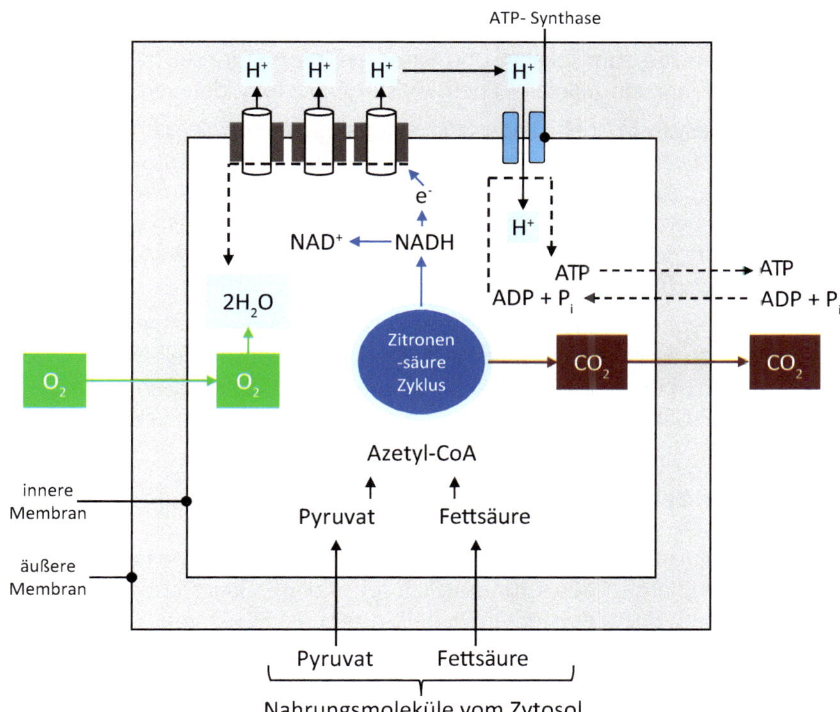

Abb. 1.7: Ablauf der ATP-Bildung im Mitochondrium in Anlehnung an [119] und [3]

Die Bildung des ATP-Moleküls erfolgt im Mitochondrium. Nahrungsmoleküle treten in dieses ein und werden im Zitronensäurezyklus metabolisiert. Mithilfe unterschiedlicher Enzyme werden Protonen zwischen äußerer und innerer Membran des Mitochondriums angehängt. Die hieraus resultierende chemische Triebkraft ist die Basis für eine Protonenpumpe (ATP-Synthase), die zur ATP-Bildung führt (vgl. [119]). Abb. 1.7 zeigt den Bildungsprozess in vereinfachter Form.

Mit Blick auf die Energietechnik können durch die biologischen Vorbilder einige signifikante Erkenntnisse gewonnen werden. Zu nennen sind:

- innerhalb einer Zelle stehen immer mehrere Energiewandlungseinheiten (biol. Mitochondrien) zur Verfügung
- die Zelle realisiert Austauschprozesse über die Zellmembran hinweg
- der Zellkern koordiniert die ATP-Produktion bzw. die Speicherung selbstständig
- der ATP-Verbrauch kann an unterschiedlichen Stellen der Zelle vorkommen – es erfolgt ein Transport innerhalb der Zelle
- in gewissem Umfang alleine lebensfähig

Im technischen Sinne bedeutet dies, dass

1. mehrere Energiewandlungseinheiten,
2. eine Regelungs- und Steuerungszentrale,
3. Speicher,
4. energetische Transportprozesse innerhalb und außerhalb der Zelle sowie
5. Kommunikationsnetze zum lokalen und externen Informationsaustausch vorliegen. Mit diesen Vorgaben kann ein zellulares Energiesystem[6] wie folgt definiert werden:

*Ein **zellulares Energiesystem** ist ein Organisationsmodell für die Energietechnik, welches aus **Energiezellen** besteht. Die Energiezelle als kleinster möglicher Baustein besteht aus einer Infrastruktur zur Energiewandlung, Energieverteilung, Energiespeicherung und Einheiten zum Energieverbrauch. Mittels eines Energiemanagementsystems ist eine Koordination der Prozesse innerhalb einer Zelle und mit Nachbarzellen möglich (Bidirektionalität). Der Ausgleich zwischen Energiewandlung und Energieverbrauch wird über unterschiedliche Energieformen organisiert.*[7]

Das Anliegen des vorliegenden Buches ist es, die Komponenten und Prozesse eines zellularen Energiesystems im Detail zu beschreiben. Hinsichtlich der Organisationsmodelle wird auf Wohnhäuser, Quartiere, Verteil- und Übertragungsnetze aus der thermischen, elektrischen und gastechnischen Sicht eingegangen. Zusätzlich wird die Kopplung zu unterschiedlichen Sektoren adressiert.

1.2.2 Struktur zellularer Energiesysteme

Die Struktur eines zellularen Energiesystems ist vielfältig und geprägt von hoher Interaktion zwischen den einzelnen Energiezellen. Grundsätzlich sei an dieser Stelle jedoch darauf verwiesen, dass auch bei zellularen Energiesystemen weiterhin zentrale Strukturen benötigt werden. Das Energiesystem ist somit ein Mix aus beiden Strukturen. Abb. 1.8 zeigt dies exemplarisch.

---

[6] Alternative Beschreibungen von zellularen Energiesystemen sind in [8, 11, 54, 82, 88, 109] zu finden.

[7] Im weiteren Sinne können zum zellularen Energiesystem auch wirtschaftliche Prozesse gezählt werden.

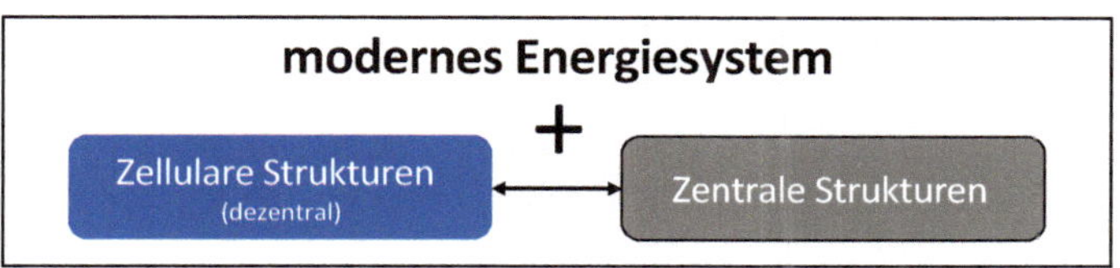

Abb. 1.8: Struktur zukünftiger Energiesysteme nach [114]

Hinsichtlich der Größe einer Energiezelle gibt es keine feste Definition. Betrachtet man ein energetisches System, bei dem Flüsse über die Bilanzgrenzen auftreten können, so ist es sinnvoll, z.B. ein Gebäude als repräsentative kleine Einheit zu betrachten. Auch aus Sicht des Datenschutzes ist dies als praxistauglich einzustufen. Ausgehend von dieser Größe können jedoch auch

- Quartiere
- Industrieareale
- Stadt- bzw. Stadtteile

als Energiezelle aufgefasst werden.

In [64, 91] sind energetische Systeme nach ihrer technischen, räumlichen sowie der Integrations- und Koordinierungsdimension eingeteilt (vgl. Abb. 1.9). Besonders die Einteilungen in der Nieder- und Mittelspannungsebene (elektrische Sicht) können als zellulare Energiesysteme aufgefasst werden.

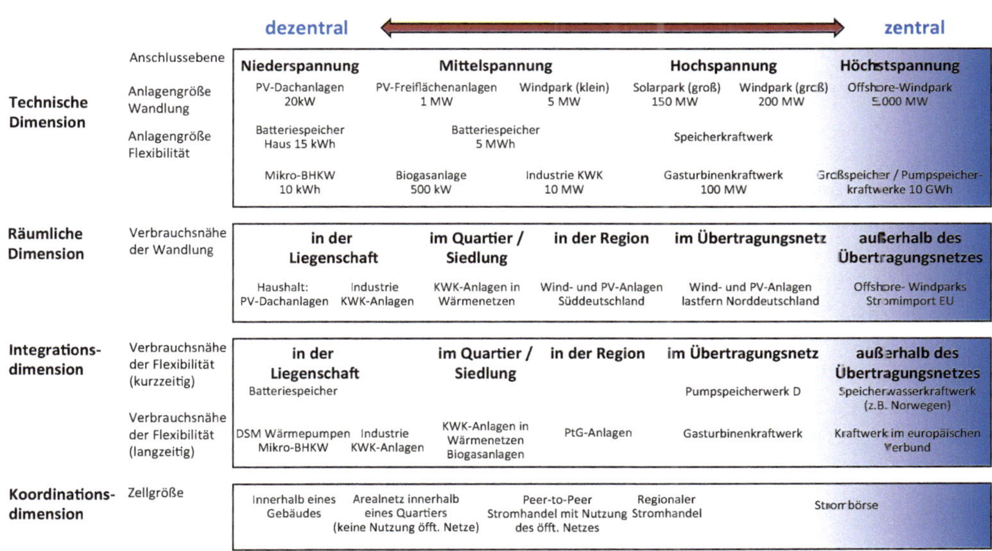

Abb. 1.9: Dimensionen der Dezentralität – Grafik in Anlehnung an [64, 91]

Wie schon im vorangegangenen Abschnitt ausgeführt sind die wesentlichen Bestandteile einer Energiezelle die energetischen Wandlungseinrichtungen, die Kommunikationswege / Einrichtungen zwischen diesen Wandlungseinheiten, die Verbrauchseinheiten, das energetische Managementsystem sowie die energetischen und kommunikativen Verbindungen zu den benachbarten Zellen.

Wie stark die Interaktion zu den benachbarten Zellen erfolgt, ist abhängig vom Grad der *Autarkie*, den die Energiezelle aufweist. Unter Autarkie wird in diesem Zusammenhang folgende Definition verstanden:

Autarkie:

Autarkie ist die Fähigkeit eines Systems zur teilweisen oder vollständigen Selbstversorgung ohne Einschränkung der Funktionalität.

Abzugrenzen ist der Begriff der *Autarkie* vom Begriff der *Autonomie*, der die Selbstbestimmung im Handeln beschreibt (Entscheidungs- und Handlungsfreiheit).

Eine weitere wichtige Kenngröße für zellulare Energiesysteme stellt die Fähigkeit zur *Flexibilität* dar. Im energetischen Sinne wird hierbei die Fähigkeit verstanden, sich an wechselnde Umstände der Energiewandlung, der Energiespeicherung und des Energieverbrauches anzupassen. Besonders unter dem Gesichtspunkt der hohen Volatilität „erneuerbarer Energien" ist diese Kenngröße besonders wichtig für zellulare Energiesysteme.

Der Parameter der Flexibilität einer Energiezelle ist von Teilparametern der Einzelkomponenten abhängig. Neben der energetischen Leistung sind folgende Parameter von besonderer Bedeutung:

- Geschwindigkeit der Aktivierung von Wandlungs-, Speicher- und Verbrauchseinrichtungen,
- Art und Zuverlässigkeit der Aktivierung,
- Dynamik der Leistungsanpassung,
- Pooling von Subsystemen und koordinierter Betrieb dieser.

Die Flexibilität ist im Sinne der Energiewende eine entscheidende Größe, da mit dieser die Fähigkeit der Einbindung erneuerbarer Energien erhöht wird. Mit Bezug auf die thermische Energietechnik kann die Flexibilität als Fähigkeit der schnellen Bereitstellung thermischer Energie bzw. die Wandlung von elektrischer Energie in thermische Energie beschrieben werden. Ebenfalls anzuführen ist die Fähigkeit, Energie durch Wandlung speicherbar zu machen. Im Sinne der elektrischen Energietechnik sind die Bereitstellung von Wirk- und Blindleistung sowie der Bedarf an Wirk- und Blindleistung anzuführen. Signifikant bei den Betrachtungen ist jedoch, dass mit Sichtweise über die Einzelzelle hinweg die technische und physikalische Komplexität zunimmt. Abb. 1.10 zeigt dies exemplarisch.

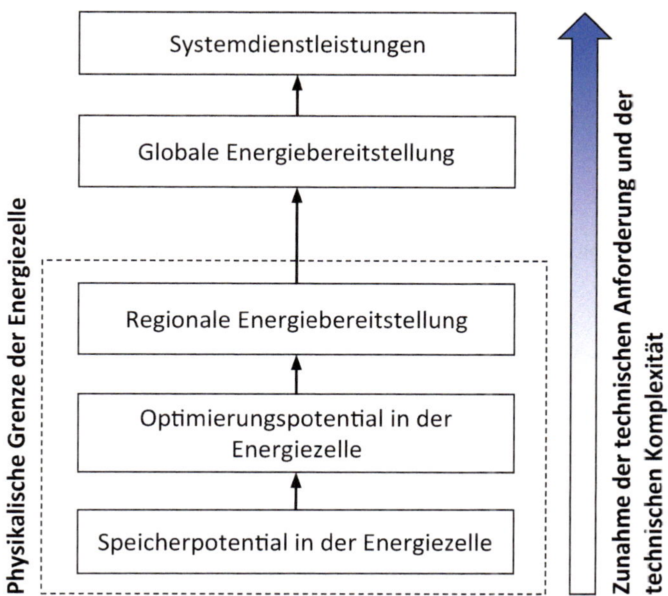

Abb. 1.10: Flexibilitätsbereiche im zellularen Energiesystem

Um die energetischen Flexibilitäten zu ermöglichen, sind innerhalb der Energiezelle informationstechnische Verknüpfungen notwendig. Ebenfalls ist ein Datenaustausch zwischen den Energiezellen zu realisieren. Hierzu bieten sich hierarchische Strukturen an. Detailliert wird dies in Kap. 3 beschrieben. Nachfolgend soll daher nur ein Überblick gegeben werden (vgl. auch [128, 130]).

Abb. 1.11 dokumentiert eine strukturelle Einteilung der *Energiezelle*, des *Energiezellenverbundes* sowie des *Energiezellensystems*. Kennzeichnend für die *Energiezelle* ist, dass sie sehr lokal ausgerichtet ist und im einfachsten Falle ein Gebäude darstellt. In dieser Energiezelle können unterschiedliche Wandlungs-, Speicher- und Übertragungssysteme integriert sein. Typische Technologien sind hierbei Wärmepumpen, Brennstoffzellen, thermische und elektrische Speichersysteme sowie Energiemanagementsysteme.

Der Verbund von mehreren Zellen wird als *Energiezellverbund* bezeichnet. Typische Anwendungsfälle sind hierbei Quartierslösungen bzw. bezogen auf die elektrische Energietechnik Systeme, die in einem Niederspannungsnetz integriert sind. Als *Energiezellsystem* wird der Zusammenschluss verschiedener Energiezellverbünde bezeichnet. Kennzeichnend hierfür sind höhere Systemebenen, wie sie z.B. im Mittelspannungsnetz sowie im Mitteldruckbereich anzutreffen sind. Mit Bezug auf die thermische Energietechnik können hierfür große Fernwärmenetze (Primärsysteme) adressiert werden. Tab. 1.1 dokumentiert die unterschiedlichen Netze zu den Bereichen „Energiezelle“, „Energiezellverbund“ sowie „Energiezellsystem“.

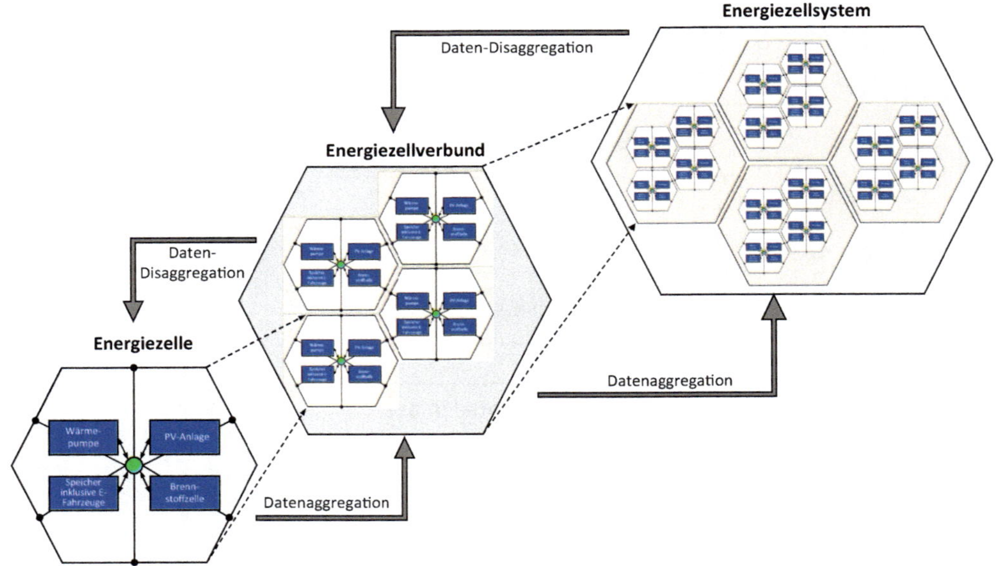

Abb. 1.11: Energiezelle, Energiezellverbund und Energiezellsystem

Die Flexibilitäten werden in der Energiezelle bereitgestellt. Im Wesentlichen sind dies die Speicherkapazitäten und der flexible Betrieb der Verbrauchs- und Wandlungsanlagen. Aus der unteren Ebene erfolgt eine Aggregation der Flexibilitätsinstanzen, wobei im Zellverbund technische Restriktionen der Netze Berücksichtigung finden. Im regionalen Kontext, d.h. auf der Ebene des Energiezellsystems, erfolgt die übergeordnete Optimierung. Hierzu kann die Methodik von Energietrendbändern verwendet werden [128, 130]. Erfolgt eine übergeordnete Optimierung, so muss durch eine Disaggregation der Fahrpläne sichergestellt werden, dass die unterlagerten Ebenen die Optimierungsvorgaben einhalten. Eine gewisse Konkurrenzsituation gibt es hierbei in Hinblick auf eine lokale, gebäudeorientierte Optimierung und eine überlagerte Optimierung im Zellverbund oder im Energiezellsystem.

Tab. 1.1: Einteilung unterschiedlicher Energienetze und Kommunikationsnetze

Einteilung	Elektrische Netze	Thermische Netze	Gasnetze	Kommunikationssystem
Lokal	Gebäudenetz	Gebäude-hydraulik	Niederdruck-netze	HAN-System (Home Area Network)
Quartier	Verteilnetz	Nahwärme-netze	Mitteldruck-netze	LMN-System (Local Metrological Network) WAN-System (Wide Area Network)
Regional	Mittel-spannungsnetz	Fernwärme-netze	Mitteldruck-netze	LMN-System (Local Metrological Network) WAN-System (Wide Area Network)

2 Energetische Wandlungseinheiten

2.1 Einleitung

Innerhalb einer Energiezelle, als kleinste Einheit, können unterschiedliche energetische Wandlungseinheiten integriert sein. Sie dienen der Versorgung und dem Ausgleich innerhalb einer Zelle, können jedoch auch Energie zum Transport über die Zellgrenzen hinweg bereitstellen. Als Primärenergie wird Erdgas gewandelt. Als Sekundärenergie stehen Elektroenergie und Wärme zur Verfügung. Zusätzlich ist die Wandlung von erneuerbaren Energien zu betrachten. Als technologische Systeme können zur Wandlung die in Tab. 2.1 dokumentierten Anlagen verwendet werden.

Tab. 2.1: Wandlungseinheiten nach dem Energieeinsatz

Primärenergie (Erdgas / Wasserstoff)	**Sekundärenergie (Elektroenergie)**	**Erneuerbare Energie (Sonne / Wind / Biomasse)**
Elektrolyseeinheiten Brennstoffzellen Motorische KWK-Einheiten Brennwertkessel Gas-Wärmepumpen	Elektrische Wärmepumpen Kompressionskälteanlagen Elektrische Direktheizungen	PV-Systeme Windanlagen Biomasseanlagen

Im Folgenden werden ausgewählte Energiewandlungseinheiten vorgestellt. Die Auswahl beschränkt sich dabei insbesondere auf Anlagen, die häufig in zellularen Energiesystemen eingesetzt werden.

2.2 Elektrolyseeinheiten

Zur Wandlung von Elektroenergie in Gas stehen unterschiedliche Elektrolyseeinheiten zur Verfügung. Die in der Praxis gängigsten Verfahren sind die

- Alkalische Elektrolyse,
- Membran-Elektrolyse sowie
- Hochtemperatur-Elektrolyse.

Zusätzlich unterscheidet man die Verfahren noch in atmosphärische und Druckelektrolyse. Nachfolgend sollen die unterschiedlichen Verfahren überblicksartig beschrieben werden.

Alkalische Elektrolyse

Die Alkalische Elektrolyse ist ein seit langem erprobtes Verfahren, welches auch großtechnisch Anwendung findet. Der prinzipielle Aufbau einer alkalischen Elektrolysezelle ist der Abb. 2.1 zu entnehmen. Die alkalische Elektrolysezelle besteht aus zwei Halbzellen, die durch eine ionenleitende Membran voneinander getrennt sind. In den beiden Halbzellen zirkuliert Wasser, dem

Kaliumhydroxid (*KOH*) zugegeben wird, um dessen Leitfähigkeit zu erhöhen. In räumlicher Nähe der Membran sind Elektroden verbaut, die eine hohe Oberfläche aufweisen. Bei Anlegung einer Spannung an die Elektroden wird das Wasser in Nähe der Kathode gemäß der Kathodenreaktionsgleichung in Hydroxidionen (OH^-) und Wasserstoff aufgespalten.

$$\text{Kathodenreaktion:} \quad 2 \cdot H_2O + 2 \cdot e^- \rightarrow H_2 + 2 \cdot OH^- \qquad (2.1)$$

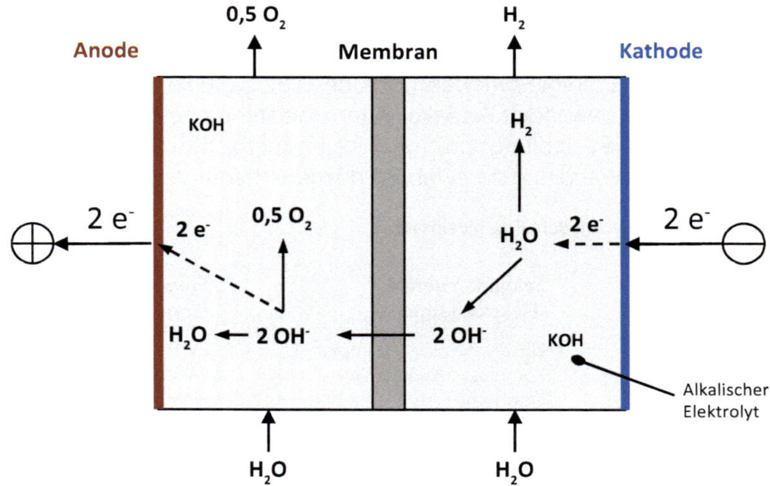

Abb. 2.1: Alkalische Elektrolyseeinheit

Die Hydroxidionen (OH^-) diffundieren durch die Membran und reagieren nach der Anodenreaktionsgleichung unter Abgabe von Elektronen zu Wasser und Sauerstoff.

$$\text{Anodenreaktion:} \quad 2 \cdot OH^- \rightarrow 0{,}5 \cdot O_2 + H_2O + 2 \cdot e^- \qquad (2.2)$$

Sauerstoff und Wasserstoff werden aus den Zellen gasförmig abgeführt. Wasser muss den Zellen zugeführt werden. Die Reaktionsgesamtgleichung ergibt sich zu:

$$\text{Gesamtgleichung:} \quad H_2O \rightarrow 0{,}5 \cdot O_2 + H_2 \qquad (2.3)$$

Notwendig für die Durchführung der beschriebenen Reaktionen ist ein geschlossener Stromkreis, der den Transport der beiden Elektroden ($2 \cdot e^-$) bewirkt. Bei geringer „elektrischer Last" wird durch die aufsteigenden Gasblasen eine Durchmischung des Elektrolyten gewährleistet. Bei größeren elektrischen Lasten kann es erforderlich sein, eine Zwangsumwälzung mit Hilfsenergie durchzuführen.

Membran-Elektrolyse

Die Membran-Elektrolyse basiert auf der von der Brennstoffzelle bekannten PEM-Technologie[8]. Kennzeichnend für die PEM-Elektrolysezelle ist eine protonenleitende Membran, die oftmals fest

[8] PEM-Proton Exchange Membran

mit den beiden Elektroden (Kathode / Anode) verbunden ist. Angeschlossen an beide Seiten ist ein Polymerelektrolyt. Dieser Polymerelektrolyt realisiert den Stromfluss von den bipolaren Platten zur Elektrode und den Transport von H_2O zur Elektrode. Gleichfalls werden über das Polymerelektrolyt die Produktgase (H_2 / O_2) von der Elektrode (Anode) weggeleitet.

An der Anode erfolgt die Anodenreaktion entsprechend Gl. 2.4.

$$\text{Anodenreaktion: } H_2O \rightarrow 0{,}5 \cdot O_2 + 2 \cdot H^+ + 2 \cdot e^- \tag{2.4}$$

Der Sauerstoff verbindet sich zu O_2-Molekülen und wird abgeführt. Die Protonen diffundieren durch die Membran zur Kathode, wodurch die Kathodenreaktion erfolgt. Gl. 2.5 liefert hierzu den entsprechenden Zusammenhang.

$$\text{Kathodenreaktion: } 2 \cdot H^+ + 2 \cdot e^- \rightarrow H_2 \tag{2.5}$$

$$\text{Gesamtreaktion: } H_2O \rightarrow 0{,}5 \cdot O_2 + H_2 \tag{2.6}$$

Der prinzipielle Aufbau einer Membran-Elektrolysezelle ist der Abb. 2.2 zu entnehmen.

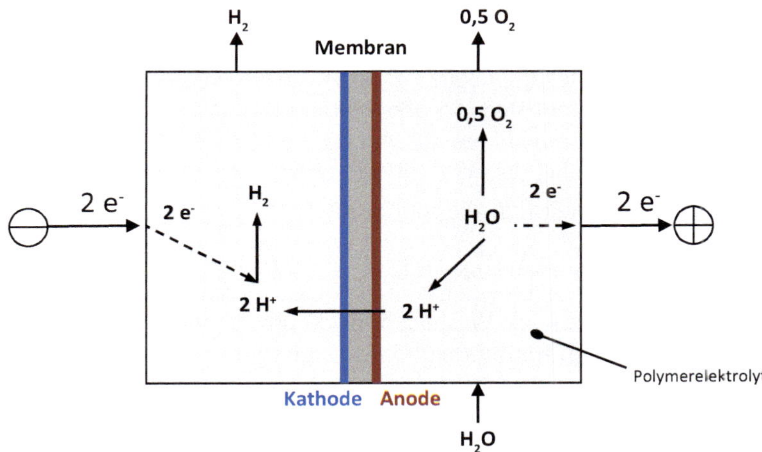

Abb. 2.2: PEM-Elektrolyseeinheit

Hochtemperatur-Elektrolyse

Die Hochtemperatur-Elektrolyse, auch als Dampf-Elektrolyse bezeichnet, verwendet zur Spaltung von Wasser in Sauerstoff und Wasserstoff Hochtemperaturwärme bei einem Temperaturniveau von $\vartheta = 850 - 1000\,°C$. Eine Funktionsdarstellung der Hochtemperatur-Elektrolyse ist der Abb. 2.3 zu entnehmen.

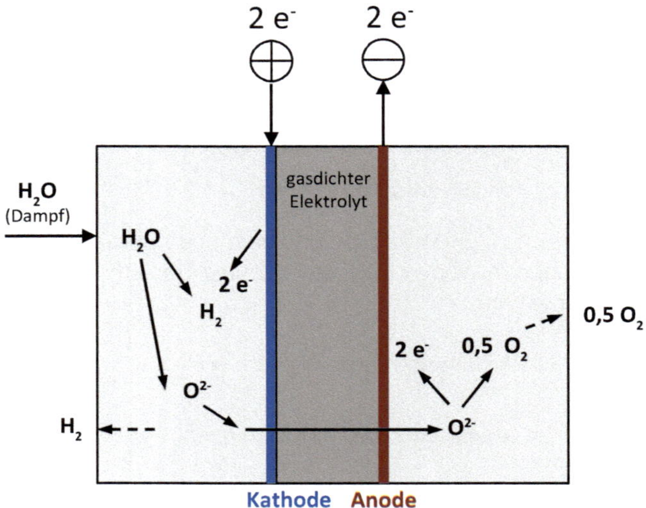

Abb. 2.3: Hochtemperatur-Elektrolyseeinheit

Mit Fokus auf Abb. 2.3 ist zu dokumentieren, dass die beiden Halbzellen durch einen ionenleitenden Festelektrolyten getrennt sind. An den Rändern des Festelektrolyten sind die beiden Elektroden (Anode und Kathode) aufgeprägt. Auf der Kathodenseite wird überhitzter Wasserdampf in die Halbzelle eingeführt, der mit zwei Elektroden zu Wasserstoff und O_2-Ionen reagiert.

Die entsprechende Kathodenreaktionsgleichung lautet:

$$\text{Kathodenreaktion: } H_2O + 2 \cdot e^- \rightarrow H_2 + O^{2-} \tag{2.7}$$

Der durch die Reaktion entstehende Wasserstoff wird entnommen. Die O_2-Ionen diffundieren durch den Feststoffelektrolyten zur Anode und reagieren dort unter Abgabe der Elektronen zu Sauerstoff. Die Anodenreaktionsgleichung lautet:

$$\text{Anodenreaktion: } O^{2-} \rightarrow 2 \cdot e^- + 0{,}5 \cdot O_2 \tag{2.8}$$

$$\text{Gesamtreaktion: } H_2O \rightarrow 0{,}5 \cdot O_2 + H_2 \tag{2.9}$$

Die Funktion der Hochtemperatur-Elektrolyse basiert auf der Umkehrreaktion bei der Festoxid-Brennstoffzelle, wodurch es Hersteller gibt, die eine in der Prozessführung umkehrbare Brennstoffzelle auch zur Wasserstofferzeugung einsetzen.

Ein Vergleich der unterschiedlichen Elektrolyseeinheiten ist auf Basis der Zusammenstellung in [138] in Tab. 2.2 enthalten.

Tab. 2.2: Vergleich unterschiedlicher Elektrolyseeinheiten nach [138]

Parameter	Alkalische Elektrolyse	Membran-Elektrolyse	Hochtemperatur-Elektrolyse
Elektrolyt	*KOH* (flüssig)	Membran (fest)	Keramik (fest)
Betriebs-temperatur	$\vartheta = 40 \ldots 90$ °C	$\vartheta = 20 \ldots 100$ °C	$\vartheta = 700 \ldots 1000$ °C
Druck	$p = 1 \ldots 30$ bar	$p = 30 \ldots 50$ bar	$p \approx 30$ bar
Wirkungsgrad	$\eta = 62 \ldots 82$ %	$\eta = 67 \ldots 82$ %	$\eta = 65 \ldots 82$ %
Teillastbereich	20…100 %	0 …100 %	begrenzt bis zu einer Temperatur von $\vartheta = 600$ °C
Standzeit inkl. Überholung	20…30 a	10…20 a	k.A.
Leistungsdichte	$w \leq 1{,}0$ W/cm^2	$w \leq 4{,}4$ W/cm^2	k.A.

Weitere Informationen zur Technologie der Wasserstoffelektrolyse sind [132] zu entnehmen.

2.3 Brennstoffzelle

Brennstoffzellen stellen eine Technologie dar, die seit vielen Jahren im Fokus der Forschungsaktivitäten verschiedener Akteure steht. Kennzeichnend hierfür sind die Arbeiten von [68, 87, 96, 111, 115, 131]. Der grundsätzliche Aufbau einer Brennstoffzelle ist analog zu der einer Elektrolyseeinheit und besteht aus zwei Teilzellen der Anode, der Kathode und dem Elektrolyten. Zu unterscheiden sind die Brennstoffzellen hinsichtlich der Reaktionen an der Kathode und der Anode sowie hinsichtlich des Temperaturniveaus. Man unterscheidet die folgenden Brennstoffzellentypen:

- Alkalische Brennstoffzelle (AFC)
- Polymerelektrolytmembran-Brennstoffzelle (PEMFC)
- Direktmethanol-Brennstoffzelle (DMFC)
- Phosphorsäure-Brennstoffzelle (PAFC)
- Schmelzkarbonat-Brennstoffzelle (MCFC)
- Oxidkeramik-Brennstoffzelle (SOFC)

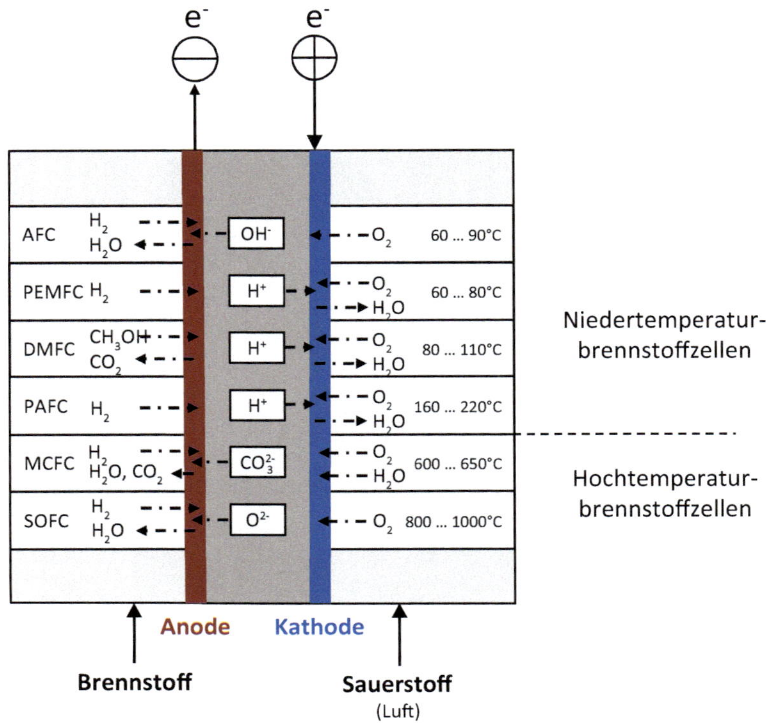

Abb. 2.4: Arten von Brennstoffzellen inklusive der Einteilung der Betriebstemperatur nach [131]

Die Schmelzkarbonat-Brennstoffzelle sowie die Oxidkeramik-Brennstoffzelle werden als Hochtemperaturbrennstoffzellen bezeichnet, da ihre Betriebstemperaturen deutlich über denen der anderen Brennstoffzelltypen liegen. Ein Überblick zu wichtigen Eigenschaften der Brennstoffzellen ist der Tab. 2.3 zu entnehmen.

Tab. 2.3: Brennstoffzellen im Vergleich

Typ	Bezeichnung	Reduktions-mittel	Oxidationsmittel	Elektro-lyt	Temperatur in °C	$\eta_{BZ,el}$ in %
AFC	Alkaline Fuel Cell	H_2	Kalilauge KOH	O_2	20…90	40…60
PEMFC	Proton-Exchange Membran Fuel Cell	H_2, H_2 haltiges Brenngas	Protonen-leitende Polymermembran	O_2 Luft	60…80 (120)	35…60
DMFC	Direct Methanol Fuel Cell	CH_4	Protonen-leitende Membran	O_2 Luft	60…110	≈ 40
PAFC	Phosphoric Acid Fuel Cell	H_2	H_2PO_4	O_2 Luft	160…220	38…40
MCFC	Molten Carbonate Fuel Cell	H_2; CH_4	Li_2CH_3 K_2CO_3	O_2 Luft	600…650	48…70
SOFC	Solid Oxide Fuel Cell	H_2 haltiges Brenngas H_2; CH_4	Keramik ZrO_2/Y_2O_3	O_2 Luft	800…1000	47…70

Der große Vorteil der Brennstoffzelle ist, dass bei der energetischen Umwandlung die chemische Energie direkt in elektrische Energie überführt wird. Die bei der Verbrennung zunächst übliche Freisetzung von thermischer Energie wird umgangen. Die Wandlung der chemischen Energie ist nur von der freien Enthalpieänderung ΔG_R abhängig, wodurch hohe Wirkungs- und Nutzungsgrade erreicht werden können. Die Bestimmung des elektrischen Gesamtwirkungsgrades einer Brennstoffzelle kann mittels Gl. 2.10 erfolgen, bei der die elektrische Leistung in Bezug zur chemisch bereitgestellten Energie steht (Brennwert).

$$\eta_{BZ,el} = \frac{P_{el}}{\dot{V}_{H_2} \cdot \Delta H_R} \tag{2.10}$$

Der Wirkungsgrad der Brennstoffzelle lässt sich weiter differenzieren in unterschiedliche Teilwirkungsgrade. Gl. 2.11 liefert hierzu den entsprechenden Zusammenhang.

$$\eta_{BZ,el} = \eta_U \cdot \eta_I \cdot \eta_{rev} \cdot \eta_{sys} \cdot \eta_B \tag{2.11}$$

Die einzelnen Teilwirkungsgrade bedeuten:

η_U – elektrischer Wirkungsgrad (Spannungswirkungsgrad)

η_I – Stromwirkungsgrad

η_{rev} – thermodynamischer Wirkungsgrad

η_{sys} – Systemwirkungsgrad

η_B – Brennwirkungsgrad (umgesetzter Anteil des Wasserstoffes)

Detaillierte Betrachtungen zu den Einzelanteilen sind in [138] dokumentiert.

Mit Bezug auf die für Brennstoffzellen wichtige Enthalpieänderung ist es von entscheidender Bedeutung, ob das entstehende Wasser in der flüssigen oder Gasphase (Dampf) vorliegt. Auf Basis der Angaben in [138] sind die thermodynamischen Kenngrößen in Tab. 2.4 zusammengestellt[9].

Tab. 2.4: Enthalpieänderung einer H_2/O_2-Brennstoffzelle

	Zweiphasensystem (Wasser ist flüssig) $\vartheta = 25\,°C$, $p = 1$ bar	**Gasphasenreaktion (Wasser als Dampf) $\vartheta = 100\,°C$, $p = 1$ bar**
Enthalpieänderung (ΔG_R)	237,13 $_{kJ/mol}$	228,57 $_{kJ/mol}$
Bindungsenthalpie	285,83 $_{kJ/mol}$	241,82 $_{kJ/mol}$
Thermodynamischer Wirkungsgrad η_{rev}	83,0 %	94,5 %

9 Als thermodynamischer Wirkungsgrad einer Brennstoffzelle wird der Quotient aus Enthalpieänderung und Bindungsenthalpie verstanden. Es gilt: $\eta_{rev} = \frac{|\Delta G_R|}{|\Delta H_R|}$.

2.4 Motorische KWK-Einheiten

Motorische KWK-Einheiten können in Systeme mit

- klassischen Verbrennungsmotoren und
- Stirlingmotoren

eingeteilt werden. Weite Verbreitung haben Gasmotoren gefunden, die als sogenannte Blockheizkraftwerke bezeichnet werden [122, 143]. Ebenfalls zu den KWK-Einheiten, jedoch in größerem Maßstab, sind Gasturbinen und Dampfturbinen zu zählen. Deren thermodynamische Beschreibung ist in [39] umfänglich gegeben und soll kein Gegenstand dieses Buches sein. Die klassischen Verbrennungsmotoren können in luftbasierte und wasserbasierte Systeme eingeteilt werden. Die luftbasierten Systeme sollen jedoch ebenfalls nicht weiter behandelt werden, da sie praktisch keine große Verbreitung erfahren haben. Das Konzept eines wasserbasierten BHKW-Systems ist Abb. 2.5 zu entnehmen.

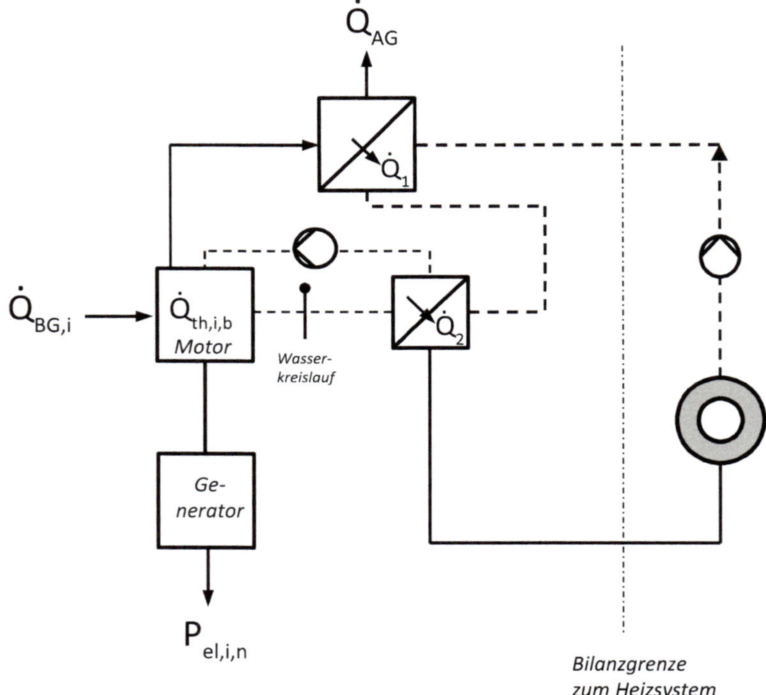

Abb. 2.5: Thermodynamische Bilanzierung eines BHKW-Systems nach [122]

Bilanziert man ein KWK-Gerät entsprechend der Systemgrenzen (gestrichelte Linie – Bilanzgrenze Gerät) der Abb. 2.5, so ergibt sich die dem Aggregat zugeführte Energie zu:

$$\dot{Q}_{BG,i} = \dot{V}_{BG} \cdot H_i \tag{2.12}$$

wobei $\dot{V}_{BG}$ der Brenngasvolumenstrom und H_i der Heizwert des Brennstoffes (z.B. Erdgas) ist[10]. Basierend auf der zugeführten Energie $\dot{Q}_{BG,i}$ kann man den Gesamtwirkungsgrad wie folgt berechnen (Brutto- / Netto-Wirkungsgrad):

$$\eta_{ges,i,b} = \frac{P_{el,i,n} + P_{el,i,V} + \dot{Q}_{th,i,b}}{\dot{Q}_{BG,i}} \tag{2.13}$$

$$\eta_{ges,i,n} = \frac{P_{el,i,n} + \dot{Q}_{th,i,n}}{\dot{Q}_{BG,i}} \tag{2.14}$$

$\eta_{ges,i,b}$ steht für den Bruttowirkungsgrad, wohingegen $\eta_{ges,i,n}$ den Nettowirkungsgrad darstellt. Der Unterschied zwischen beiden Größen ist, dass beim Nettowirkungsgrad nur die ins elektrische Netz eingespeiste Elektroenergie ($P_{el,i,n}$) bilanziert wird, wohingegen beim Bruttowirkungsgrad die internen Verbraucher $P_{el,i,V}$ mit in der Bilanz berücksichtigt werden. Annahme dabei ist, dass der Elektroenergieverbrauch der internen Verbraucher vom KWK-Gerät selbst bereitgestellt wird.

Die abgeführte Wärme setzt sich wie folgt zusammen:

$$\dot{Q}_{th,i,n} = \dot{Q}_{th,i,b} - \dot{Q}_{AG} - \dot{Q}_{th,i,v} = \dot{Q}_1 + \dot{Q}_2 \tag{2.15}$$

Die thermischen Verluste über die Hüllfläche des Gerätes werden in Gl. 2.15 über den Term $\dot{Q}_{th,i,v}$ berücksichtigt. Neben der thermischen und elektrischen Bilanzierung ist es oft sinnvoll, eine exergetische Bilanz für ein Mikro-KWK-System vorzunehmen. Für die Erzeugungsanlage kann folgende exergetische Bilanz formuliert werden:

$$\zeta = \frac{|P_{el,i,n}| + |\dot{E}|}{\dot{m} \cdot e_{BG}} = 1 - \frac{\dot{E}_V}{\dot{m} \cdot e_{BG}} \tag{2.16}$$

Hinsichtlich der Arbeitsweise ist jeder Viertaktmotor durch eine Ansaugphase (1 ⟶ 2), eine Verdichtungsphase (2 ⟶ 3), eine Verbrennungs-/ Entspannungsphase (3 ⟶ 4) sowie eine Ausstoßphase (4 ⟶ 1) gekennzeichnet. Das Grundprinzip (Ottomotor / Dieselmotor) mit den entsprechenden schematischen Verläufen ist im *p, V*-Diagramm der Abb. 2.6 / 2.7 dargestellt.

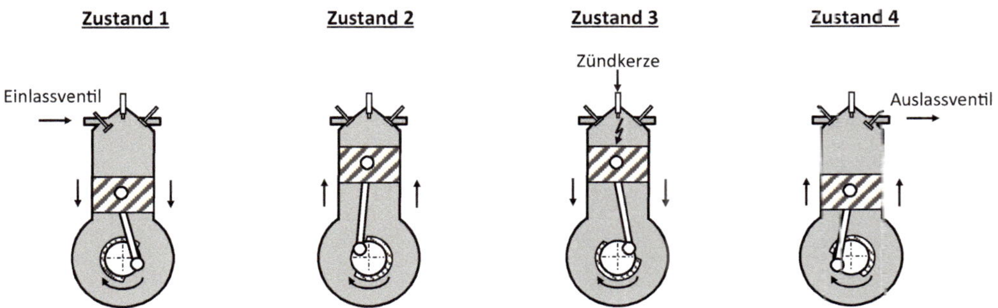

Abb. 2.6: Wirkungsweise eines Viertaktmotors

[10] In der Heizungstechnik wird oftmals auf den Heizwert (H_i) und nicht auf den Brennwert (H_s) des Brennstoffes bilanziert.

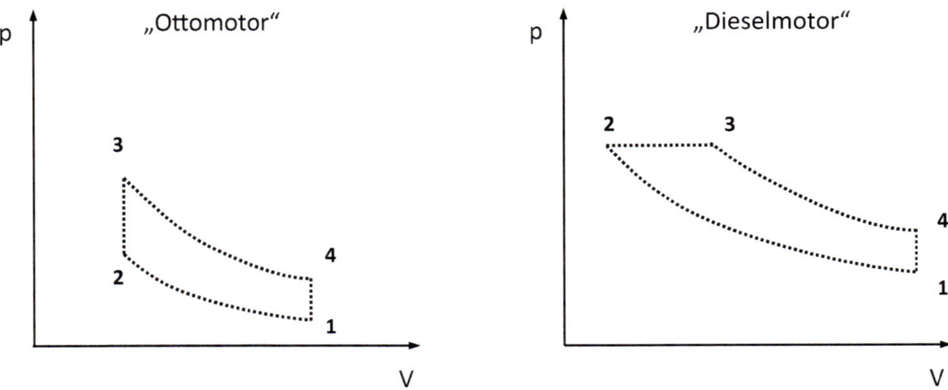

Abb. 2.7: Idealer Verlauf der Arbeitsweise eines Viertaktmotors im *p,V*-Diagramm (Ottomotor / Dieselmotor)

Als Brennstoff wird vorrangig Erdgas verwendet. In jüngster Vergangenheit sind jedoch auch Prinzipien auf der Basis erneuerbarer Energien anzutreffen. Aus dem Funktionsprinzip begründet, weisen die Verbrennungsmotoren Besonderheiten auf. Speziell sei in diesem Zusammenhang auf die thermische Trägheit verwiesen, die bei häufigem intermittierenden Betrieb großen Einfluss auf die sich einstellenden thermischen Nutzungsgrade hat. Hinsichtlich der Wirkungsgrade geben die Hersteller einen elektrischen Wirkungsgrad von $\eta_{el} = 20 - 30\,\%$ an. Der Gesamtwirkungsgrad liegt in einem Bereich von $\eta_{ges} = 85 - 92\,\%$.

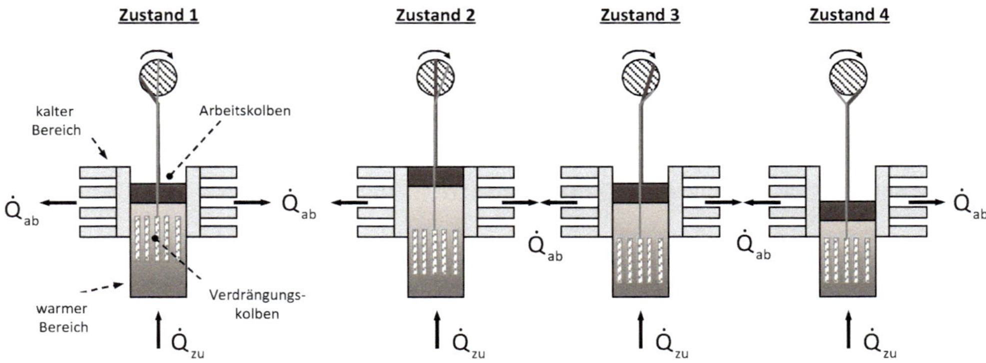

Abb. 2.8: Schematische Darstellung der Funktionsweise des Stirlingmotors

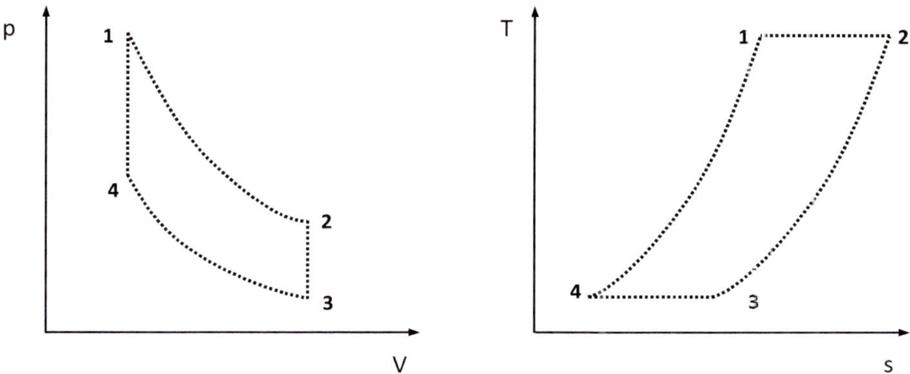

Abb. 2.9: Verlauf des idealen Stirlingprozesses im *p, V*- sowie *T, s*-Diagramm entsprechend [137]

Neben den Brennstoffzellen und den Verbrennungsmotoren wurden in jüngster Vergangenheit KWK-Systeme auf Basis von Stirlingmotoren entwickelt. Dabei werden zwei Konzepte verfolgt. Das erste Konzept zeichnet sich durch einen reinen Stirlingmotor aus, der sämtliche elektrische Energie sowie die gesamte Heizwärme bereitstellt (Stand-Alone-Konzept). Innerhalb der zweiten Entwicklungsrichtung wird die Kopplung eines kleineren Stirlingmotors mit einem konventionellen Brennwertgerät als Spitzenlastbrenner verfolgt. Diese hybride Lösung ist seitens des Stirlingmotors auf eine Grundversorgung für ein Ein- / Zweifamilienhaus ausgerichtet. Das Brennwertgerät ist so konzipiert, dass bei hohem Wärmebedarf eine Zuschaltung modulierend erfolgen kann.

In der ersten Arbeitsphase (4 $\rightarrow$ 1) wird durch Wärmezufuhr der Druck im System erhöht (Arbeitsgas – Helium, Wasserstoff oder Stickstoff), wodurch der Arbeitskolben nach oben gedrückt wird[11]. In der zweiten Zustandsphase (1 $\rightarrow$ 2) erreicht der Arbeitskolben seinen oberen Zustandspunkt. Gleichzeitig wird der Verdrängungskolben nach unten gedrückt, wodurch heißes Gas vom warmen in den kalten Bereich des Stirlingmotors strömt. Der Druck im System fällt. In der dritten Zustandsphase (2 $\rightarrow$ 3) werden die geringsten Temperaturen erreicht. Der Arbeitskolben wird nach unten verschoben. In der vierten Zustandsphase (3 $\rightarrow$ 4) erreicht der Arbeitskolben seinen tiefsten Punkt, wobei nunmehr der Druck wieder ansteigt. In Abb. 2.9 sind die einzelnen Zustände des Stirlingprozesses im *p, V*- sowie im *T, s*-Diagramm dargestellt (vgl. [137]).

Die Vorteile der Stirlingtechnologie liegen im nahezu verschleißfreien Betrieb begründet, wodurch sich sehr niedrige Wartungskosten ergeben. Die Prozessenergie wird über eine externe Verbrennung zugeführt, was sich wiederum günstig auf die zu erwartenden Emissionen auswirkt. Für das Betriebsverhalten der Geräte ist anzumerken, dass eine gute Modulationsfähigkeit gegeben ist. Als nachteilig zu werten ist gerade bei Geräten mit geringer elektrischer Leistung der niedrige elektrische Wirkungsgrad. Einen Gesamtüberblick zur motorischen KWK-Technologie ist in Tab. 2.5 dokumentiert.

[11] 1 $\longrightarrow$ 2 – isotherme Expansion ($p\downarrow$), 2 $\longrightarrow$ 3 – isochore Abkühlung ($\vartheta\downarrow, p\downarrow$), 3 $\longrightarrow$ 4 – isotherme Verdichtung ($p\uparrow$), 4 $\longrightarrow$ 1 – isochore Erwärmung ($\vartheta\uparrow, p\uparrow$)

Tab. 2.5: Kenngrößen von motorischen KWK-Systemen

	Gesamt-Wirkungsgrad $\eta_{ges,i,n}$ in %	elektrischer Wirkungsgrad $\eta_{el,i,n}$ in %	Zeitkonstante $\Delta\tau$ bis zur vollen Leistung
Gasmotoren	93...105 %	18...24(30) % (baugrößenabhängig)	$\Delta\tau_{th} = 1500$ s $\Delta\tau_{el} = 900$ s
Stirlingmotoren (Einkolben)	87...105 % (rücklauftemperaturabhängig)	13...15 %	$\Delta\tau_{th} \approx 600$ s / $\Delta\tau_{el} < 400$ s
Stirlingmotoren (Vierkolben)	90...105 % (rücklauftemperaturabhängig)	10 ...12 %	$\Delta\tau_{th} \approx 800$ s / $\Delta\tau_{el} < 400$ s

2.5 Wärmepumpen

Wärmepumpen stellen eine Technologie dar, die stark an Bedeutung in der Energietechnik gewinnt. Einteilbar sind Wärmepumpen in Kompressionswärmepumpen und Sorptionswärmepumpen (vgl. Abb. 2.10).

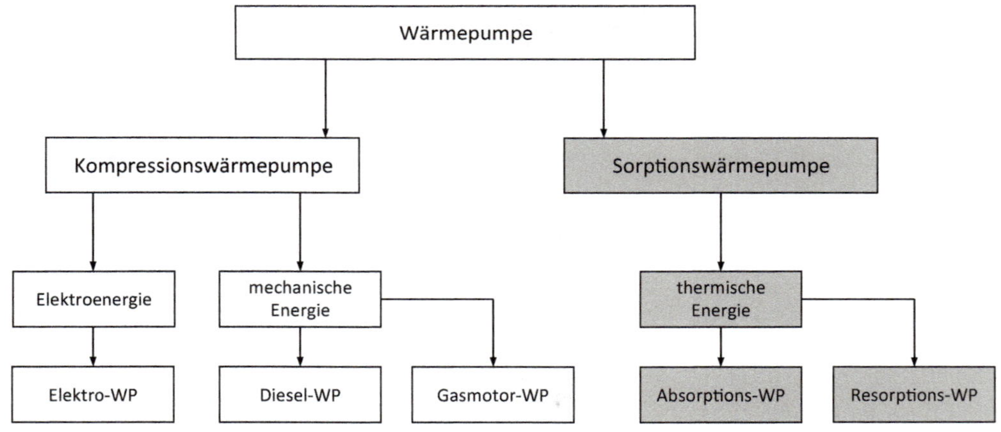

Abb. 2.10: Einteilung von Wärmepumpen

Von besonderer Bedeutung sind die elektrisch angetriebenen Kompressionswärmepumpen, da sie in den vergangenen Jahren einen deutlichen Boom erlebt haben. Abb. 2.11 zeigt eine Statistik der in Deutschland abgesetzten Wärmepumpen auf Basis der Angaben des BDH[12].

[12] BDH – Bundesverband der Deutschen Heizungsindustrie

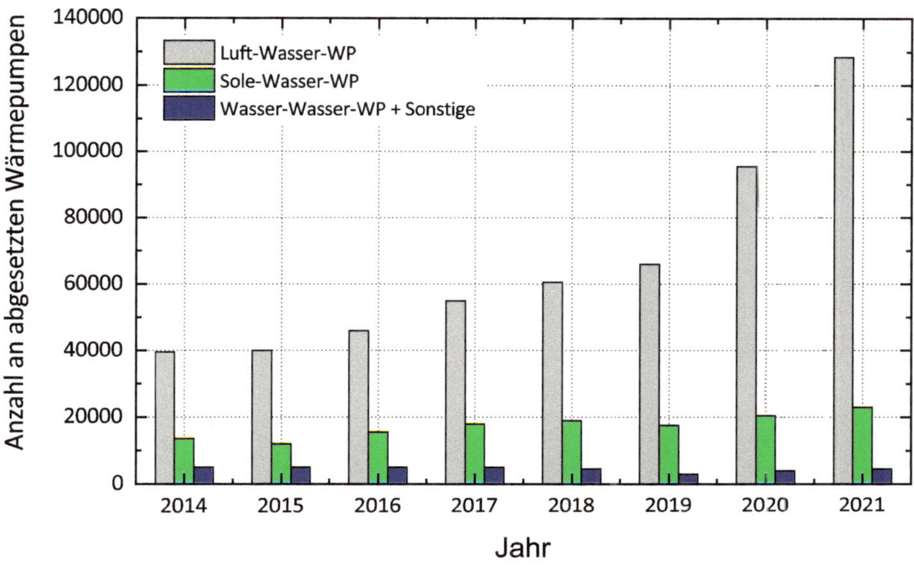

Abb. 2.11: Absatzzahlen von Wärmepumpen – BDH-Statistik

Die größten Absatzsteigerungen konnten laut Abb. 2.11 Wärmepumpensysteme auf Basis der Wärmequelle Luft realisieren, da sie kostengünstig und leicht zu installieren sind. Der einfache Wärmepumpenprozess ist ein linksläufiger Kreisprozess und kann mit dem Carnot-Prozess als idealem Vergleichsprozess abgebildet werden. Dieser besteht aus (vgl. Abb. 2.12):

$1 \mapsto 2$	isotrope Verdichtung (konstante Entropie = reversibel, adiabat, d.h. verlustfrei und ohne Wärmeabgabe)
$2 \mapsto 3$	isotherme (konstante Temperatur) Wärmeabgabe
$3 \mapsto 4$	isentrope Entspannung
$4 \mapsto 1$	isotherme (konstante Temperatur) Wärmeaufnahme

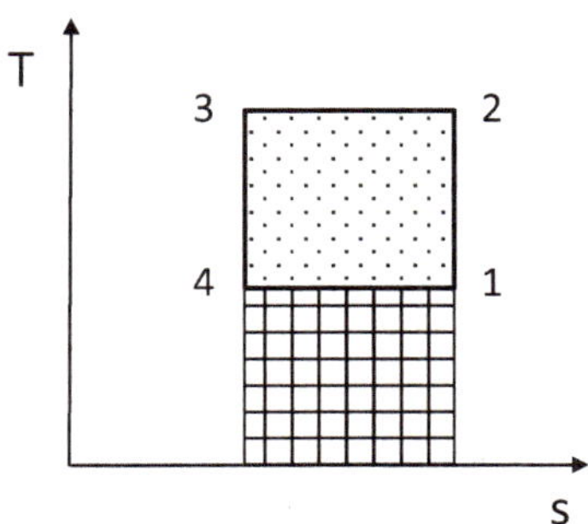

Abb. 2.12: Carnot-Prozess (idealer Vergleichsprozess für Wärmepumpenanwendungen)

Hinsichtlich der energetischen Bilanzierung und mit Bezug auf Abb. 2.12 ergeben positive Entropiedifferenzen zwischen End- und Anfangszustand die dem Prozess zugeführte Wärme. In gleicher Weise ist die abgebende Wärme als negative Entropiedifferenz multipliziert mit den absoluten Temperaturen zu bestimmen. Im T-s-Diagramm ist dies die Fläche, die von der x-Achse und den Punkten 2 und 3 begrenzt wird. Die sich ergebende Bilanzgleichung für den Gesamtprozess lautet (vgl. [92]):

$$Q_{ab} = W_{zu} + Q_{zu} \tag{2.17}$$

Hierbei ist W_{zu} die vom Verdichter aufzubringende Verdichterarbeit und Q_{zu} die von der Quelle bereitgestellte Wärme. Im stationären Zustand können die Energien mit den Leistungen gleichgesetzt werden. Es gilt Gl. 2.18.

$$\dot{Q}_{ab} = P_{zu} + \dot{Q}_{zu} \tag{2.18}$$

Hierbei stellt P_{zu} bei den häufig verbreiteten elektrischen Kompressionswärmepumpen näherungsweise die elektrische Leistungsaufnahme des Verdichters dar. Als Effizienzkenngröße für die Beschreibung des Prozesses wird die Carnot-Zahl verwendet, die auch als „Coefficient of Performance" bezeichnet wird. Er ist nach Gl. 2.19 definiert:

$$\epsilon_{Carnot} = \frac{\dot{Q}_{ab}}{P_{zu}} = \frac{\dot{Q}_{ab}}{\dot{Q}_{ab} - \dot{Q}_{zu}} = \frac{\dot{m} \cdot \Delta s \cdot T_2}{\dot{m} \cdot \Delta s \cdot (T_2 - T_1)} = \frac{T_2}{T_2 - T_1} \tag{2.19}$$

Gl. 2.19 zeigt, dass die Effizienz des Wärmepumpenprozesses nur von der Wahl des Temperaturniveaus abhängt, wodurch die Quellentemperatur und die Senkentemperatur einen hohen Stellenwert haben.

Die Beschreibung des Wärmepumpenprozesses erfolgt vorteilhaft mit dem *(log) p – h*-Diagramm (p im logarithmischen Maßstab) des verwendeten Kältegemisches, welches eine Form nach Abb. 2.13 aufweist.

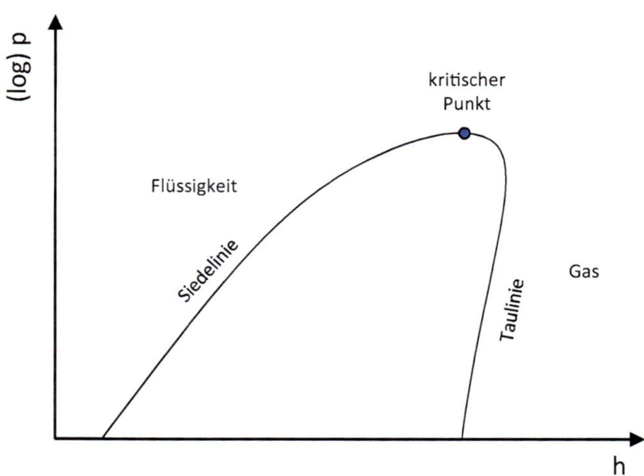

Abb. 2.13: Aufbau des *(log) p – h*-Diagramms

Kennzeichnend für das *(log) p – h*-Diagramm sind die links verlaufende Siedelinie und die rechts verlaufende Taulinie, welche durch den kritischen Punkt geteilt werden. Links der Siedelinie liegt Flüssigkeit und rechts der Taulinie Gas vor. Ziel von Prozessen bei Wärmepumpen ist, innerhalb des „Zwischengebiets"[13] einen Kreisprozess zu etablieren[14]. Abb. 2.14 zeigt den grundsätzlichen technischen Aufbau eines Kaltdampfprozesses, Abb. 2.15 die theoretischen Prozessverläufe.

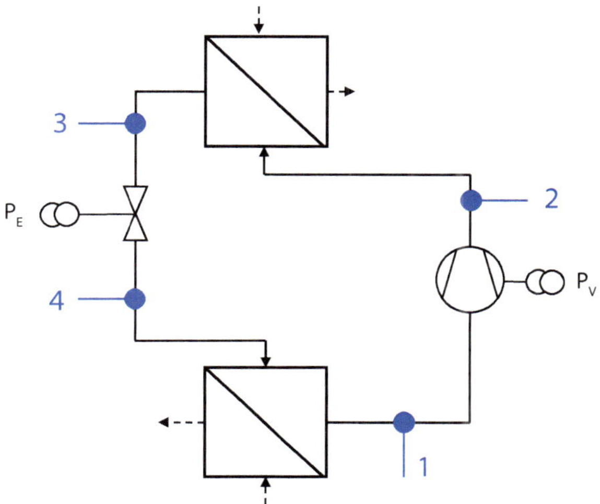

Abb. 2.14: Vereinfachtes Schaltbild eines Kaltdampfprozesses (Wärmepumpe)

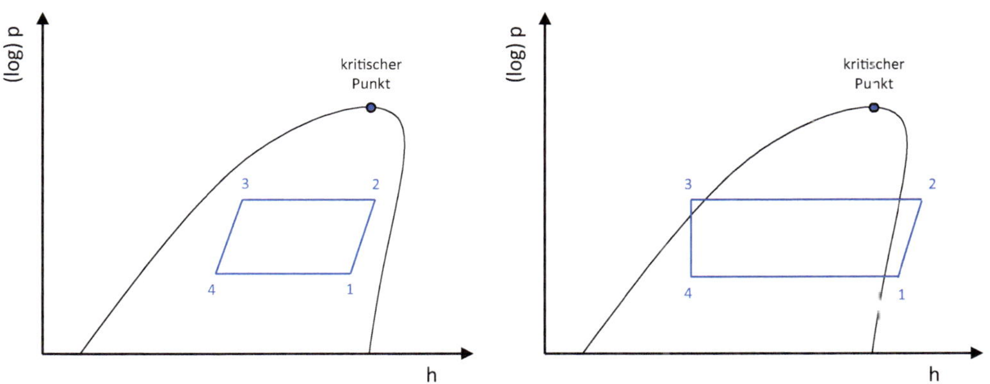

Abb. 2.15: Carnot-Prozess (links) / theoretischer Prozess mit Überhitzung und Unterkühlung (rechts)

Der in Abb. 2.15 dokumentierte linke Prozessverlauf ist der schon beschriebene *Carnot-Prozess* (vgl. Abb. 2.12), der den idealen Vergleichsprozess darstellt. Praxisgerechter ist der Prozessverlauf auf der rechten Seite der Abb. 2.15, welche einen idealen Prozess mit Überhitzung und Unterkühlung symbolisiert. Entsprechend dem ersten Hauptsatz der Thermodynamik (Gl. 2.20) lässt

13 auch als Nassdampfgebiet bezeichnet

14 bei Wärmepumpen nach dem Kaltdampfprozess unterhalb des kritischen Punktes

sich mit Bezug auf Abb. 2.15 die technische Arbeit als Enthalpieänderung darstellen. Es gelten folgende Beziehungen:

$$dq = du + p \cdot dv \tag{2.20}$$

$$w_{t,1\to 2} = \int_1^2 v \cdot dp = h_2 - h_1 \tag{2.21}$$

Für die Bilanzierung sind die wichtigsten Kenngrößen die Kondensatorleistung ($\dot{Q}_C$), die Verdampferleistung ($\dot{Q}_V$), die Leistung des Verdichters (P_V) und die Leistungsaufnahme des Expansionsventils (P_E), die wie folgt bestimmt werden können:

$$\dot{Q}_C = \dot{m} \cdot (h_3 - h_2) \tag{2.22}$$

$$\dot{Q}_V = \dot{m} \cdot (h_4 - h_1) \tag{2.23}$$

$$P_V = \dot{m} \cdot (h_2 - h_1) \tag{2.24}$$

$$P_E = \dot{m} \cdot (h_3 - h_4) \tag{2.25}$$

$\dot{m}$ stellt mit Bezug auf die beschriebenen Zusammenhänge den Kältemittelmassestrom dar[15]. Mit den dokumentierten Kenngrößen können die Energiebilanzen für die Kältemaschine bestimmt werden. Die Leistungsbilanz P ergibt sich zu Gl. 2.26.

$$P = P_C - P_E \tag{2.26}$$

Mit Kenntnis der Leistungsaufnahme P ergibt sich die Energiebilanz der Maschine.

$$\dot{Q}_C = \dot{Q}_V + P \tag{2.27}$$

Auf den Kältemassestrom bezogen ergibt sich die spezifische Kühl- bzw. Heizarbeit (q_C; q_V) entsprechend den Zusammenhängen 2.28, 2.29.

$$q_C = \frac{\dot{Q}_C}{\dot{m}} \tag{2.28}$$

$$q_V = \frac{\dot{Q}_V}{\dot{m}} \tag{2.29}$$

Neben den spezifischen Kenngrößen wird der COP-Wert zum Vergleich herangezogen. In der Schreibweise mit den spezifischen Enthalpien liefert Gl. 2.30 den relevanten Zusammenhang.

$$\epsilon_{WP} = \frac{\dot{Q}_C}{P} = \frac{q_C}{w_t} = \frac{h_2 - h_3}{h_2 - h_1} \tag{2.30}$$

---

15 Mit Bezug auf Gl. 2.25 wurde hier eine allgemeingültige Darstellung gewählt. Für Wärmepumpen ist jedoch typisch, dass $h_3 = h_4$ ist, d.h. $P_E \approx 0$ W

Die bisher beschriebenen Zusammenhänge stellen theoretische Zusammenhänge dar. In der Praxis sind die Zustandsverläufe im *(log) p – h*-Diagramm nicht ideal, da Irreversibilitäten in Form von Druckverlusten auftreten. Abb. 2.16 zeigt die Zustandsverläufe im „realen" Fall (effektiv). Für den verlustbehafteten Fall gelten die gleichen Beziehungen wie für den idealen Fall in Bezug auf die Energiebilanzen und vergleichenden Kenngrößen. Mit Bezug auf den Verdichtungsprozess kann als Gütekriterium der isentrope Verdichtergütegrad verwendet werden. Er wird entsprechend Gl. 2.31 definiert:

$$\upsilon_V = \frac{P_{isentrop}}{P_{effektiv}}. \quad (2.31)$$

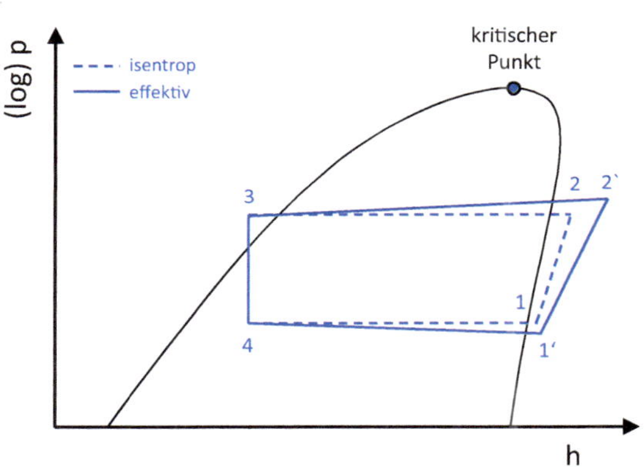

Abb. 2.16: **Prozessverlauf mit verlustbehafteten Bauteilen**

Ist der Verdichter ideal isoliert, d.h., die thermischen Verluste gehen gegen null, kann υ_V wie folgt bestimmt werden:

$$\upsilon_V = \frac{P_{isentrop}}{P_{effektiv}} = \frac{h_{2'} - h_{1'}}{h_2 - h_1} \quad (2.32)$$

Die dokumentierten physikalischen Zusammenhänge zeigen, dass der Wärmepumpenprozess komplexe Zusammenhänge beinhaltet, die wesentlich von den Quellentemperaturen sowie von den Temperaturniveaus auf der Nutzseite abhängig sind. Ziel der Auslegung von Wärmepumpen ist es daher im Sinne der energetischen Effizienz, möglichst eine geringe Temperaturdifferenz zwischen der Quellen- und der Nutzseite zu realisieren. Hierdurch werden hohe Carnot-Faktoren erreicht (vgl. Abb. 2.17).

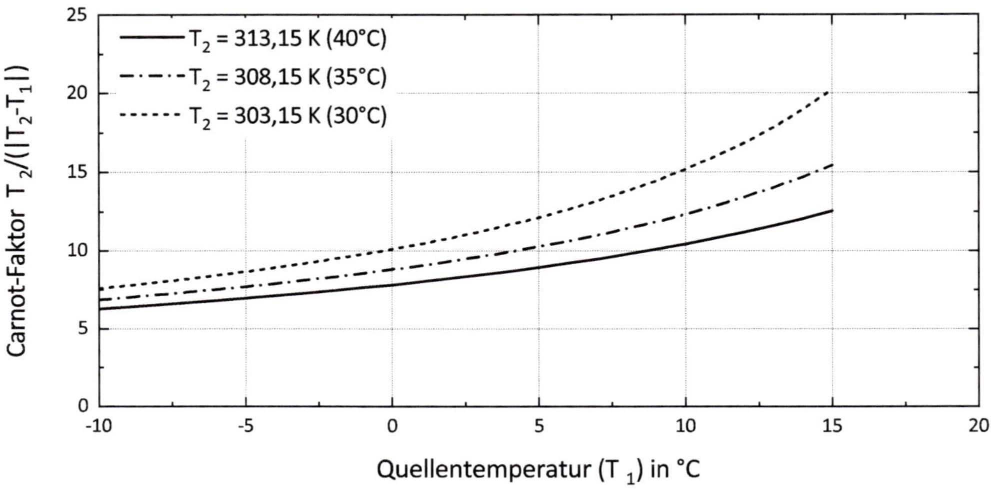

Abb. 2.17: Carnot-Faktor für einen typischen Heizprozess in Abhängigkeit der Quellentemperatur

2.6 Kälteanlagen

Kompressionskälteanlagen sind grundsätzlich wie Wärmepumpen aufgebaut, wobei hier jedoch die „kalte" Seite die Nutzseite darstellt. In der Praxis haben im Wesentlichen elektrische Kompressionskälteanlagen und in geringerer Weise Ad- und Absorptionsanlagen Verbreitung erfahren (vgl. Abb. 2.10). Zusätzlich unterscheidet man das Temperaturniveau bei der Kälteerzeugung.

Temperaturniveaus von 6 °C $\leq \vartheta \leq$ 10 °C werden zur Kühlung eingesetzt. Temperaturen $\vartheta \leq$ 0 °C sind typisch für technologische Prozesse im Bereich der Kältetechnik.

Für die Klimatisierung von Gebäuden unterscheidet man weiterhin in zentrale Anlagen, die eine Vollklimatisierung (Temperatur- / Feuchtebeeinflussung) und dezentrale Anlagen, die meist nur eine Temperaturbeeinflussung der Raumluft realisieren. Abb. 2.18 zeigt eine schematische Einteilung.

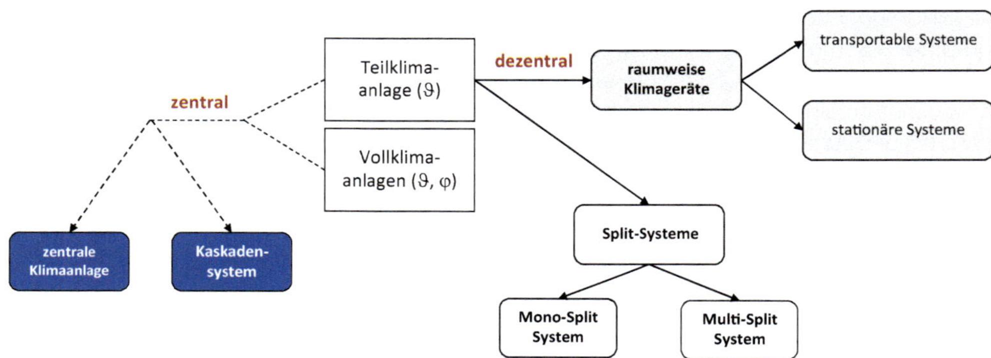

Abb. 2.18: Einteilung von Klimasystemen für Gebäude

Bezugnehmend auf die weit verbreiteten Kompressionskälteanlagen stellt wiederum der Carnot-Wirkungsgrad die maßgebende Größe dar. Die Definition lautet (vgl. Abb. 2.12):

$$\epsilon_{\text{Carnot}} = \frac{\dot{Q}_{zu}}{P_{zu}} = \frac{\dot{Q}_{zu}}{\dot{Q}_{ab} - \dot{Q}_{zu}} = \frac{\dot{m} \cdot \Delta s \cdot T_1}{\dot{m} \cdot \Delta s \cdot (T_2 - T_1)} = \frac{T_1}{T_2 - T_1} \tag{2.33}$$

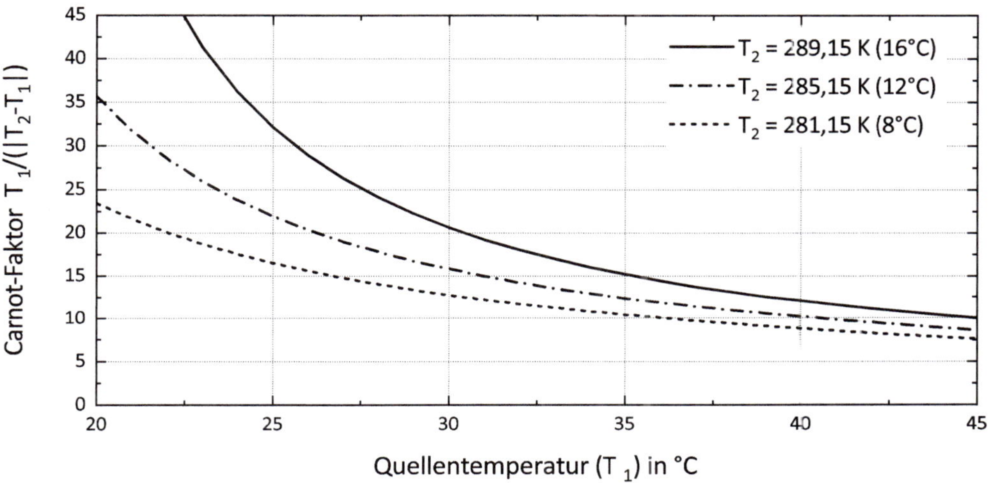

Abb. 2.19: Carnot-Faktor für einen typischen Kühlprozess in Abhängigkeit der Quellentemperatur

Die Zusammenhänge der Abb. 2.19 zeigen, dass nahe der Quellentemperatur sehr hohe Carnot-Werte realisiert werden. Kühlprozesse, die diese ausnutzen, sind hocheffizient. Mit steigender Quellentemperatur sinken die Carnot-Werte deutlich. Mit Bezug auf den Fokus dieses Buches sollten innerhalb eines zellularen Energiesystems daher immer Prozesse zur Anwendung kommen, die sich nahe der Quellentemperatur (d.h. dem natürlichen Potential) bewegen.

2.7 Photovoltaiksysteme

Die Photovoltaiksysteme (PV-System) bestehen immer aus den eigentlichen Solarmodulen und einem Photovoltaikwechselrichter, der die Verbindung zwischen den Solarmodulen und dem elektrischen Netz herstellt. Die Grundstruktur ist in der Abb. 2.20 dargestellt.

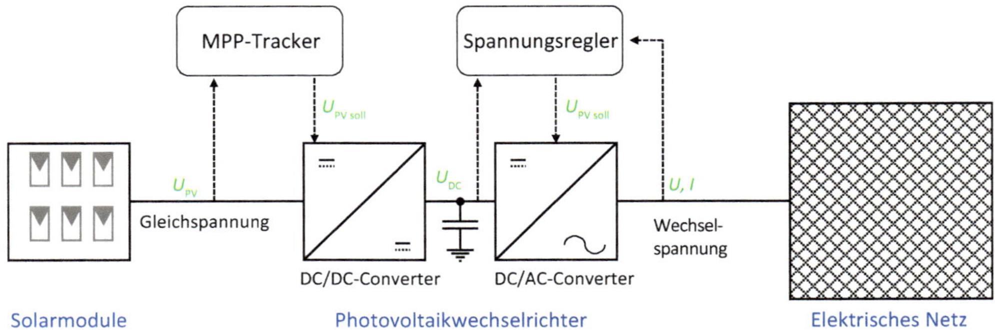

Abb. 2.20: Blockschaltbild eines PV-Systems

Das kleinste Element eines Solarmoduls ist die Solarzelle (SZ). Diese liefert im Leerlauf, d.h. ohne angeschlossene Last, eine typische Spannung von $U_{SZ} = 0{,}60\ldots0{,}68$ V. Der genaue Wert der Leerlaufspannung ist vom Material des Halbleiters, der Zugabe von Fremdatomen, der Temperatur und der Bestrahlungsstärke abhängig, jedoch unabhängig von der Fläche der Solarzelle! Diese Spannung ist für einen direkten Anschluss an einen Wechselrichter zu klein. Daher werden die Solarzellen in Reihe geschaltet. Diese Reihenschaltung wird als *String* bezeichnet. Allerdings wirkt sich eine Leistungsreduzierung einer Solarzelle im String auf den gesamten String aus. Bei einer Verschattung einzelner Solarzellen innerhalb eines Strings reduziert sich hierdurch die Gesamtleistung des Solarmoduls. Die Strings werden an den Wechselrichter angeschlossen, wobei ein spezieller String-Wechselrichter den parallelen Anschluss mehrerer Strings ermöglicht. Bei der Parallelschaltung von Strings muss berücksichtigt werden, dass z.B. durch Verschattung einzelner Strings zwischen diesen Ausgleichsströme fließen können. Dies sollte durch eine Zusatzbeschaltung verhindert werden.

Die Strom-Spannungs-Kennlinie der Solarzelle ist stark nichtlinear und hängt unter anderem auch von der Temperatur ab. Eine Photovoltaikanlage liefert nur dann den höchsten Ertrag, wenn die Solarzellen möglichst immer im sogenannten Maximum Power Point (MPP) betrieben werden. Nur in diesem Betriebspunkt gibt die Solarzelle ihre maximale Leistung bei vorgegebener Bestrahlungsstärke ab. Das heißt, der höchste Ertrag wird dann erzielt, wenn das Solarmodul möglichst nahe am MPP arbeitet. Der MPP ändert sich ständig, z.B. durch die Änderung der Bestrahlungsstärke oder die Temperatur des Solarmoduls. Der MPP muss daher vom DC/DC- Converter des Photovoltaikwechselrichters während des Betriebs kontinuierlich bestimmt werden. Dieser Vorgang wird als MPP-Tracking bezeichnet. Inzwischen gibt es auch in Solarmodulen integrierte Mikroprozessoren, die das ständige Arbeiten im MPP sicherstellen. Das ist vor allem bei Verschattung einzelner Module sinnvoll.

Der DC/DC-Converter stellt auf der Ausgangsseite die Gleichspannung U_{DC} bereit (siehe Abb. 2.20). Damit der nachgeschaltete DC/AC-Converter korrekt arbeiten kann, muss diese Gleichspannung vorgegebene Grenzen einhalten. Um dies unabhängig von der Spannung der Solarmodule zu gewährleisten, erhöht oder reduziert der DC/DC-Converter die von den Solarmodulen bereitgestellte Gleichspannung. Außerdem befindet sich in diesem Gleichspannungszwischenkreis immer ein großer Kondensator, um die Gleichspannung zu glätten und die elektrische Energie zwischenzuspeichern.

Über den in Abb. 2.20 dargestellten DC/AC-Converter wird die Leistung aus dem Kondensator des Gleichspannungszwischenkreises an das elektrische Netz abgegeben. Dafür wird in Abhängigkeit der abzugebenden Wirk- und Blindleistung eine pulsweitenmodulierte (PWM) Spannung erzeugt ($\underline{U}_{PWM}$), die durch ein Ausgangsfilter geglättet wird. Nimmt die Spannung U_{DC} im Zwischenkreis zu, so kann der Wechselrichter mehr Wirkleistung an das elektrische Netz abgeben. Wird sie jedoch kleiner, so muss dieser die abgegebene Wirkleistung auf Grund der Leistungsbilanz des PV-Systems reduzieren.

Damit das elektrische Netz zuverlässig und sicher funktioniert, müssen alle angeschlossenen Kundenanlagen technische Vorgaben einhalten. Diese Anforderungen werden durch das Forum Netztechnik/Netzbetrieb im VDE (VDE FNN) in Form von Technischen Anschlussregeln (TAR) (vgl. [147], [145], [146], [148]) erstellt. Die TAR setzen die im europäischen Network Code „Requirements for Generators" (RfG) und „Demand Connection" (DCC) gemachten Vorgaben in nationale Regeln um. Neben dem physikalischen Anschluss (z.B. Anforderungen an die Verdrahtung) der Kundenanlage, werden auch wichtige Aspekte des eigentlichen Betriebs dieser Anlagen definiert. Beispielsweise das Verhalten der Kundenanlage bei einem Kurzschluss im elektrischen Netz und bei Spannungs- und Frequenzänderungen. Die TAR bilden die Grundlage der sogenannten Technischen Anschlussbedingungen (TAB) der Netzbetreiber. Die TAB legen die Verpflichtungen der Netzbetreiber, der Anlagenerrichter, der Planer und der Kunden fest. Die TAB des Netzbetreibers sind Teil der Netzanschlussverträge.

Damit die Qualität der elektrischen Energieversorgung weiterhin, auch bei einer weiter ansteigenden Anzahl von dezentralen Erzeugungsanlagen, gewährleistet werden kann, werden die TAR und damit auch die TAB immer wieder angepasst. Da die TAR die Grundlage der TAB bilden, wird darüber hinaus sichergestellt, dass bundesweit einheitliche Anforderungen an Kundenanlagen für einen sicheren Netzbetrieb gelten.

Wie erläutert müssen auch PV-Systeme die Vorgaben der VDE-Anwendungsregeln einhalten. Für einen Anschluss an das Niederspannungsnetz gelten die TAR [147], [145], [146], für den Anschluss an das Mittelspannungsnetz die TAR [148]. Später werden noch einige wichtige Aspekte dieser TAR erläutert.

Für Netzberechnungen wird ein vereinfachtes elektrisches Modell des PV-Systems benötigt. Im Folgenden wird erläutert, wie aus dem in Abb. 2.20 dargestellten Blockschaltbild des PV-Systems, welches die beiden zentralen Regler enthält, ein elektrisches Modell erstellt werden kann. Der PV-Wechselrichter soll im Falle einer konstanten Bestrahlungsstärke eine konstante Wirkleistung P_{DEA} an das elektrische Netz abgeben, die dem MPP entspricht, abzüglich der Verluste in der Leistungselektronik. Gleichzeitig kann auch durch die TAR die Anforderung zur Bereitstellung oder zum Bezug von Blindleistung durch den Netzbetreiber erfolgen, wodurch zusätzlich Q_{DEA} erbracht oder aufgenommen werden muss. Der dafür notwendige Strom I_{DEA} ergibt sich basierend auf dem Ersatzschaltbild in Abb. 2.21 aus Gl. 2.34.

$$\underline{I}_{DEA,soll} = \frac{P_{DEA,soll} - j \cdot Q_{DEA,soll}}{\underline{U}_{PCC}} \tag{2.34}$$

Der abgegebene Strom des Wechselrichters ergibt sich nach Gl. 2.35 aus der Spannung $\Delta\underline{U}$, die über dem Anschlusswiderstand R_A und der Anschlussreaktanz X_A abfällt. Über den Maschensatz kann $\Delta\underline{U}$ durch ($\underline{U}_{PWM} - \underline{U}_{PCC}$) ersetzt werden. Dabei ist die Spannung $\underline{U}_{PCC}$ die Spannung am Verknüpfungspunkt mit dem elektrischen Netz, dem sogenannten Point of Common Coupling (PCC).

$$\underline{I}_{DEA} = \frac{\Delta \underline{U}}{R_A + j \cdot X_A} = \frac{\underline{U}_{PWM} - \underline{U}_{PCC}}{R_A + j \cdot X_A} \tag{2.35}$$

Die erforderliche Ausgangsspannung der PWM für den Strom $\underline{I}_{DEA}$ kann damit aus Gl. 2.36 bestimmt werden.

$$\underline{U}_{PWA} = \underline{I}_{DEA} \cdot (R_A + j \cdot X_A) + \underline{U}_{PCC} \tag{2.36}$$

Basierend auf diesen Berechnungen ergibt sich das in Abb. 2.21 dargestellte vereinfachte Ersatzschaltbild eines PV-Systems am elektrischen Netz. Das Ersatzschaltbild besteht nur aus einer Wechselspannungsquelle mit der Quellenspannung $\underline{U}_{PWM}$ und einer Impedanz. Dieses Modell eines PV-Systems kann hierdurch sehr gut in ein bestehendes Netzberechungsprogramm integriert werden.

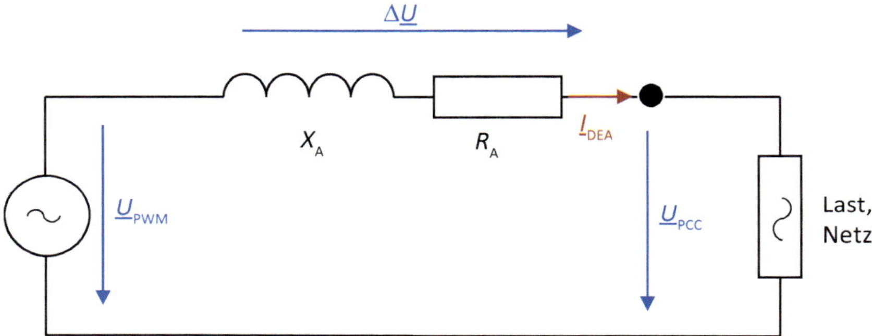

Abb. 2.21: Ersatzschaltbild einer PV-Anlage mit Wechselrichter am elektrischen Netz

Im Folgenden werden einige Beispiele der in der TAR festgelegten Vorgaben für den Anschluss von Kundenanlagen, also auch von PV-Systemen, an das Niederspannungsnetz [145], [146] dargestellt. Diese Darstellung ist nicht vollständig, soll jedoch einen ersten Einblick geben. Wie bereits erläutert, werden die TAR auf Grund der steigenden Anzahl von PV-Systemen und damit der Bedeutung für das gesamte elektrische Netz weiter angepasst.

Als erstes wird die Reduzierung der Wirkleistungsabgabe bei Überfrequenz erläutert (vgl. [145] Kapitel 5.7.4). Im elektrischen Netz muss zu jedem Augenblick der Verbrauch und die Bereitstellung elektrischer Energie ausgeglichen sein. Dies wird durch die Überwachung der Netzfrequenz sichergestellt. Die Netzfrequenz ist im gesamten elektrischen Energieversorgungssystem identisch. Steigt die Frequenz an, wird zu viel elektrische Energie in das Netz eingespeist. Sinkt die Frequenz, liegt ein Defizit an elektrischer Energie vor.

Basierend auf diesem physikalischen Zusammenhang müssen PV-Systeme, um einem Ansteigen der Frequenz des elektrischen Netzes im Verbundbetrieb entgegenzuwirken, ihre Wirkleistungsabgabe gegebenenfalls reduzieren. Ab einer Frequenz von $f = 50{,}2$ Hz muss nach Gl. 2.37 die abgegebene Leistung um $0{,}4 \cdot P_M$/Hz innerhalb der Grenzen $50{,}2 \text{ Hz} \leq f \leq 51{,}5$ Hz reduziert werden. In Abhängigkeit der momentan verfügbaren Leistung P_M (wobei der Index M auf die zum Zeitpunkt der Frequenzüberschreitung verfügbare momentane Wirkleistung hinweist) und der Frequenz f kann somit die notwendige Leistungsreduktion ΔP berechnet werden (Gl. 2.37).

$$\Delta P = 20 \cdot P_M \cdot \frac{50{,}2 - f}{50{,}0} \tag{2.37}$$

Die maximale Leistung P_{DEA} in Abhängigkeit von f ist in Abb. 2.22 dargestellt. Erst bei erneutem Absinken der Frequenz auf $f < 50{,}05$ Hz ist eine erneute Anhebung der Leistungsabgabe über P_M zulässig. In der Abbildung ist zur Vervollständigung noch die Abschaltung durch den Entkupplungsschutz eingezeichnet. Wird eine vom Netzbetreiber vorgegebene Frequenz überschritten, dann muss sich das PV-System vom Netz trennen. Dieser Frequenzwert ist so groß, dass ab dieser Frequenz kein Netzbetrieb mehr möglich ist. Sollte diese Frequenz erreicht werden, würde sich das gesamte Netz in Teilnetze aufteilen.

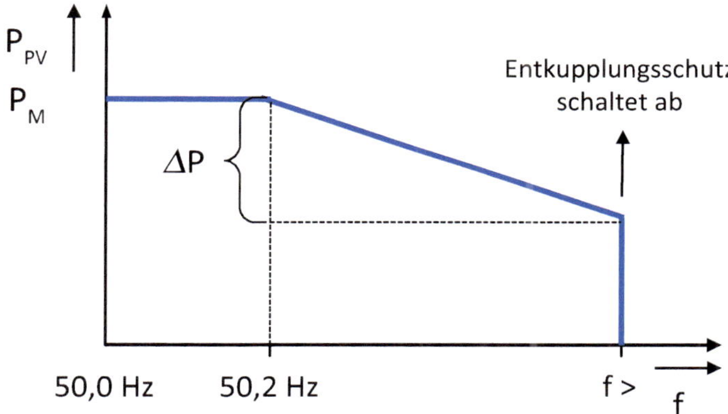

Abb. 2.22: Schematische Darstellung der Wirkleistungsreduktion bei Überfrequenz

Die frequenzabhängige Reduktion der Wirkleistungseinspeisung ist ein Beispiel für die Veränderung der TAR. Bis zum Jahr 2012 mussten sich alle PV-Systeme bei einem Ansteigen der Frequenz über $f = 50{,}2$ Hz vollständig vom Netz trennen. Dies führte ab 2012 zu dem sogenannten „50,2-Hertz-Problem" (siehe [9]). Wurde die Frequenz von $f = 50{,}2$ Hz überschritten, haben sich praktisch alle PV-Systeme vom elektrischen Netz getrennt. Dies konnte auf Grund der stark angestiegenen Anzahl von PV-Systemen zu einem Leistungsdefizit führen und einen Blackout auslösen. Daher wurde die TAR angepasst.

Durch das Erneuerbare-Energien-Gesetz erhalten die dargebotsabhängigen Einspeiser eine Vorrangstellung bei der Einspeisung von Energie. Deshalb steigt deren Anteil an der Bereitstellung elektrischer Energie weiter an. Mit dem Wegfall von Großkraftwerken ist es daher notwendig, auch betriebsrelevante Systemdienstleistungen durch dezentrale Erzeugungsanlagen bereitzustellen. So müssen dezentrale Erzeugungsanlagen im Normalbetrieb die Spannungshaltung im Versorgungsnetz unterstützen und dazu Blindleistung bereitstellen oder aufnehmen. Dies wird für PV-Systeme, die an das Niederspannungsnetz angeschlossen sind, in [145] (Kapitel 5.7.2) unter der Überschrift „Statische Spannungshaltung / Blindleistungsbereitstellung" dargestellt.

Darüber hinaus gibt es für dezentrale Erzeugungsanlagen auch Anforderungen bezüglich des Verhaltens bei Kurzschlüssen im elektrischen Energieversorgungssystem. Zum einen ist dies die sogenannte „Dynamische Netzstützung" (siehe [145], Kapitel 5.7.4) und zum anderen der

„Kurzschlussstrombeitrag“ (siehe [145], Kapitel 5.7.5). Es ist davon auszugehen, dass in Zukunft weitere Systemdienstleistungen, z.B. die Minutenreserve, durch dezentrale Erzeugungsanlagen bereitgestellt werden müssen. Dies wird zu weiteren Anpassungen der TAR führen.

2.8 Windkraftanlagen

2.8.1 Allgemeines

Windenergieanlagen (WEA) weisen den höchsten Beitrag an der Energiebereitstellung aus erneuerbaren Energieträgern in Deutschland auf. In Abb. 2.23 ist die Entwicklung der installierten Leistung von WEA und die durch diese erzeugte elektrische Bruttoenergie von 2010 bis 2021 dargestellt [21]. Es ist zu erkennen, dass im Jahr 2021 brutto $W_{el} = 13{,}8 \cdot 10^6$ elektrische Energie erzeugt wurden. Dies sind 48,8 % der in Summe aus erneuerbaren Energieträgern erzeugten elektrischen Energie, welche sich in 38,8 % onshore und 10 % offshore erzeugte Energie aufteilt. Diese Zahlen unterstreichen die große Bedeutung der WEA bei der Bereitstellung elektrischer Energie aus erneuerbaren Energieträgern. Es handelt sich hierbei um WEA mit Anschlussleistungen im MW-Bereich. Tendenziell steigen die Leistungsgrößen dieser Klasse von WEA weiter an.

Für dezentrale Anwendungen gibt es Kleinwindkraftanlagen (KWEA). Diese Anlagen haben in der Regel eine Leistung kleiner als $P_{el} = 100$ kW. Die Nutzung von Kleinwindanlagen steht in Deutschland noch am Anfang. Bei der Bewertung der Wirtschaftlichkeit stehen die KWEA in direktem Wettbewerb zu PV-Anlagen. Die weitere technische und wirtschaftliche Entwicklung der KWEA in Deutschland wird insbesondere von den regulatorischen Rahmenbedingungen und der Kostenentwicklung für PV-Anlagen geprägt sein.

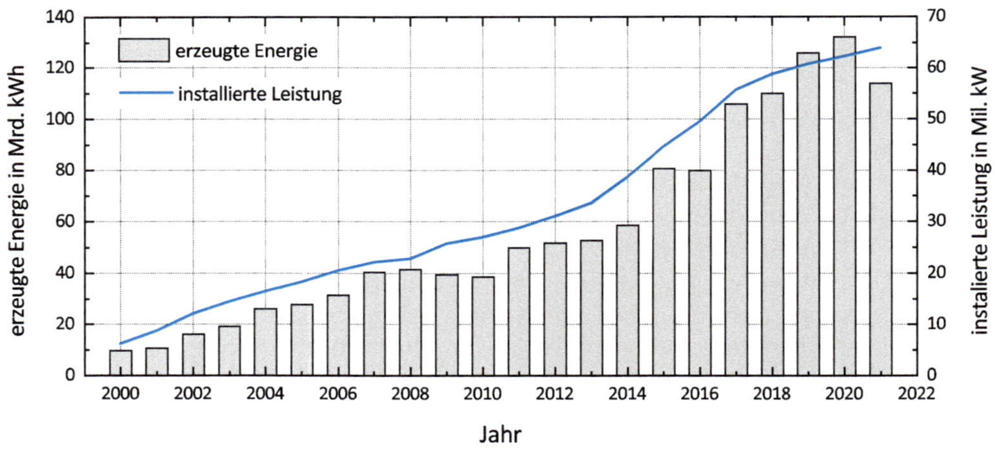

Abb. 2.23: Entwicklung der Bruttostromerzeugung und inst. Leistung von WEA in der BRD nach [21]

2.8.2 Grundlagen der Nutzung von Windenergie

Die von einer WEA mechanisch abgegebene Leistung hängt von der Windgeschwindigkeit, der Luftdichte und dem Wirkungsgrad der Anlage selbst ab. Um die Leistung einer WEA zu berechnen, wird zunächst die vom Wind bereitgestellte Energie ermittelt. Diese wird anschließend mit dem Wirkungsgrad der Anlage multipliziert. Die kinetische Energie des Windes (E_W) ergibt sich aus Gl. 2.38. Dabei ist m_L die Masse der Luft, welche durch die Rotorfläche strömt und w_L die Windgeschwindigkeit.

$$E_W = \frac{m_L \cdot w_L^2}{2} \tag{2.38}$$

Mit Hilfe der Energie des Windes kann die Leistung des Windes berechnet werden. Die Leistung des Windes (P_W) (vgl. Gl. 2.39) entspricht der pro festgelegter Zeiteinheit umgesetzten Windenergie (E_W). Um die Leistung berechnen zu können, muss die Masse der Luft nach der Zeit differenziert werden $dm_L/d\tau$, es muss also der Massenstrom $\dot{m}_L$ bestimmt werden. Dieser entspricht der pro Zeiteinheit durch die Rotorfläche der Windkraftanlage strömenden Masse der Luft.

$$P_W = \frac{\dot{m}_L \cdot w_L^2}{2} \tag{2.39}$$

Der Massenstrom der Luft ergibt sich nach Gl. 2.40 aus dem Produkt der Luftdichte ϱ_L und dem Volumenstrom der Luft $\dot{V}_L$.

$$\dot{m}_L = \frac{\varrho_L \cdot V_L}{d\tau} = \rho_L \cdot \dot{V}_L \tag{2.40}$$

Der Volumenstrom $\dot{V}_L$ wird basierend auf der Rotorfläche A_{Ro} und der Windgeschwindigkeit w_L nach Gl. 2.41 berechnet. Die Fläche A_{Ro} kann mit Hilfe des Radius der Rotorblätter r_{Ro} durch die Beziehung $A_{Ro} = r_{Ro}^2 \cdot \pi$ ermittelt werden. Damit ergibt sich für den Volumenstrom der Luft $\dot{V}_L$.

$$\dot{V}_L = A_{Ro} \cdot w_L = r_{Ro}^2 \cdot \pi \cdot w_L \tag{2.41}$$

Durch Zusammenfassung der dargestellten Beziehungen ergibt sich für die Leistung des Windes Gl. 2.42. Es ist zu erkennen, dass die Windgeschwindigkeit w_L mit der dritten Potenz in die Berechnung eingeht.

$$P_L = \frac{\varrho_L \cdot r_{Ro}^2 \cdot \pi \cdot w_L^3}{2} \tag{2.42}$$

Für die mechanische Leistung der WEA gilt Gl. 2.43.

$$P_{WEA} = P_L \cdot \eta_W = \frac{\varrho_L \cdot r_{Ro}^2 \cdot \pi \cdot w_L^3}{2} \cdot \eta_W \tag{2.43}$$

In Gl. 2.43 ist η_W der aerodynamische Wirkungsgrad oder auch Leistungsbeiwert der WEA. Er gibt an, welcher Anteil der Windleistung als mechanische Leistung bereitgestellt werden kann. Der Leistungsbeiwert hängt von vielen Faktoren, zum Beispiel auch von der Strömungsgeschwindigkeit an den Rotorblättern und damit von der Windgeschwindigkeit und der Rotordrehzahl ab. Der Leistungsbeiwert wird von den Herstellern der WEA als Kennlinienfeld zur Verfügung gestellt.

Bei Anwendung der Gl. 2.43 ist auch noch zu berücksichtigen, dass die Luftdichte ϱ_L von der Temperatur ϑ_L und dem Luftdruck p_L abhängt.

Zahlenbeispiel zum Einfluss der Windgeschwindigkeit

Um den Einfluss der Windgeschwindigkeit auf die mechanische Leistung einer WEA darzustellen, wird vereinfacht angenommen, dass der Wirkungsgrad η_W konstant ist und einen Wert von $\eta_W = 0{,}4$ hat. Es wird auch vorausgesetzt, dass der Luftdruck p_L und die Lufttemperatur ϑ_L und damit die Luftdichte ρ_L konstant sind. Die Luftdichte soll einen Wert von $\varrho_L = 1{,}293\ \mathrm{kg/m^3}$ haben. Für die folgende Beispielrechnung wird ein Rotorradius von $r_{Ro} = 40$ m angenommen. Dies entspricht WEA in der 2-MW-Klasse.

Im ersten Fall wird eine Windgeschwindigkeit von $w_L = 6$ m/s angenommen. Dies entspricht einer leichten Brise mit einer Windgeschwindigkeit $w_L = 21{,}6$ km/h. Bei dieser Windgeschwindigkeit hat die WEA eine mechanische Leistung von $P_{WEA} = 2890{,}8$ kW. Bei einer angenommenen Windgeschwindigkeit von $w_L = 18$ m/s, dies entspricht einem kleinen Sturm mit einer Geschwindigkeit von $w_L = 64{,}8$ km/h, gibt die WEA eine Leistung von $P_{WEA} = 7{,}58$ MW ab. Bei der dreifachen Windgeschwindigkeit wird also die 27-fache mechanische Leistung abgegeben.

2.8.3 Ausführungen von Windkraftanlagen

Es gibt sehr unterschiedliche Ausführungsformen von WEA. Diese unterscheiden sich einerseits in der Bauform der Rotoren, im Aufbau des Turms und der Fundamente, in der Ausführung des Antriebsstranges und der Regelung.

Bauformen der Rotoren

Im Folgenden werden verschiedene Bauformen von Rotoren vorgestellt und deren wesentlichen Eigenschaften erläutert. In Abb. 2.24 sind Beispiele für einige Bauformen von Rotoren schematisch illustriert.

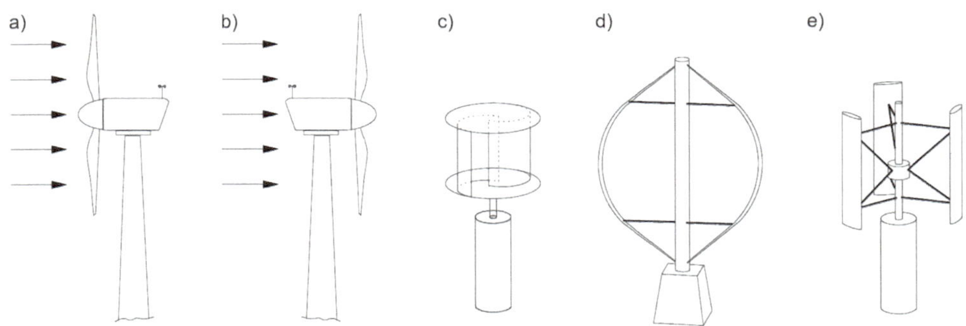

Abb. 2.24: Bauformen von Rotoren nach [69]
Horizontalachsenläufer: a) Luvläufer b) Leeläufer
Vertikalachsenläufer: c) Savonius-Läufer d) Darrieus-Läufer e) H-Rotor

Auf Grund des höheren Leistungsbeiwertes haben sich Horizontalachsenläufer gegenüber Vertikalachsenläufern durchgesetzt. Horizontalachsenläufer erreichen η_W-Werte von bis zu 0,5, d.h. unter optimalen Bedingungen wird bis 50 % der Windenergie in mechanische Energie umgewandelt. Die Vertikalachsenläufer haben η_W-Werte im Bereich von 0,03 bis 0,2.

Bei den Horizontalachsenläufern hat sich der Luvläufer quasi als Standard für große WEA etabliert, da beim Leeläufer der Turm die Rotoren in diesem Bereich abschattet. Dies führt zu einer Reduzierung der Leistungsabgabe gegenüber dem Luvläufer. Besonders bewährt haben sich WEA mit drei Rotorblättern. Sie weisen einen vergleichsweise ruhigen Lauf auf und lassen sich zugleich einfacher fertigen als Zweiblattausführungen. Daher wird sich trotz der beachtlichen Materialeinsparungen die Zweiblattausführung nicht durchsetzen.

Zur Klassifizierung von WEA wird die sogenannte Schnelllaufzahl λ genutzt, siehe Gl. 2.44. Diese wird aus dem Verhältnis der Geschwindigkeit der Rotorblattspitze w_{Ro} und der Windgeschwindigkeit w_{Roa} an der Rotorachse berechnet.

$$\lambda = \frac{w_{Ro}}{w_{Roa}} = \frac{\Omega \cdot r_{Ro}}{w_{Roa}} \text{ mit } \Omega = 2 \cdot \pi \cdot n \tag{2.44}$$

Dabei stellt Ω die Rotorgeschwindigkeit in min^{-1} dar. Der Radius r_{Ro} entspricht dem Radius des Rotorblatts und n der Drehzahl in min^{-1}. Die Schnelllaufzahlen von WEA mit drei Rotorblättern liegen im Bereich von $\lambda = 3\ldots6$ und für Anlagen mit zwei Rotorblättern im Bereich von $\lambda = 6\ldots12$, siehe auch [67], [55], [97].

Antriebsstrang der Windkraftanlage

Im Antriebsstrang wird die mechanische Leistung des Rotors in elektrische Energie umgewandelt.

Zentrales Element des Antriebsstrangs ist also der Generator, welcher diese Umwandlung realisiert. Grundsätzlich gibt es zwei Typen von Drehstromgeneratoren, welche hierfür angewendet werden, nämlich die sogenannten Synchron- (SG) bzw. Asynchrongeneratoren (ASG). Die Synchrondrehzahl n_s dieser beiden Generatortypen hängt von der Netzfrequenz und der sogenannten Polpaarzahl p_G ab und kann nach der Gl. 2.45 berechnet werden. Die Polpaarzahl ist dabei die Anzahl der Paare von magnetischen Polen innerhalb des Generators.

$$n_s = \frac{f_{Netz}}{p_G} \tag{2.45}$$

Ein Generator, der an ein elektrisches Netz mit der Frequenz $f_{Netz} = 50$ Hz angeschlossen wird und die Polpaarzahl $p_G = 1$ aufweist, hat eine Nenndrehzahl von $n_s = 3000\ \text{min}^{-1}$. Diese Drehzahl ist im Vergleich zur Drehzahl des Rotors viel zu groß. Um die beiden Drehzahlen anzupassen, muss entweder die Polpaarzahl des Generators erhöht oder ein Getriebe eingesetzt werden. Beide Lösungen werden realisiert. Durch die große Polpaarzahl vergrößert sich der Umfang des Generators erheblich. Bei einer WEA ohne Getriebe hat daher die Gondel einen sehr viel größeren Umfang im Vergleich zu WEA mit Getriebe.

Die Drehzahl des Generators wird durch die variable Drehzahl des Rotors bestimmt. Hierdurch ändert sich bei Synchrongeneratoren die Frequenz $f_{Generator}$ der Generatorspannung. Aus diesem Grund ist eine direkte Verbindung zum elektrischen Netz konstanter Frequenz nicht möglich. Die Verbindung zwischen Synchrongenerator und dem elektrischen Netz erfolgt immer mit Hilfe eines Umrichters, der über einen Gleichspannungszwischenkreis verfügt, vgl. obere Darstellung in Abb. 2.25. Aus Sicht des elektrischen Netzes hat der Umrichter noch zusätzliche Vorteile für den Betrieb. Zum Beispiel kann der Umrichter, fast unabhängig vom Arbeitspunkt, Blindleistung für das Netz bereitstellen oder aus dem Netz beziehen. Der Nachteil dieser Lösung besteht darin, dass der Umrichter für die volle Leistung des Generators ausgelegt sein muss.

Der doppelt gespeiste Asynchrongenerator ist eine Asynchronmaschine mit Schleifringläufer [10].

Mit Hilfe eines Frequenzumrichters wird in diesen Schleifring ein frequenz- und amplitudenvariabler Strom eingeprägt, vgl. untere Darstellung in Abb. 2.25. Hierdurch ist es möglich, die Drehzahl und die Blindleistung des Asynchrongenerators zu regeln. Angewendet wird dieses Prinzip bei WEA, Pumpturbinen, Speicherkraftwerken und Bahnstromumformern. Der Vorteil dieses Prinzips ist, dass der Frequenzumrichter nur für einen Bruchteil der Nennleistung des doppelt gespeisten Asynchrongenerators dimensioniert werden muss. Also erheblich kleiner sein kann im Vergleich zum Umrichter im vorher beschriebenen Konzept. Der Drehzahlbereich des doppelt gespeisten Asynchrongenerators liegt üblicherweise im Bereich von $n_{\text{dopASG}} = \pm\, 0{,}2 \cdot n_{\text{S}}$. Hiermit kann die Drehzahländerung des Rotors der WEA, welche von der aktuellen Windgeschwindigkeit und der abgerufenen Leistung abhängt, ausgeglichen werden.

Neue WEA mit sehr großer Leistung basieren in der Regel auf dem in der oberen Darstellung in Abb. 2.25 erläuterten Konzept. Hierdurch hat man nicht nur beim Betrieb mehr Freiheitsgrade, sondern auch bei der Konstruktion der WEA. Bei diesem Konzept können die Frequenz und die Amplitude der Generatorklemmenspannung vom Entwickler in weiten Bereichen frei festgelegt werden und es kann damit eine Optimierung der WEA bezüglich Leistung und Gewicht erfolgen.

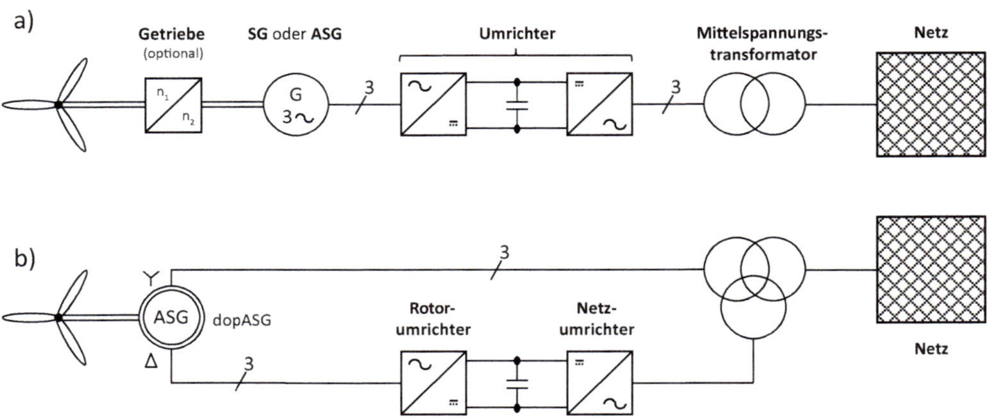

Abb. 2.25: Aufbau des Antriebsstrangs einer WEA
a) Anlage mit Synchron- oder Asynchrongenerator
b) Anlage mit einem doppelt gespeisten Asynchrongenerator

Turm und Fundament

Die Fundamente von Onshore-WEA lassen sich mit Fundamenten großer Gebäude vergleichen.

Die Verankerung im Boden erfolgt durch Pfähle, die in den Boden gerammt werden. Diese werden danach mit der Bewehrung aus Baustahl verbunden und mit Beton gefüllt. Auf diesem kegelförmigen Sockel wird der eigentliche Turm der WEA montiert.

Bei Offshore-WEA gibt es in Abhängigkeit der Tiefe des Meeresbodens sehr unterschiedliche Lösungen. Bis zu einer Wassertiefe von ca. 30 Meter werden heute häufig sogenannte Monopiles eingesetzt. Diese bestehen aus einem dickwandigen Stahlrohr mit einem Durchmesser von $d = 8 \ldots 11$ m. Sie werden mit großen Rammhämmern in den Meeresboden geschlagen. Zum Ausgleich wird zwischen den Monopiles und dem eigentlichen Turm der WEA noch ein Zwischenstück eingebaut.

Wichtig für die Auslegung des Turms der WEA ist das Antriebskonzept. Die WEA ohne Getriebe weisen gegenüber den WEA mit Getriebe ein erheblich höheres Gewicht auf. Durch die große Polpaarzahl werden die Synchrongeneratoren deutlich größer und damit schwerer. Dieses große Gewicht der Gondel erfordert eine sehr stabile Auslegung des Turms. In Europa werden in der Regel Stahlrohrtürme mit Längen von bis $l_{Turm} = 100$ m verwendet. Stahlgittertürme werden bis zu Höhen von $l_{Turm} = 160$ m realisiert. Die Stahlgittertürme benötigen weniger Material, sind bei der Fertigung erheblich lohnintensiver.

2.8.4 Anforderung durch die volatile Windeinspeisung

In der Abb. 2.26 ist beispielhaft die Windgeschwindigkeit für einen WEA-Standort dargestellt. In diesem Bild erkennt man eine große Bandbreite und einen großen Gradienten der Änderung der Windgeschwindigkeit. Bezüglich der Windgeschwindigkeiten hat jede WEA drei charakteristische Kennwerte [52]:

Einschaltgeschwindigkeit

Der Rotor beginnt sich zu drehen, sobald der Wind eine Geschwindigkeit etwa $w_{EIN} = 2$ m/s erreicht hat. Bis zu einer Geschwindigkeit $w_{min} = 4$ m/s wird noch keine elektrische Energie bereitgestellt.

Nominalwindgeschwindigkeit

Die Windenergieanlage erreicht ihre Bemessungsleistung bei der Nominalwindgeschwindigkeit. Die Nominalgeschwindigkeit beträgt je nach Anlagentyp $w = 12 \ldots 14$ m/s. Bei höheren Windgeschwindigkeiten muss eine Leistungsbegrenzung erfolgen.

Abschaltwindgeschwindigkeit

Um Sturmschäden am Rotor zu vermeiden, wird die Windkraftanlage ab dieser Windgeschwindigkeit abgestellt und mechanisch abgebremst. Die Abschaltwindgeschwindigkeit beträgt je nach Anlagentyp $w_{max} = 28 \ldots 35$ m/s[16], dies entspricht $w_{max} = 100 \ldots 126$ km/h.

Die angegebenen Geschwindigkeitswerte gelten für eine moderne Onshore-WEA mit drei Rotorblättern.

---

[16] Für die Windgeschwindigkeit wird auch häufig die Einheit Knoten pro Stunde verwendet. Die Umrechnung in Meter pro Sekunde ist: $w = 1$ kts $= 0,51$ m/s

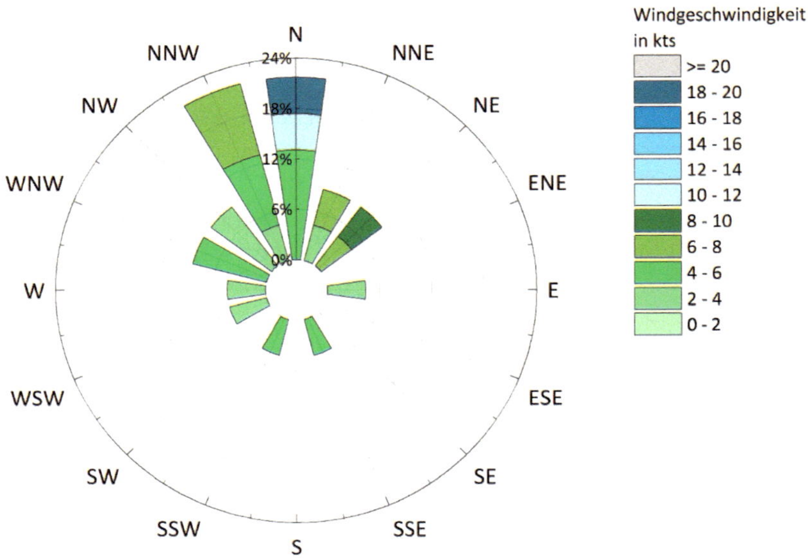

Abb. 2.26: Beispiel für die Windgeschwindigkeit für einen Tag am Standort einer WEA

Wie in der Abb. 2.26 zu erkennen, schwankt die Windgeschwindigkeit während des Tages sehr stark. Es gibt Zeitbereiche, in denen die Einschaltgeschwindigkeit unterschritten wird, also keine elektrische Energie bereitgestellt wird, aber auch Zeitbereiche, in denen die Abschaltwindgeschwindigkeit überschritten wird. Neben den tageszeitlichen Schwankungen gibt es auch noch erhebliche jahreszeitliche Schwankungen der Windgeschwindigkeit. Teilweise erfolgt die Änderung der Windgeschwindigkeit mit sehr großen Gradienten.

Aus diesen Gründen muss jede WEA eine sehr leistungsfähige Drehzahlregelung und darüber hinaus eine zuverlässige Regelung zur Leistungsbegrenzung aufweisen. Die Leistungsbegrenzung wird bei Windgeschwindigkeiten oberhalb der Nominalwindgeschwindigkeit aktiv. Detaillierte Beschreibungen der Arbeitsweise von Drehzahlregelung und Leistungsbegrenzung sind in [69], [154] enthalten. Zu beachten ist, dass die technischen Kennwerte und die Kosten für die einzelnen Verfahren der Drehzahlregelung und Leistungsbegrenzung sehr unterschiedlich sind.

2.8.5 Netzanschlussbedingungen

Wie in Abs. 2.7 für PV-Systeme erläutert, müssen auch Windenergieanlagen die Vorgaben der VDE-Anwendungsregeln für den Netzanschluss einhalten. Für einen Anschluss an das Mittelspannungsnetz ist die TAR [148] anzuwenden. Von besonderer Bedeutung ist hierbei die „Dynamische Netzstützung" (siehe [148], Kapitel 5.7.4). Bei der Festlegung der Anforderungen für „Dynamische Netzstützung" wird hierzu in zwei Anlagentypen unterschieden:

Typ 1

Bei diesem Anlagentyp sind die Synchrongeneratoren direkt mit dem elektrischen Netz verbunden. Dies sind zum Beispiel alle konventionellen Gasturbinenkraftwerke, aber auch klassische Wasserkraftwerke.

Typ 2

Zu diesem Anlagentyp gehören alle anderen Erzeugungsanlagen, also auch die in diesem Abschnitt beschriebenen WEA.

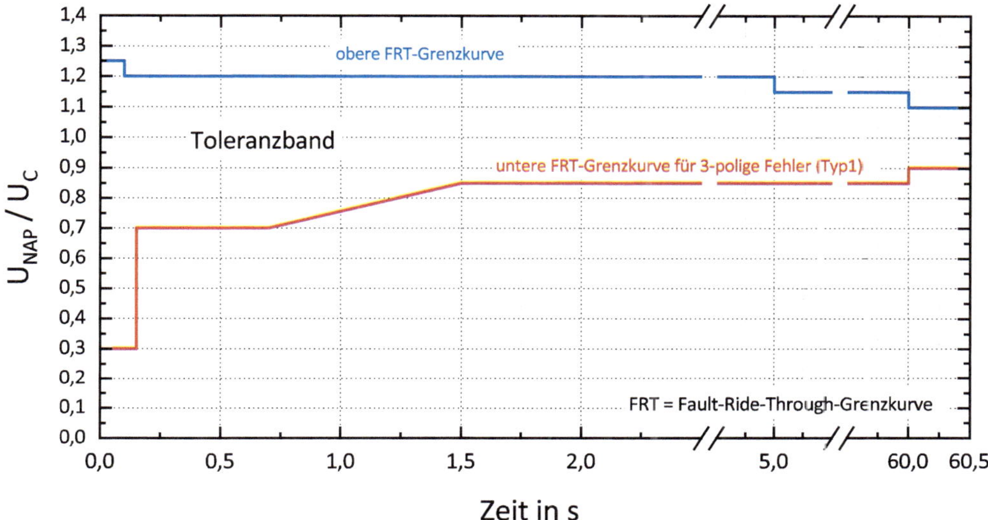

Abb. 2.27: Anforderungen zur „Dynamischen Netzstützung" – Fault-Ride-Through-Grenzlinie für Anlagen vom Typ 1 für einen dreipoligen Kurzschluss nach [148]

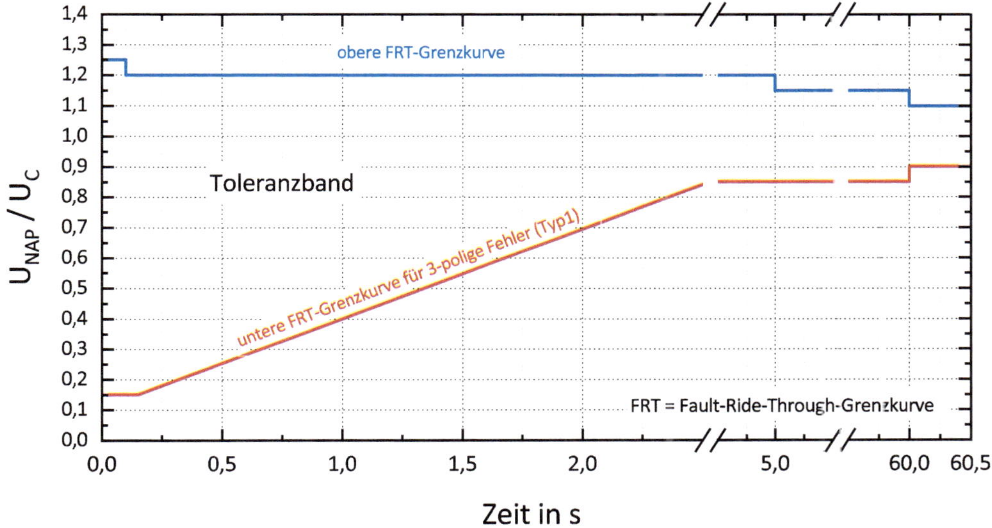

Abb. 2.28: Anforderungen zur „Dynamischen Netzstützung" – Fault-Ride-Through-Grenzlinie für Anlagen vom Typ 2 für einen dreipoligen Kurzschluss nach [148]

Wie aus Abb. 2.27 zu erkennen, müssen alle Erzeugungsanlagen die ersten $\tau = 150$ ms nach Störungseintritt, auch bei einer Spannung von $U/U_C \leq 30\,\%$ am Einbauort der Erzeugungsanlage, am Netz verbleiben und einen Kurzschlussstrom einspeisen. Es wird davon ausgegangen, dass der Netzschutz innerhalb dieser Zeit den Kurzschluss beseitigt und die Netzspannung unmittelbar danach wieder ansteigt. Alle Erzeugungsanlagen sollen am Netz verbleiben, da sonst nach der Kurzschlussabschaltung ein Erzeugungsdefizit im elektrischen Netz entsteht. Dies würde das elektrische Netz destabilisieren.

Für Anlagen vom Typ 2, also WEA, gelten $\tau > 150$ ms nach Störungseintritt die in der Abb. 2.28 enthaltenen Kennlinien. Für Spannungseinbrüche oberhalb der Grenzlinie muss die Anlage generell am Netz bleiben und darf nicht instabil werden. Der Hersteller der Anlage muss durch entsprechende Zertifikate nachweisen, dass seine Anlage die beschriebenen Anforderungen erfüllt. Es ist davon auszugehen, dass in Zukunft weitere Systemdienstleistungen, z.B. die Minutenreserve, durch dezentrale Erzeugungsanlagen bereitgestellt werden müssen. Dies wird zu weiteren Anpassungen der TAR führen.

2.9 Biomasseanlagen

Die energetische Nutzung von Biomasse kann sehr unterschiedlich erfolgen. Zur Nutzung geeignet sind:

- Energiepflanzen,
- Nebenprodukte aus der Landwirtschaft bzw. Reststoffe sowie
- organischer Abfall.

Abb. 2.29 zeigt die möglichen Umwandlungspfade von Biomasse.

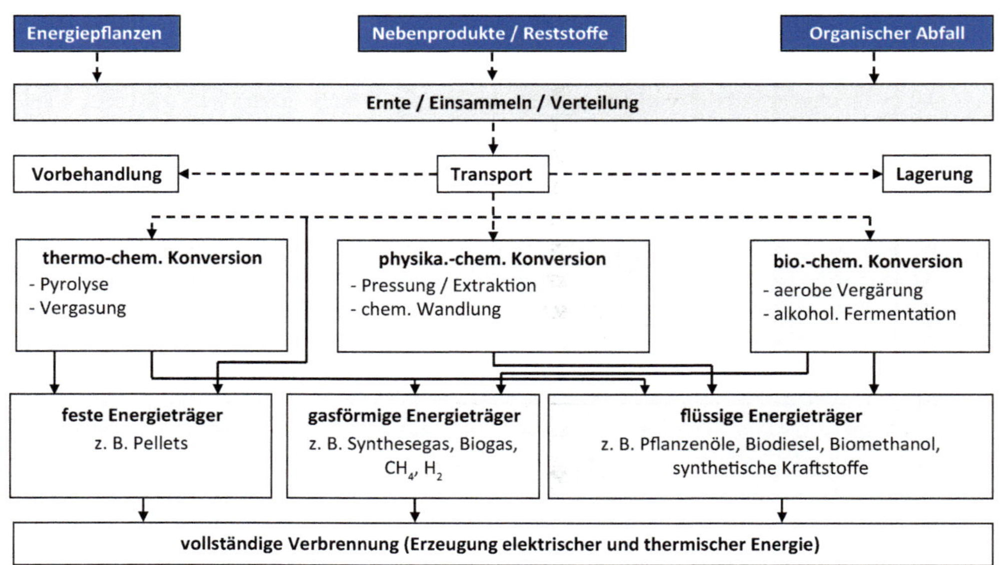

Abb. 2.29: Nutzungsarten von Biomasse

Unterteilen kann man die Umwandlung mittels thermo-chemischer Konversion und bio-chemischer Konversion. Die physikalisch-chemische Konversion spielt bei der Erzeugung von Biogas keine Rolle. Hinsichtlich der Biomethanerzeugung liefern unterschiedliche Substrate einen deutlich differierenden Ertrag. Tab. 2.6 und 2.7 dokumentieren signifikante Kenndaten. Maissilage stellt hierbei das Substrat dar, welches den höchsten Biomethananteil in Bezug auf eine Tonne eingesetztem Material realisiert. Resultat hiervon ist, dass in den vergangenen Jahren der Anbau von Maispflanzen signifikant angestiegen ist. Zunehmend in Konkurrenz befindet sich daher der Substratanbau zur Lebensmittelproduktion. Anzumerken ist weiterhin, dass in Hinblick auf die erzeugte Biomasse Alternativen in Bezug auf Effizienz und Effektivität bestehen. Tab. 2.7 liefert hierzu einige Anhaltswerte.

Rohbiogas besteht zu 45...70 % aus Methan und 25...50 % aus Kohlenstoffdioxid. Weiterhin enthält Rohbiogas geringe Anteile an Schwefelwasserstoff, Ammoniak und Wasserdampf. Im Anschluss an die Rohbiogaserzeugung muss daher zwingend eine Gasaufbereitung angeschlossen werden (vgl. [4, 60, 61]).

Tab. 2.6: Biogasertrag unterschiedlicher Substrate nach [63]

Substrat	**Ertrag in m^3_{BM}/t_{Sub}**
Rindergülle	≈ 16
Massenrübe	≈ 44
Futterrübe	≈ 56
Bioabfall	≈ 60
Grassilage	≈ 92
Maissilage	≈ 102

Tab. 2.7: Energetische Effizienz und Effektivität bei der Biomassebereitstellung nach [63]

Substrat	**Effizienz (Output/Input)**	**Effektivität (Output-Input)**
Raps	2...5 : 1	23...54
Mais (Ganzpflanze)	3...15 : 1	62...407
Zuckerrüben	7...15 : 1	163...262
Holz aus Forstwirtschaft	≈ 54 : 1	≈ 74
Holz aus Kurzumtriebsplantagen	60...64 : 1	≈ 177

Technisch bestehen Biogasanlagen aus der Rohgaserzeugung, der Gasaufbereitung sowie der Einspeisung ins Erdgasverteilnetz. Viele Biogasanlagen werden jedoch ohne Einspeisung ins Erdgasnetz betrieben. Bei diesen Systemen erfolgt direkt eine Verstromung des erzeugten Gases. In Bezug auf die unterschiedlichen Prozesse innerhalb einer Biogasanlage erfolgt zunächst die Fermentation (Gärung), bei der die organischen Stoffe durch Bakterien, Pilze oder biologische Zellkulturen (Enzyme) umgewandelt werden. Zweiter Prozessschritt ist die Gasaufbereitung. Ziel hierbei ist, den Methananteil zu steigern, damit eine Einspeisung in das Erdgasnetz mit den dort vorherrschenden Qualitätsstandards erfolgen kann. Hierzu ist es zunächst notwendig, eine Entschwefelung des Rohgases vorzunehmen. Weiterhin wird das Gas getrocknet, verdichtet, gekühlt und eine CO_2-Abtrennung vorgenommen. Gegebenenfalls ist zusätzlich eine Brennwertanpassung mit LPG (Liquified Petroleum Gas) notwendig. Der letzte Bestandteil einer Biogasanlage stellt die Einspeiseeinrichtung ins Erdgasnetz dar.

Für die Entschwefelung des Rohbiogases stehen unterschiedliche Verfahren zur Verfügung. Die biologische Entschwefelung verwendet Mikroorganismen, die Schwefelwasserstoff verzehren. Der Einsatzort hierbei ist direkt im Fermenter, in dem eine Oxidation des Schwefelwasserstoffes vorgenommen wird. Die entsprechende Reaktionsgleichung lautet:

$$2 \cdot H_2S + O_2 \rightarrow 2 \cdot S + 2 \cdot H_2O \tag{2.46}$$

$$2 \cdot S + 2 \cdot H_2O + 3 \cdot O_2 \rightarrow 2 \cdot H_2SO_4 \tag{2.47}$$

Auch eine direkte Oxidation des Schwefelwasserstoffes entsprechend der Reaktionsgleichung 2.48 ist möglich.

$$H_2S + 2 \cdot O_2 \rightarrow H_2SO_4 \tag{2.48}$$

Das zweite Verfahren wird als chemische Entschwefelung bezeichnet. Hierbei erfolgt die Zugabe von Eisenoxid wiederum direkt in den Fermenter. Beide Verfahren werden zu der Klasse der Grobentschwefelungsverfahren gezählt, mit denen jedoch nicht der gesamte Schwefel bzw. Schwefelwasserstoff aus dem Prozess entfernt werden kann. Gegebenenfalls kann es vor der CO_2-Abtrennung notwendig sein, einen weiteren Feinentschwefelungsprozess anzugliedern. Hierzu wird Aktivkohle verwendet, mit deren Hilfe sich der Schwefel durch Adsorption abscheiden lässt.

Zweiter wesentlicher Bestandteil ist die Gastrocknung. Hier werden Verfahren der adsorptiven Gastrocknung sowie Kondensationsverfahren verwendet. Bei der adsorptiven Gastrocknung lagert sich der Wasserdampf an der Oberfläche der Trocknungsanlage an, wobei als Material oft Kieselgel und Aluminiumoxide verwendet werden. Meist kommen zum kontinuierlichen Betrieb zwei Absorber zur Anwendung, die jeweils einer Arbeitsphase sowie einer Regenerationsphase unterworfen werden. Bei den Kondensationsverfahren erfolgt technologisch eine Abkühlung des Gases, wodurch der Taupunkt unterschritten wird und eine Abscheidung von Wasser erfolgen kann[17]. Zur Verringerung des CO_2-Gehaltes können verschiedene Verfahren angewendet werden. Eine Übersicht hierzu ist in [107] zu finden. Unterteilen lassen sich die Verfahren in

- Druckwechseladsorptionsverfahren (DWA)[18],
- absorptive CO_2-Abtrennverfahren,
- Membrantrennverfahren sowie
- kryogene Verfahren.

Beim ersten Verfahren erfolgt die Anlagerung von CO_2-Molekülen an einen Adsorbienten. Typische Stoffe hierfür sind Aktivkohle, Molekularsiebe (Zeolith) und Kohlenwasserstoffmolekularsiebe. Das PSA-Verfahren ist weit verbreitet und technisch ausgereift und nutzt wechselnde Druck-

17 Kondensat-Verfahren sind jedoch allein nicht geeignet, um die Anforderungen des DVGW G 262 (A) [43] Arbeitsblattes zu erfüllen. Als Richtwerte gelten: 1. Einspeisung in Gasnetze mit einem maximalen Betriebsdruck $MOP \leq 10$ bar $\Rightarrow x = 200$ mg/m³; 2. Einspeisung in Ferntransportnetze $MOP > 10$ bar $\Rightarrow x = 50$ mg/m³

18 engl. PSA – pressure swing adsorption

verhältnisse für die Adsorption sowie Desorbtion von CO_2. Um hochreines Methan gewinnen zu können, sollten zu Beginn Schwefel und Wasserdampf aus dem Rohbiogas entfernt werden. Das Druckwechseladsorptionsverfahren wird hauptsächlich für kleine und mittlere Durchsatzleistungen verwendet. Absorbierende CO_2-Abtrennverfahren sind dadurch gekennzeichnet, dass Gas mit einer Flüssigkeit in Kontakt tritt und dabei einzelne Komponenten von der Flüssigkeit gebunden werden. Grundsätzlich kann man zwischen Physisorption und Chemisorption unterscheiden. Details zu beiden Verfahren sind ausführlich in [107] beschrieben. In der Praxis wichtige Verfahren sind das Druckwasserwäsche-Verfahren (DWW), das Genosorb-Verfahren, das Monoethanolamin-Wäsche-Verfahren (MEA) sowie das Diethanolamin-Verfahren (DEA). Tab. 2.8 gibt einen Überblick zu technischen Parametern der einzelnen Verfahren.

Tab. 2.8: Parameter von Aufbereitungsverfahren in Anlehnung an [107]

Verfahren	**PSA**	**DWW**	**Genosorb**	**MEA**	**DEA**
Art		physikalisch	physikalisch	chemisch	chemisch
Vorreinigung	ja	nein	nein	ja	ja
Arbeitsdruck in bar	4 – 7	4 – 7	4 – 7	drucklos	drucklos
Methanverlust	3 – 10 %	1 – 2 %	1 – 4 %	< 0,1 %	< 0,1 %
Methananteil Produktgas	> 96 %	> 97 %	> 97 %	> 99 %	> 99 %
Stromverbrauch in kWh/m^{3}n	0,25	< 0,25	0,24 – 0,33	< 0,15	< 0,15
Wärmebedarf in °C	nein	nein	50-80	160	160
Regelbarkeit in % der Nennlast	±10 – 15 %	50 – 100 %	50 – 100 %	50 – 100 %	50 – 100 %

Eine weitere Klasse, die den physikalischen Verfahren zuzuordnen ist, ist das Membrantrennverfahren. Hierbei strömt das Rohgas an einer Membran entlang, die für CH_4 nahezu undurchlässig ist, jedoch durchlässig für CO_2 ist (Semipermeabilität). Schnell permeierende Gaskomponenten können somit aus dem Rohbiogas abgetrennt werden, wodurch der Anteil von Methan steigt. Nachteilig am Verfahren sind die hohen Druckdifferenzen, die notwendig sind, um hohe Fluiddichten zu erreichen. Diese können zum einen durch die Erzeugung eines Vakuums auf der Feedseite oder auf der Permeatseite erreicht werden. Alternativ kann natürlich der Absolutdruck auf der Feedseite angehoben werden. Signifikant ist für das möglichst hohe Abscheiden von Bestandteilen eine hohe Differenz der Partialdrücke auf beiden Seiten der Membran.

3 Kommunikationstechnologien

3.1 Grundlagen

Die informationstechnische Verbindung der unterschiedlichen Anlagen im zellularen Energiesystem stellt eine wesentliche Voraussetzung für dessen Realisierung dar. Aus der Automatisierungstechnik ist ein Pyramidenansatz bekannt, mit dem man eine Einteilung der unterschiedlichen Ebenen vornehmen kann. Abb. 3.1 zeigt eine grafische Abbildung dieses Ansatzes [95].

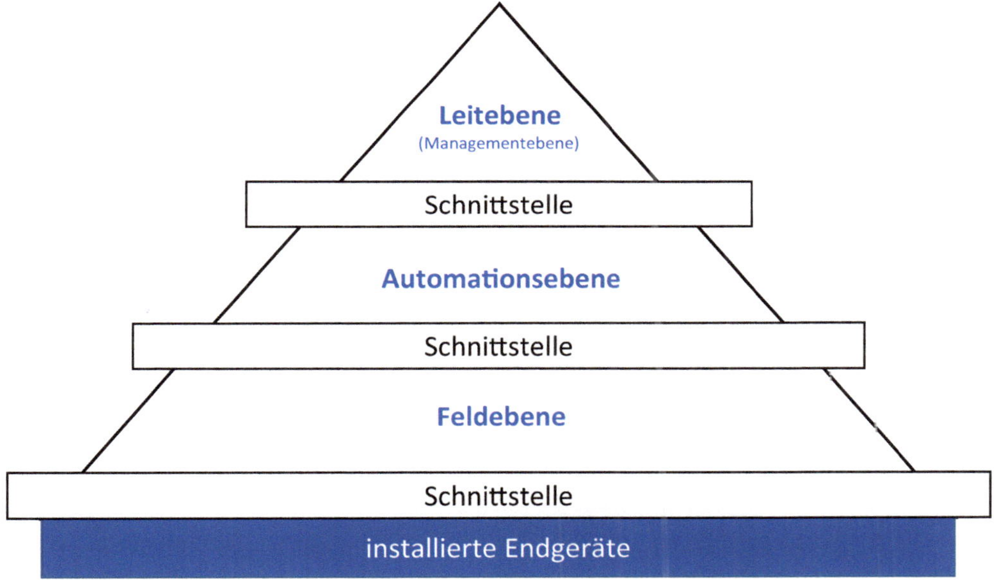

Abb. 3.1: Ebenenmodell der Automatisierungstechnik

Die unterste Ebene ist die interne Geräteebene, die über Schnittstellen an die *Feldebene* angebunden ist. In der Geräteebene werden Sensoren und Aktoren angebunden. Oftmals erfolgt innerhalb der Geräte eine Anbindung über eine eigene Regelung, d.h. applikationsspezifische Controller. Dies ist besonders der Fall, wenn innerhalb der Geräte sicherheitstechnische Funktionen berücksichtigt werden müssen (Regelung des Gasventils bei gastechnischen Geräten, interne Regelung des Kältekreislaufes bei Kälteanlagen). Überlagert, zur Feldebene, ist die *Automationsebene*. Sie enthält Grund- und Verarbeitungsfunktionen. Zu den Grundfunktionen zählen Melden / Messen/ Zählen sowie der Befehl. Unter den Verarbeitungsfunktionen werden manuelle Auswahlmöglichkeiten zu bestimmten Informationen, Anzeigen von Meldungen, Fernbedienungen, Anzeigen von Messwerten, Protokollierung, zeitabhängiges Schalten sowie Störstatistiken und Grenzwertüberwachungen verstanden. Die Automationsebene leitet Informationen aus der Feldebene an die überlagerte Ebene weiter bzw. empfängt Informationen aus dieser. In der Praxis ist es üblich, zusätzlich Unterstationen und Unterzentralen einzubinden.

Die *Managementebene* fasst alle Informationen zusammen, weist Schnittstellen zu einer Marktanbindung und Schnittstellen zu einer Interaktion mit dem Menschen (Human Interface) auf. Weiterhin wird in der Managementebene die Verbrauchserfassung, die Anlagenüberwachung, die Parametrierung des Systems sowie das Laden von Programmen in die Automatisierungsebene vorgenommen. Hinsichtlich der Anlagenüberwachung erfolgt der zyklische Aufruf ausgewählter Prozessdaten und die Protokollierung, die Anzeige von Prozessdaten, Ereignismeldungen sowie die Registrierung von Eingriffen und die Ausgabe von Alarmen. Sind Unterstationen im System vorhanden, kann aus der Managementebene heraus eine Sollwertverstellung sowie eine Parametrierung der Regler vorgenommen werden. Abb. 3.2 zeigt eine Struktur dieses Ebenenmodells mit unterschiedlichen Unterzentralen und Unterstationen.

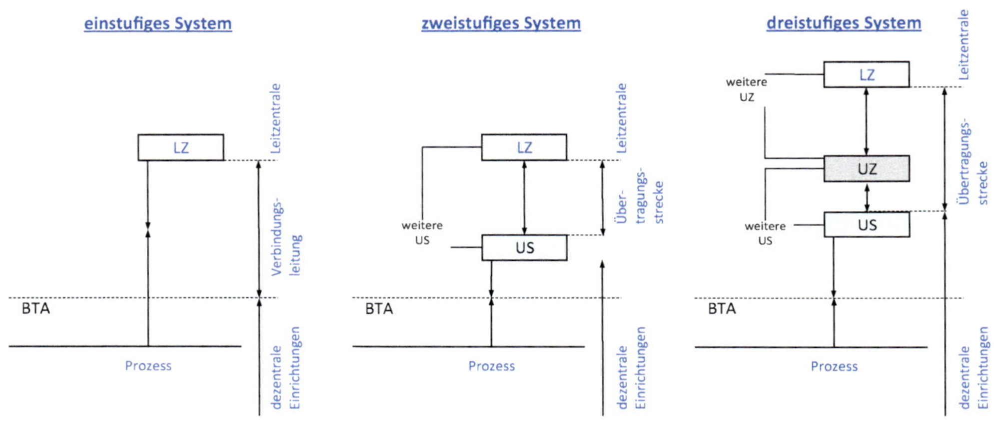

Abb. 3.2: Feldebene und Automatisierungsebene mit Unterstationen und Unterzentralen

Auf lokaler Ebene bei den Betriebstechnischen Anlagen (BTA) werden für die Kommunikation meist Bussysteme eingesetzt. Exemplarisch seien genannt die Bussysteme EIB/KNX, LON und BACnet[19]. Die hohe Anzahl von Bussystemen, die derzeit auf dem Markt verfügbar ist, führt jedoch auch zu Problemen, da die Interoperabilität meist nicht gegeben ist. Aus diesem Grunde wurde EE-Bus entwickelt, der als übergeordnete Struktur verstanden werden kann und Schnittstellen bzw. Konverter zu allen gängigen Bussystemen aufweist. Die Bus-Technologie wird überwiegend als kabelgebundene Lösung umgesetzt.

Neben der kabelgebundenen Lösung der Datenübertragung rückt zunehmend die Funktechnologie in den Fokus der Betrachtung zur Anbindung von BTA-Systemen. Sie bietet den Vorteil, dass die Installation sehr viel einfacher ist als bei kabelgebundenen Lösungen, eine hohe Flexibilität vorliegt, was sich wiederum auf die Installationskosten günstig auswirkt. Tab. 3.1 liefert einen Überblick zu gängigen Systemen.

[19] EIB – Europäischer Installationsbus; KNX – Konnex-Bus; LON – Local Operating Network; BACnet – Building Automation and Control Networks

Tab. 3.1: Ausgewählte Übertragungsprotokolle und deren Merkmale

Übertragungs-protokoll	Übertragungs-medium	Frequenzbereich	Verschlüsselung	proprietär
ZigBee Pro	Funk	2,4 GHz; 868 MHz	AES 128	nein
Z-Wave Plus	Funk	868 MHz	AES 128	nein
Z-Wave	Funk	868 MHz	AES 128	nein
Enocean	Funk	315 MHz (Asien) 868 MHz (Europa) 902 MHz (USA, Canada) 928 MHz (Japan)	AES 128	nein
KNX-RF	Funk	868 MHz	keine	nein
WLAN	Funk	2,4 GHz … 5 GHz	WPA, WPA2, WEP u.Ä.	nein
Bluetooth	Funk	2,4 GHz	AES 128	nein
lo-homecontrol	Funk	868 … 1900 MHz	AES 128	ja
KNX-PL	Stromleitung		keine	nein
KNX-TP	Datenleitung		keine	nein
smart PLACE	Datenleitung			ja
DigitalSTROM	Stromleitung		keine	nein
LCN	Stromleitung		keine	ja

AES Advanced Encryption Standard – sehr sichere symmetrische Verschlüsselungsmethode. AES arbeitet mit Blockverschlüsselung und ist der Nachfolger des Data Encryption Standards (DES). Schlüssellängen sind 128, 192 oder 256 Bit – hieraus leitet sich der Name ab.

Zu den Übertragungssystemen müssen auch die Mobilfunksysteme und hierbei speziell 5G (6G) gezählt werden. Tab. 3.2 liefert eine Charakterisierung der 5G-Technologie.

Tab. 3.2: Mobilfunkstandard 5G

Beschreibung	5G Highband	5G Midband	5G Lowband
Frequenz	3,5 GHz	1,8 Ghz	700 MHz
Reichweite	1 km	2 …3 km	5…8 km
Bandbreite	≥ 1 Gbit/s	≥ 500 Mbit/s	≥ 200 Mbit/s
Eindringtiefe (Gebäude)	gering	Randbereiche	hohe Eindringtiefe

Die Entwicklung von 6G ist in vollem Gange, wobei neben der industriellen Anwendung weitere Anwendungsfälle erschlossen werden sollen. Ziel ist es, besonders niedrige Sendefrequenzen zu adressieren, die eine hohe Eindringtiefe in Gebäude ermöglichen, wodurch die 5G-Technologie / 6G-Technologie besonders für die Energietechnik interessant wird.

Abb. 3.3: Spannungsdreieck für funkbasierte Systeme

Abb. 3.3 zeigt das Spannungsfeld zwischen zu übertragenden Daten, Latenz und Resilienz. Für die Energietechnik ist es letztendlich von zentraler Bedeutung, dass die Bandbreite für die Datenübertragung ausreichend ist und diese sicher und robust erfolgt. Hinsichtlich der Latenz gibt es unterschiedliche Anforderungen, die sich aus der Zeitkonstante des Systems ergeben. In der elektrischen Energietechnik werden teilweise sehr kleine Zeitkonstanten benötigt. Zu nennen sind hierbei insbesondere der Regelleistungsabwurf sowie die Detektion von Fehlern in elektrischen Netzen. In thermischen Systemen sind die Zeitkonstanten deutlich größer, da thermisch getriebene Ausgleichsvorgänge oft im Bereich von $\tau > 1$ min liegen. Tab. 3.3 liefert eine Übersicht über wichtige Anwendungsfälle im Kontext der zellularen Energiesysteme mit den jeweiligen Latenzzeiten und einer Abschätzung der zu übertragenden Datenmengen.

Tab. 3.3: Latenzzeiten und Datenmengen bei unterschiedlichen Anwendungsfällen im Kontext der zellularen Energiesysteme

Smart Grid Intelligenter und robuster Betrieb eines Energieversorgungsnetzes zur Steigerung der Energieeffizienz und Flexibilität unter gleichzeitiger Beibehaltung der Zuverlässigkeit		**Smart Building** Regelung von Energiesystemen in Gebäuden unter verschiedenen Zielfunktionen, wie Energieeffizienz, Reduktion von CO_2-Emissionen oder Erhöhung der Eigenbedarfsdeckung durch erneuerbare Energien	
PQ-Monitoring		*Gebäude-Monitoring*	
Latenz: nicht relevant	Datenpunkte: 3 x 25 x 300	Latenz: < 30 s	Datenpunkte: < 8000
Spannungsregelung MS-Netz		*Cloudbasierte Regelung energetischer Systeme*	
Latenz: < 1 s	Datenpunkte: ≈ 3 x 300	Latenz: < 200 ms	Datenpunkte: < 8000
State Estimation NS-Netz			
Latenz: ≈ 100 ms	Datenpunkte: 3 x 300		
Netzschutz (Fehlererkennung)			
Latenz: 1 ms	Datenpunkte: ≈ 3 x 300		
Zellulares Energiesystem (Energiemanagement)			
Latenz: < 350 ms		Datenpunkte: < 150.000	

3.2 Systemarchitektur elektrischer Systeme

Aus den Anforderungen hinsichtlich Latenz und Datenmenge leitet sich die Systemarchitektur der Datenübertragung für zellulare Energiesysteme ab. Grundsätzlich unterscheidet man in Systeme mit Datenvorverarbeitung inklusive lokalem Energiemanagementsystem (EMS), die auf lokaler Ebene eine Aggregation und Teilsteuerung vornehmen und nur noch ausgewählte Daten an eine überlagerte Ebene weitergeben bzw. Systeme, die eine vollständige Weitergabe aller ermittelten Daten realisieren und kein lokales EMS besitzen. Für die lokale Datenvorverarbeitung ist auch der Begriff des *Edge Computings* gebräuchlich[20]. Vorteil der lokalen Datenvorverarbeitung ist, dass Übertragungszeiten minimiert werden können, der Datenverkehr geringer ausfällt und Kommunikationsabbrüche nicht unmittelbar die Endanwendung beeinflussen. Nachteilig ist jedoch, dass sehr intensive Rechenprozesse mittels *Edge Computing* oft nicht durchgeführt werden können. Nachfolgend sollen beide Systemkonzepte beschrieben werden.

3.2.1 Systemarchitektur ohne Datenvorverarbeitung

Das Systemkonzept[21] ohne Datenvorverarbeitung ist gekennzeichnet durch eine direkte Verbindung von Endgeräten mit der *Energy Cloud*. Detaillierte Infos, z.B. der Status der Wallbox, Wärmepumpe bzw. der Brennstoffzelle, werden direkt übertragen. Innerhalb der Kommunikation sind hierbei beim zellularen Energiesystem, wie auch bei der Energy Cloud, Firewall-Systeme integriert. Das EMS wird in der Cloud betrieben. Zusätzlich existiert ein Datenfluss über das energetische Messsystem hin zum Messstellenbetreiber, der wiederum mit dem Netzbetreiber bzw. mit der Energy Cloud in Verbindung steht. Auch über diesen Kommunikationspfad werden die Einzelelemente mit einer Firewall abgesichert. Inhaltlich besteht weiterhin die Möglichkeit, dass sich an der Energy Cloud Energiedienstleister anbinden, die z.B. den Handel von Energien an den unterschiedlichen Marktplätzen (EEX; lokal) realisieren. Abb. 3.4 liefert eine entsprechende Systemarchitektur. Der große Vorteil des beschriebenen Systemkonzeptes ist die zentrale Datenverarbeitung in einem Cloud-System, wodurch eine einfache Skalierung und eine effiziente Verteilung von Softwareupdates realisiert werden können. Nachteilig gestaltet sich, dass die Kommunikationsverbindungen eine hohe Zuverlässigkeit aufweisen müssen.

[20] Edge Computing bezeichnet im Gegensatz zum Cloud Computing die dezentrale Datenverarbeitung am Rand eines Netzwerks. Kennzeichnend ist, dass Daten nicht zu einer zentralen Instanz unbearbeitet weitergeleitet werden, wodurch die Robustheit des Systems steigt. Die Datenverarbeitung rückt näher an den Datenursprung.

[21] Dokumentiert wird an dieser Stelle ausschließlich die funktionale Beschreibung des Systems. Grundsätzlich müssen für den Datenaustausch zahlreiche rechtliche Vorgaben bezüglich Datensicherheit und Privatsphäre zusätzlich eingehalten werden.

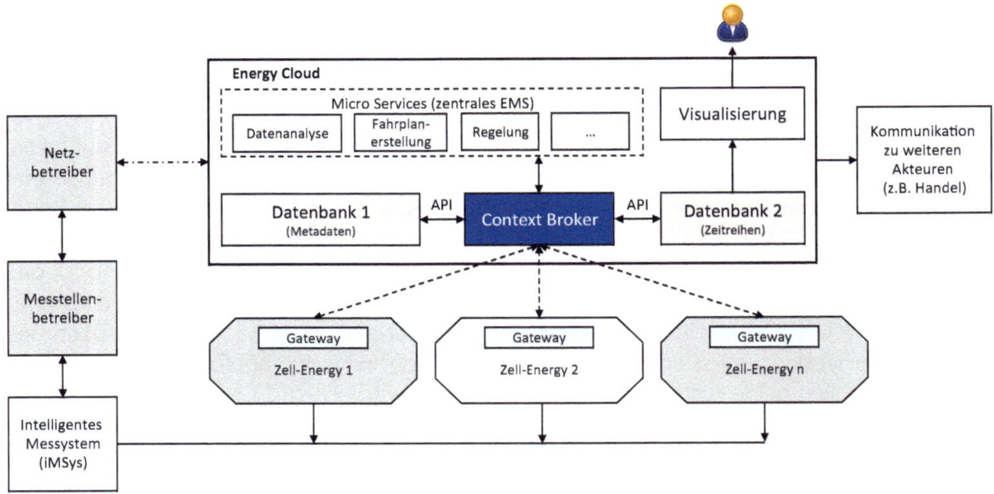

Abb. 3.4: Systemkonzept 1: Cloudbasierte Steuerung von zellularen Energiesystemen **ohne** lokale Aggregation

3.2.2 Systemarchitektur mit Datenvorverarbeitung

Systemkonzept 2 adressiert eine Aggregierung der Daten sowie ein lokales und zentrales EMS.

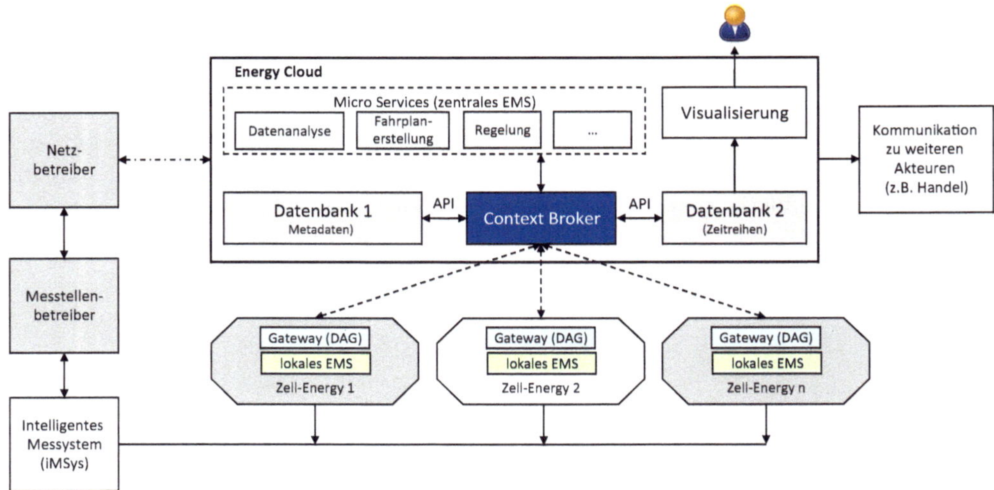

Abb. 3.5: Systemkonzept 2: Cloudbasierte Steuerung von zellularen Energiesystemen **mit** lokaler Aggregation

Abb. 3.5 zeigt dies exemplarisch. Die Datenaggregation (DAG) dient hierbei der Minimierung des Kommunikationsaufwandes sowie der Erstellung von Kenngrößen, die die Flexibilität des zellularen Systems beschreiben (vgl. Abs. 4.2.1). Das EMS weist bei diesem Konzept eine lokale sowie eine globale Komponente auf. Lokal besteht z.B. die Möglichkeit, den Eigenverbrauch an regenerativ erzeugter Elektroenergie zu maximieren. Global wird die Kopplung der Energiezelle mit den Nachbarzellen adressiert. Zu beachten ist beim Konzept mit aggregierten Daten, dass in der Energy Cloud nach der Vermarktung eine Disaggregation so erfolgen muss, dass lokal das Energiesystem zuverlässig betrieben werden kann. Nachteilig für das System ist, dass in der Energy Cloud nicht alle Systemdaten zur Verfügung stehen. Vorteilhaft ist wiederum, dass auf lokaler Ebene eine dezentrale Steuerung / Regelung (EMS) realisiert wird, was es ermöglicht, auch bei Kommunikationsunterbrechungen das dezentrale Energiesystem zuverlässig zu betreiben. Zusätzlich ist es möglich, durch die Aggregation von Daten auf den unterschiedlichen Ebenen auch den Betrieb des elektrischen Netzes sowie die Erbringung von Systemdienstleistungen zu adressieren. Dies ist eine deutliche Erweiterung des Funktionsumfanges in Hinblick auf das im vorherigen Abschnitt beschriebene System (Systemkonzept 1).

3.2.3 Anforderungen an die Datenübertragung

Die Anforderungen an die IK-Technik sind abhängig von der Betriebsweise des zellularen Energiesystems und von der Partizipation an den Energiemärkten (siehe Kap. 9). Kennzeichnend für die zellularen Energiesysteme ist das Anlagenpooling, d.h. der Zusammenschluss von mehreren dezentralen technischen Einheiten zu einer Gesamteinheit. Mit dem Pooling von Anlagen kann am Regelleistungsmarkt mittels Sekundärregelleistung und der Tertiärregelleistung agiert werden, wobei positive wie negative Regelleistung erbracht werden kann (vgl. Kap. 11.1). Für die Kommunikation wird beim Pooling der Anlagen eine Kommunikationsbox installiert, die alle wichtigen Informationen zusammenfasst und an die überlagerte Ebene weitergibt. Abb. 3.6 zeigt eine entsprechende Grafik.

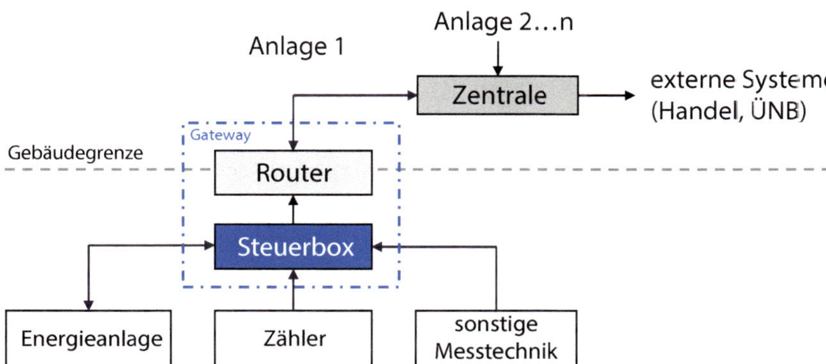

Abb. 3.6: Anlagenpooling zur Erbringung von Regelleistung (Detaildarstellung in Ergänzung zu Abb. 3.4 und 3.5)

Auf der dezentralen Seite erfolgt die Schnittstellenwandlung von den Systemen der Energieanlagen auf das System der Leitwarte bzw. der überlagerten Ebene. Zusätzlich werden lokal die Daten aus den Zählern oder sonstiger Messtechnik (z.B. Temperaturmessstellen / Volumenströme) abgerufen und aufbereitet. Die Steuerbox ist für die Fahrplanübermittlung bzw. in umgekehrter Weise für die Fahrplanumsetzung verantwortlich. Kommunikativ wird die Datenübermittlung über TCP/IP-basierte Schnittstellen bzw. über Funkverbindungen realisiert. Für die Übermittlung der Daten und Fahrpläne müssen bestimmte Randbedingungen eingehalten werden. Regulatorisch sind ab einer bestimmten Anlagengröße der technischen Einheit (TE) bzw. des Anlagenpools die BSI-Kritisverordnung sowie das IT-Sicherheitsgesetz zu berücksichtigen. Dies soll sicherstellen, dass Mindeststandards bei der Datenübermittlung eingehalten werden[22]. Grundwerte, die hierbei einzuhalten sind, stellen die

- Datenverfügbarkeit
- Datenvertraulichkeit
- Integrität
- Verbindlichkeit
- Authentizität
- Nichtabstreitbarkeit

dar. Die Anforderungen an die Datenverfügbarkeit sind hierbei sehr hoch. Verbindungen zum Übertragungsnetzbetreiber müssen eine Datenverfügbarkeit von mindestens 95 … 98,5 % aufweisen. Weitere Anforderungen an das Leitsystem des Regelleistungsanbieters sind der Tab. 3.4 zu entnehmen.

Tab. 3.4: Anforderungen an das IKT-System des Regelleistungsanbieters (Leitsystem)

	Anforderung
Ausführung gedoppelt	Redundante Standorte hinsichtlich Infrastruktur (Kommunikation, Stromversorgung)
Angemessene Sicherheit	Sicherstellung einer angemessenen IT-Sicherheit für die Leitsysteme
Gesetzeskonformität des Betriebsstandortes	Betriebsstandort muss u.a. Gesetz über die Voraussetzungen und das Verfahren von Sicherheitsüberprüfungen des Bundes oder dem IT-Sicherheitsgesetz genügen
Automatische Umschaltung	Automatische Umschaltung zwischen den Leitsystemen muss innerhalb von $\tau = 20$ s (aFRR) und $\tau = 15$ min (mFRR) erfolgen
Latenz der Datenübertragung	Die Verzögerung einer Datenübertragung auf der kompletten Übertragungsstrecke (Messwerterfassung – Leitsystem – ÜNB) darf maximal $\tau = 5$ s betragen – Datenübertragung mit Zeitstempel

Anforderungen an die technische Einheit (TE, dezentrale Energieanlage) sind ebenfalls im IT-Sicherheitsgesetz dokumentiert. Die wichtigste stellt die redundante Anbindung an das Leitsystem bei Anlagen mit einer Leistung von $P_{el} \geq 30$ MW inklusive Medienbruch dar. Abb. 3.7 zeigt eine entsprechende Ausführung[23].

Bei der Ausführung als *geschlossene Benutzergruppe* muss gewährleistet sein, dass nur Kommunikationsverbindungen zwischen festgelegten und bestimmten Paaren von Anschlüssen erlaubt sind. Interaktionen zu anderen Netzwerken sollen ausgeschlossen werden. Weiterhin ist sicherzustellen, dass die geschlossene Benutzergruppe ausschließlich der Erbringung von Regelreserve dient und andere Services hierüber nicht betrieben werden dürfen. Zusätzlich ist eine Ende-zu-Ende-Verschlüsselung zu realisieren (z.B. VPN-System).

22 Gewährleistung des alltäglichen Schutzes des Gesamtsystems vor Sicherheitsbedrohungen und der hohen Verfügbarkeit aufgrund der Bedeutung für die Systemsicherheit

23 CPE – Customer Premises Equipment (bezeichnet ein Teilnehmer-Endgerät in einem Computernetz, einem Telefonnetz oder bei Telefonanlage)

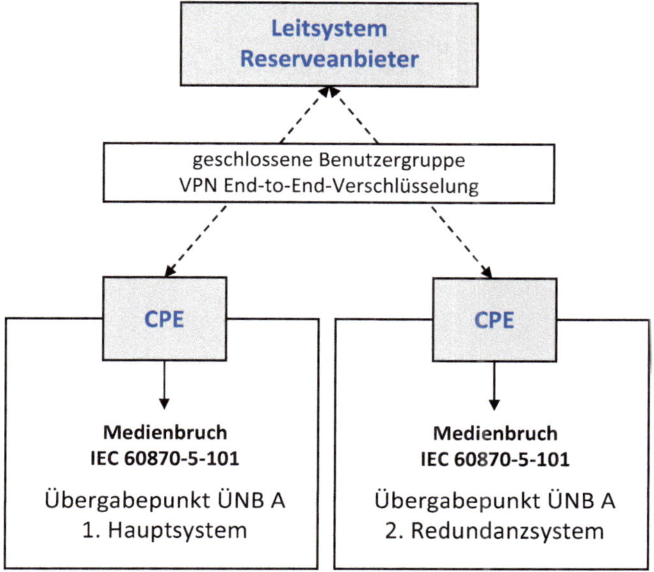

Abb. 3.7: Redundante Anbindung einer TE an das Leitsystem des Reserveanbieters

3.3 Systemarchitektur gastechnischer/wärmetechnischer Systeme

Gastechnische Systeme weisen eine geringere Komplexität als elektrische Systeme auf, wobei jedoch anzumerken ist, dass die Speicherbetrachtung einen höheren Stellenwert hat. Messtechnisch erfasst und mittels Fernwirktechnik übertragen werden Mengen, Drücke, Differenzdrücke sowie Temperaturen. Die Übertragung erfolgt an das Dispatching Center[24], welches die wirtschaftliche Steuerung, Bilanzierung und Optimierung des technischen Systems vornimmt. Zur Datenübertragung dienen eigene oder angemietete Kabel- oder Funkverbindungen (vgl. Kap. 9.2), wobei das TASE.2 – Protokoll[25] zur Anwendung kommt.

In Hinblick auf die zeitliche Erfassung der genannten Messgrößen sind Minuten- und Stundenwerte üblich. Mit diesen Angaben werden aussagekräftige Bilanzen über den Gasfluss gebildet sowie der Gasbezug bzw. die Gasabgabe überwacht. Online erfolgt ein Abgleich zwischen prognostizierten und tatsächlich vorhandenen Messdaten. In Bezug auf die Datenübertragung zählen gastechnische Systeme zur kritischen Infrastruktur und unterliegen BSI-Kritisverordnung sowie dem IT-Sicherheitsgesetz [14, 15].

Wärmetechnische Systeme besitzen meist einen lokalen Charakter und unterliegen ab einer bestimmten Größe ebenfalls der BSI-Kritisverordnung sowie dem IT-Sicherheitsgesetz (vgl. Tab.

[24] Dispatching Center: steuert den optimalen Einsatz der zur Verfügung stehenden Gasmengen und gewährleistet den Informationsaustausch zwischen allen Akteuren

[25] TASE.2 – Telecontrol Application Service Element 2 (vgl. [45])

10.1). Üblich sind in der Fern- und Nahwärmeversorgung, aufgrund der deutlich höheren Zeitkonstanten des Systems gegenüber elektrischen Systemen, Intervalle für die Datenübertragung in einem Bereich zwischen 5 min $\leq \tau \leq$ 15 min. Übertragen werden zu einer überlagerten Managementebene Kennwerte für Drücke, Temperaturen, Ventilhübe sowie Betriebszustände von energetischen Wandlungseinrichtungen. Bisher waren Wärme- und Kältenetze unidirektional ausgeprägt. D.h., die Wärmeströme gingen von zentralen Wandlungseinheiten hin zum Verbraucher. Im Sinne von zellularen Energiesystemen werden verstärkt lokale Einspeisungen von dezentralen Prosumern zur Anwendung kommen. Hierzu müssen die Netzzustände sowie die Zustände am Einspeisepunkt detaillierter aufgelöst werden. Erste grundlegende Arbeiten sind in [90] sowie [108] zu finden.

3.4 IT-Störungen

Die Kommunikationstechnik nimmt bei zellularen Energiesystemen eine signifikante Rolle ein, da eine hohe Anzahl von dezentralen Einheiten koordiniert miteinander betrieben werden. Vor diesem Hintergrund muss das Risiko eines Ausfalls gesondert betrachtet werden. Rechnung getragen wird diesem durch die Einführung eines *Information Security Management System (ISMS)*, welches durch das IT-Sicherheitsgesetz vorgeschrieben ist[26]. Die auftretenden Bedrohungen können nach ihrer Herkunft in interne und externe Bedrohungen eingeteilt werden. Interne Bedrohungen sind z.B. technisches Versagen, menschliches Fehlverhalten bzw. organisatorische Mängel. IT- Angriffe sind in beide Kategorien einzuordnen und können weiterhin in gezielte und ungezielte Angriffe unterteilt werden[27].

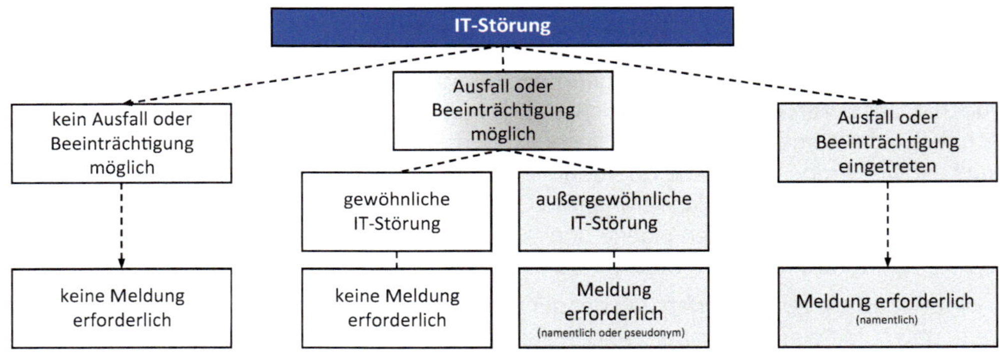

Abb. 3.8: Regelung zur Meldepflicht bei IT-Störungen nach [44]

Die auftretenden Schäden können erheblich sein und werden in sogenannte Schadenskategorien eingeteilt. Zu nennen ist die Beeinträchtigung der Versorgungssicherheit, die Einschränkung der Energieübertragung (Energiefluss), Beeinträchtigungen für die Bevölkerung sowie finanzielle Auswirkungen. Hinsichtlich der Beeinträchtigung der Bevölkerung werden hierbei prozentuale Angaben in Bezug auf die Anzahl der betroffenen Personen gebildet. Differenziert

[26] IT-Sicherheitskatalog

[27] Hacking, Viren, Korruption, Erpressung, Diebstahl von Computern, Abhören von Telefonaten…

wird in *gewöhnliche* und *außergewöhnliche* IT-Störungen (vgl. Abb. 3.8). Zu den gewöhnlichen IT-Störungen werden

- Spam / durch Virenschutz erkannte Schadsoftware,
- ungezieltes Phishing,
- Festplattenfehler sowie
- Hardwareausfälle

gezählt. Außergewöhnliche IT-Störungen stellen

- neue, bisher nicht veröffentlichte Sicherheitslücken,
- unbekannte Schadprogramme,
- Spear-Phishing (gezielter E-Mail Betrug) sowie
- außergewöhnliche und unerwartete technische Defekte mit IT Bezug

dar. Die Meldepflicht wird hierbei direkt an die Anlagengröße gekoppelt. Informationen hierzu sind der Tab. 10.1 des Kap. 10 zu entnehmen.

4 Speicher

4.1 Grundlagen

Speicher stellen ein wichtiges Bauteil in der energetischen Bedarfskette dar (vgl. Abb. 4.1). Durch Speicher wird ein Beitrag zur optimalen Energieumwandlung, zur Deckung von Lastspitzen sowie zur zeitlichen Verschiebung des Energiedargebotes realisiert.

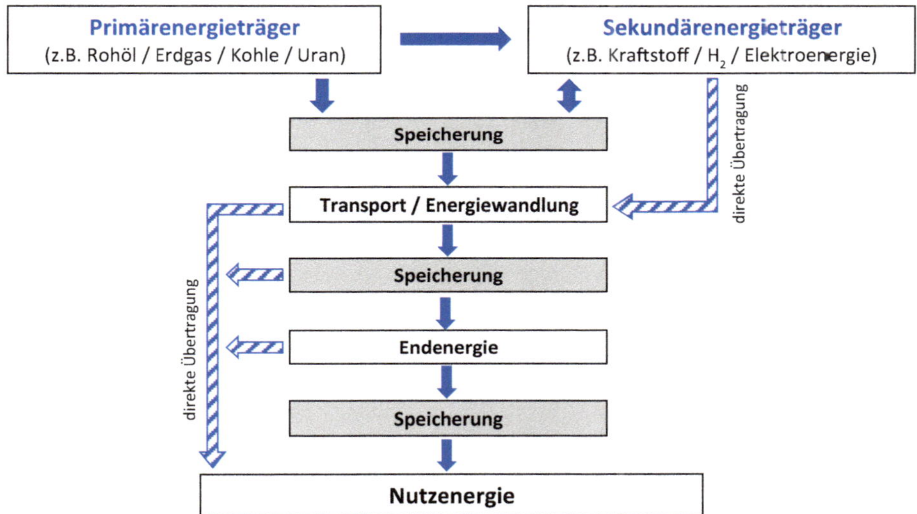

Abb. 4.1: Speicher im Energieversorgungssystem in Anlehnung an [113]

Einteilbar sind Energiespeicher nach Tab. 4.1, wobei hier biologische Speicher keine Berücksichtigung finden.

Tab. 4.1: Energiespeicher – Einteilung

Thermische Speicher	Mechanische Speicher	Chemische Speicher	Elektrische Speicher
- sensible/latente Wärmespeicher - thermochemische Wärmespeicher	- Pumpspeicher - Druckluftspeicher - Schwungräder - Feder	- Brennstoffe - Elektrolyse (H_2/CH_4) - Biomasseanlagen - Batterien (elektrochemische Energiespeicherung)	- Kondensatoren - supraleitende magnetische Speicher

Die Klassifizierung von Speichern kann nach

- technischen,
- ökonomischen,
- ökologischen

Kriterien erfolgen. Unter den ökonomischen Kriterien werden die Lebensdauer bzw. die Kosten (Investitionskosten / Betriebskosten) verstanden. Die ökologischen Kriterien können in die Aufwendung zur Herstellung, zur Entsorgung sowie in die Betriebssicherheit und den Nutzen der Systeme unterteilt werden. Wichtig für den Betrieb von Speichern sind die technischen Kriterien. Diese können Tab. 4.2 entnommen werden.

Tab. 4.2: Technische Speicherkriterien

Kenngröße	Einheit	Bedeutung
Wirkungsgrad	–	Nutzen des Speichers im Verhältnis zum realisierten Aufwand
Energiedichte	Wh/kg bzw. Wh/m^3	nutzbare Energie je Masse oder Volumeneinheit
Energie	Wh	nutzbare Energie des Speichers
Leistungsdichte	W/kg bzw. W/m^3	nutzbare Leistung je Massen- und Volumeneinheit
Nennleistung	W	Nenn-, (maximale) Lade-/Entladeleistung des Speichers
Leistungsgradienten	W/s	Leistungsänderungsgeschwindigkeit, Änderung der Leistung je Zeiteinheit
Zugriffszeit	s	Zeitdauer, innerhalb der der Speicher die Lade- / Entladeleistung von null auf einen bestimmten Wert steigert
Speicherdauer	s	Zeitdauer, innerhalb der der vollgeladene Speicher die Energie ohne nennenswerte Verluste speichert
Selbstentladung	Wh	Während der Speicherdauer auftretende Vorgänge, die zu einer Verringerung der verfügbaren Energie (Kapazität) führen
Lebensdauer	Monate	kalendarisch / Anzahl der Arbeitszyklen

Mit Bezug auf die Flexibilität hat das Kriterium der Speicherdauer eine signifikante Bedeutung. Unterschieden wird in *Kurzzeitspeicher* und *Langzeitspeicher*. Kurzzeitspeicher umfassen eine Zeitspanne von Sekunden, Minuten, Stunden und Tagen ($\tau \leq 24$ h). Sie sind vornehmlich im Bereich der Elektrotechnik anzutreffen und haben unterschiedliche regelungstechnische Aufgaben. Als Sekundärspeicher, die sehr schnell eine entsprechende Leistung bereitstellen können, gelten Schwungräder, supraleitende elektromagnetische Energiespeicher und Kondensatoren. Die Minutenspeicher umfassen Batterien und sensible Wärmespeicher. Zu den Stunden- und Tagesspeichern zählen: Batterien, Pumpspeicher, Druckluftspeicher, sensible Wärmespeicher.

Langzeitspeicher sollen größere zeitliche Schwankungen ausgleichen (Wochen, Monate $\tau \gg 24$ h). Eine Unterscheidung wird zwischen Wochenspeichern (Pumpspeicher, Kavernen- und Porenspeicher, sensible Wärmespeicher), Monats- und Jahresspeichern (Speicherwasser, Kavernen- und Porenspeicher, sensible Wärmespeicher) getroffen.

4.2 Thermische Speicher

Thermische Speicher sind die am Weitesten verbreiteten Speichersysteme und können in sensible, latente sowie thermochemische Speicher eingeteilt werden (vgl. [138] bzw. Abb. 4.2).

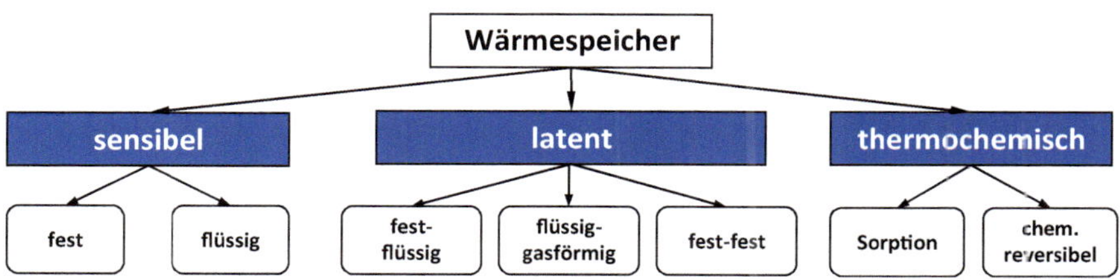

Abb. 4.2: Einteilung thermischer Speicher

Sensible Speicher sind technisch ausgereift, die Energiedichte ist jedoch gering. Thermochemische Speicher hingegen sind technisch noch nicht vollständig ausgereift, verfügen jedoch über eine hohe Speicherkapazität. Nachfolgend sollen die Spezifika der einzelnen thermischen Speicher detailliert beschrieben werden.

4.2.1 Sensible Wärmespeicher

Sensible Wärmespeicher können als Speichermedium eine Flüssigkeit oder einen festen Stoff aufweisen. Tab. 4.3 zeigt einen exemplarischen Vergleich relevanter Kennwerte für Wasser und Kies (Sand).

Tab. 4.3: Physikalische Kennwerte von Wärmespeichermedien

Material	Temperaturbereich in °C	c_p in kJ/(kg · K)	c_p^* in kJ/(m³ · K)	ϱ in kg/m³
Wasser	0…100	4,19	4175	998
Kies, Sand	0…800	0,70	1280…1420	1800…2000

Neben dem Temperatureinsatzbereich stellen die wichtigsten physikalischen Kriterien die massenspezifische (c_p) und die volumenspezifische (c_p^*) Wärmekapazität dar. Wasser hat im Temperaturbereich bis $\vartheta \leq 100$ °C eine sehr hohe spezifische Wärmekapazität, wodurch es häufig in der Praxis zur Anwendung kommt. Feststoffspeicher mit Kies und Sand sind aus dem Bereich der Langzeitspeicher bekannt und werden in der Lüftungstechnik sowie bei Fernwärmesystemen eingesetzt.

Den einfachsten sensiblen Wärmespeicher stellt ein Wasserspeicher dar, der in der Gebäudeenergietechnik als Pufferspeicher bzw. als Trinkwarmwasserspeicher zur Anwendung kommt. Abb. 4.3 zeigt den prinzipiellen Aufbau eines sensiblen Wärmespeichers.

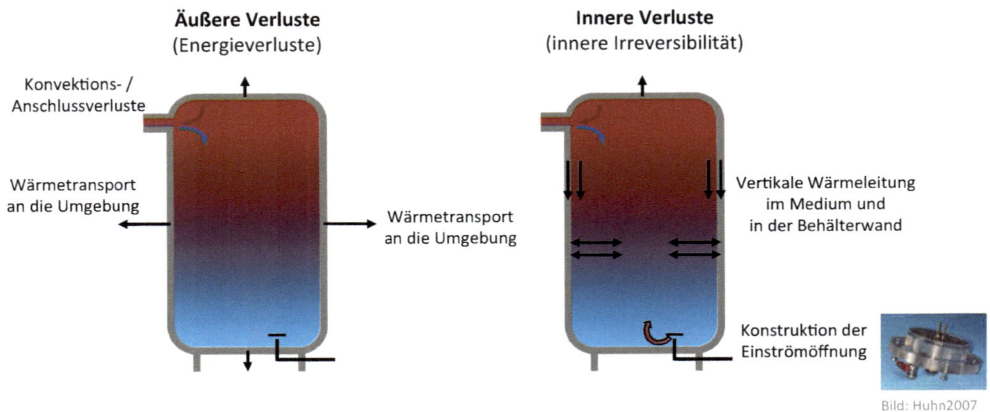

Abb. 4.3: Aufbau und Wärmeströme in und an einem sensiblen Wärmespeicher (Prallplatte nach [71])

Konstruktiv ist ein Warmwasserspeicher durch seine beiden Anschlusspaare geprägt. Der Zulauf ist bei einem Schichtenspeicher besonders wichtig, da durch einen nicht-impulsarmen Eintritt des Fluids die Temperaturschichtung im Speicher zerstört werden kann. Dies führt zu inneren Irreversibilitäten. Die Abströmleitung hat ebenfalls Einfluss auf die Temperaturstabilität des Speichers, da durch die Auskühlung des Fluid im Anschluss abgekühltes Fluid in den Speicher zurückfließen kann und somit die Schichtung negativ beeinflusst.

Hinsichtlich der äußeren Verluste des Speichers sind diese im Wesentlichen durch den Äußeren Wärmeschutz gekennzeichnet. Mit Bezug auf die Hüllfläche und die äußeren Temperaturbedingungen tritt hier ein Wärmestrom auf, der sich an der Oberfläche in einen konvektiven und einen Strahlungswärmestrom aufteilt. Unter Vernachlässigung des Widerstandes der Behälterwand kann der Wärmestrom durch Wärmeleitung bei Kenntnis der Wandtemperaturen mit der nachfolgenden Gleichung bestimmt werden:

$$\dot{Q}_L = \lambda \cdot \frac{A}{d} \cdot \left(\vartheta_{W,i} - \vartheta_{W,a}\right) = \frac{\vartheta_{W,i} - \vartheta_{W,a}}{R_\lambda} \tag{4.1}$$

Für typische Dämmstoffe sind die Wärmeleitfähigkeiten der Tab. 4.4 zu entnehmen.

Tab. 4.4: Wärmeleitfähigkeit ausgewählter Dämmstoffe

Material	Wärmeleitfähigkeit λ in W/(m · K)
Mineralwolle	0,035 … 0,050
Polyurethan – Hartschaum	
0 °C	0,029
50 °C	0,038
100 °C	0,047
Polystyrol – Hartschaum	0,025 … 0,040
Schaumglas	0,045 … 0,060

Der Wärmeübergang auf der Innenseite zur Behälterwand kann als nahezu ideal angesetzt werden, d.h., der innere Wärmeübergangskoeffizient $\alpha_i \approx \infty$. Es gilt der Zusammenhang nach Gl. 4.2.

$$\dot{Q}_{k,i} = \alpha_i \cdot A_i \cdot (\vartheta_{F,i} - \vartheta_{W,i}) \tag{4.2}$$

$$\dot{Q}_{k,a} = \alpha_a \cdot A_i \cdot (\vartheta_{W,a} - \vartheta_L) \tag{4.3}$$

Für den konvektiven Wärmestrom auf der Außenseite der Behälterwand kann Gl. 4.3 angewendet werden, wobei der äußere Wärmeübergangskoeffizient von der Strömungsform abhängig ist. Hierbei unterscheidet man zwischen erzwungener und freier Konvektion. Typische Bestimmungsgleichungen für den konvektiven Wärmeübergangskoeffizienten sind:

freie Konvektion:

$$\alpha_a = 1{,}66 \ldots 2{,}38 \cdot (\vartheta_{W,a} - \vartheta_L)^{0,25} \tag{4.4}$$

erzwungene Konvektion:

$$\alpha_a = 12{,}1 \ldots 15{,}6 \cdot \sqrt{w_L} \tag{4.5}$$

Auf der Außenseite des Speichers muss zusätzlich der Strahlungswärmestrom an die Umgebung berücksichtigt werden. Es gilt:

$$\dot{Q}_{str} = \sigma \cdot \varepsilon \cdot A\left[T_{W,a}^4 - T_U^4\right] = \alpha_{str} \cdot A \cdot (\vartheta_{W,a} - \vartheta_U) \tag{4.6}$$

Die Gesamtbilanz lautet somit:

$$\dot{Q}_{ges} = \dot{Q}_{k,i} = \dot{Q}_L = \dot{Q}_{k,a} + \dot{Q}_{str} \tag{4.7}$$

Der Wärmestrom nach außen ist durch die Temperaturdifferenz zwischen dem Fluid im Speicher und den Umgebungsbedingungen definiert. Der gesamte Energieinhalt des Speichers kann mittels der mittleren Speichertemperatur vereinfacht bestimmt werden. Gl. 4.8 liefert den entsprechenden Zusammenhang.

$$Q_{sp} = m \cdot c_p \cdot (\overline{\vartheta}_{sp} - \vartheta_U) \tag{4.8}$$

Der Energieinhalt des Speichers ist jedoch nicht immer ausreichend, um die Versorgungsaufgaben sicherzustellen. Ein weiteres Kriterium, was besonders bei der Trinkwarmwasserbereitung berücksichtigt werden muss, stellt das Temperaturniveau im Speicher dar. Die Arbeitsfähigkeit des Energieinhaltes des Speichers kann mit dem Exergiegehalt ausgedrückt werden.

$$E_{sp} = Q_{sp} \cdot \frac{T_{sp} - T_U}{T_{sp}} = Q_{sp} \cdot \left(1 - \frac{T_U}{T_{sp}}\right) \tag{4.9}$$

Bei der Bestimmung des Exergieinhaltes des Speichers ist immer das Bezugsniveau von Bedeutung. Im vorliegenden Fall (Gl. 4.9) wurde hier die Umgebungstemperatur T_U gewählt.

Die genannten Zusammenhänge ermöglichen die stationäre Berechnung des Speichers in Hinblick auf die anfallenden Verluste und den Exergieinhalt. In Bezug auf den Kontext dieses Buches spielt die dynamische Flexibilität eine wesentliche Rolle. Sie wird definiert durch das Verbrauchsverhalten und das dynamische Verhalten der Energiewandlungseinrichtung (z.B. Wärmepumpe/Brennstoffzelle). Zur Bestimmung des Flexibilitätspotentials des energetischen Versorgungssystems ist die Kenntnis des Restspeicherpotentials signifikant. Mit Bezug auf Abb. 4.4 soll die Vorgehensweise zu dessen Bestimmung nachfolgend dokumentiert werden.

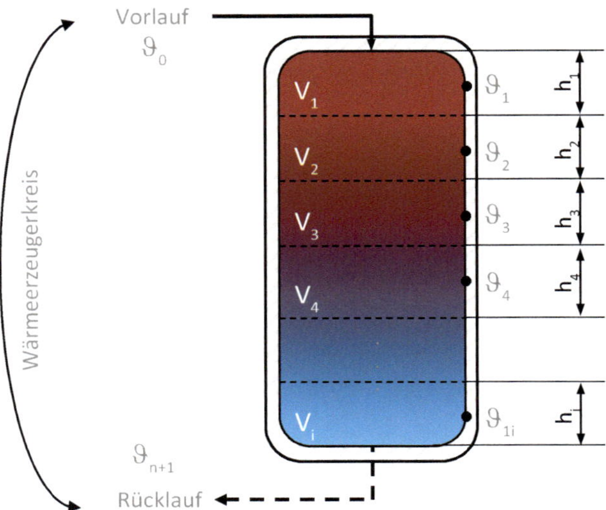

Abb. 4.4: Bestimmung des Rest-Speicherpotentials bei sensiblen Wärmespeichern [122]

Ausgangspunkt der Betrachtung ist die geeignete Segmentierung des Speichers in Volumeneinheiten, denen eine mittlere Temperatur zugeordnet wird. Es gelten die nachfolgenden geometrischen Beziehungen.

$$V_i = \left(\frac{\pi}{4} \cdot d_i^2\right) \cdot h_i \tag{4.10}$$

$$m_i = \varrho(\vartheta_i) \cdot V_i \tag{4.11}$$

Der vom Wärmeerzeuger bereitgestellte Wärmestrom wird mittels der Vor- und Rücklauftemperatur bestimmt. Gl. 4.12 in einfacher Schreibweise bzw. Gl. 4.13 als Enthalpiebilanz liefert hierzu eine entsprechende mathematische Formulierung.

$$\dot{Q}_{WE} = \varrho \cdot \dot{V} \cdot \overline{c}_p \cdot (\vartheta_0 - \vartheta_{n+1}) = \dot{m} \cdot c_p \cdot (\vartheta_0 - \vartheta_{n+1}) \tag{4.12}$$

$$\dot{Q}_{WE} = \dot{m} \cdot \left[h(\vartheta_0) - h(\vartheta_{n+1})\right] \tag{4.13}$$

Der Energiegehalt jedes einzelnen Teilvolumens im Speicher kann wie folgt bestimmt werden:

$$Q_i = m_i \cdot \bar{c}_p \cdot (\vartheta_i - \vartheta_{n+1}) \tag{4.14}$$

$$H_i = m_i \cdot \left[h(\vartheta_i) - h(\vartheta_{n+1}) \right] \tag{4.15}$$

Der maximal mögliche einspeicherbare Energiegehalt ist durch die Temperaturpaarung Vor- und Rücklauf festgelegt,

$$Q_{i,max} = m_i \cdot \bar{c}_p \cdot (\vartheta_0 - \vartheta_{n+1}) \tag{4.16}$$

$$H_{i,max} = m_i \cdot \left[h(\vartheta_0) - h(\vartheta_{n+1}) \right] \tag{4.17}$$

woraus sich die Energiedifferenz folgendermaßen berechnet[28]:

$$\Delta Q_i = Q_{i,max} - Q_i \tag{4.18}$$

$$\Delta H_i = H_{i,max} - H_i \tag{4.19}$$

Die in Gl. 4.19 beschriebene Energiedifferenz muss durch den Wärmeerzeuger ausgeglichen werden, wodurch sich bei konstantem Massestrom die notwendige Ladezeit für ein Teilvolumen entsprechend der Gl. 4.20 ergibt.

$$\tau_i = \frac{\Delta Q_i}{\dot{Q}_{WE}}, \quad \tau_i = \frac{\Delta H_i}{\dot{Q}_{WE}} \tag{4.20}$$

Für den gesamten Speicher ergibt sich die Gesamtladezeit zu:

$$\tau_{ges} = \sum_{i=1}^{n} \tau_i \tag{4.21}$$

Diese Zeit τ_{ges} kann einem übergeordneten Energiemanagementsystem übergeben werden. Es ist vorteilhaft für die Informationsübertragung, wenn man dimensionslose Größen verwendet. Für den Energiegehalt des Speichers sowie für das Restspeicherpotential können die nachfolgenden Größen verwendet werden.

$$X = \frac{\sum_{i=1}^{n} Q_i}{\sum_{i=1}^{n} Q_{i,max}} \tag{4.22}$$

$$\Psi = 1 - X \tag{4.23}$$

[28] $\sum_{i=1}^{n} \Delta Q_i$ stellt das energetische Restspeicherpotential und $\sum_{i=1}^{n} Q_i$ den aktuellen thermischen Ladezustand des Speichers dar.

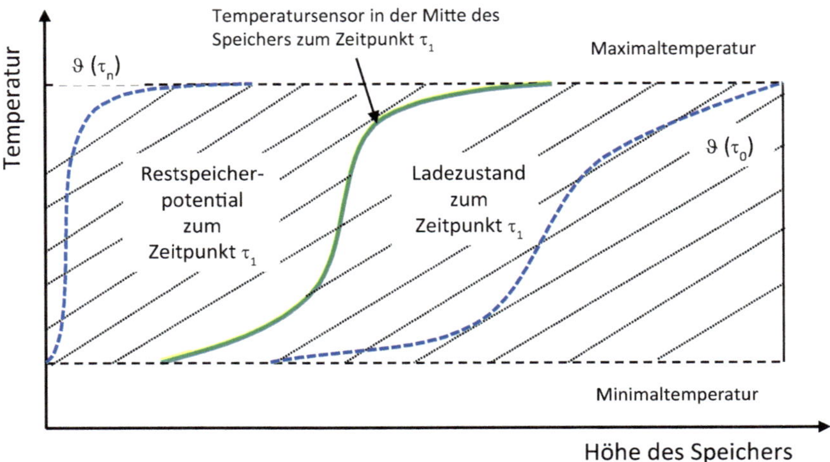

Abb. 4.5: Temperaturverlauf im Speicher als Folge der Be- und Entladung

Mit Bezug auf Abb. 4.5 ist zu erkennen, dass das thermische Speichervermögen abhängig ist von der minimalen und maximalen Temperatur, die im Speicher realisiert werden kann. Zeitlich kann man diese variieren und somit eine zusätzliche Flexibilität schaffen. Für thermische Speicher, die in einem Temperaturbereich von $20°C \leq \overline{\vartheta}_{sp} \leq 75°C$ arbeiten, ist eine Vergrößerung des Temperaturniveaus in den Grenzen von $20°C \leq \overline{\vartheta}_{sp} \leq 90°C$ möglich, was zu einer deutlichen Steigerung des Flexibilitätspotentials führt.

Erweiternd zu den klassischen, sensiblen Speichern sei an dieser Stelle noch auf Kombi-Systeme hingewiesen, die bei größeren Wärmeversorgungssystemen zum Einsatz kommen. Hier ist es oftmals sinnvoll, unterschiedliche Temperaturniveaus zu adressieren. Gut für diese Anforderungen eignen sich Speicher, die einen atmosphärischen und einen Druckbereich aufweisen. Abb. 4.6 zeigt ein derartiges System.

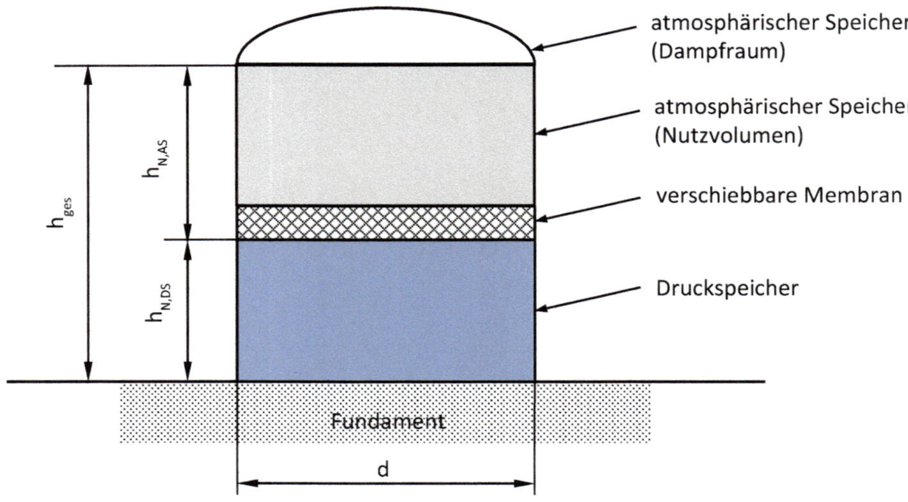

Abb. 4.6: Sensibler Wärmespeicher bestehend aus atmosphärischem und einem Druckbereich

Kennzeichnend für das System nach Abb. 4.6 ist, dass die interne Membran verschiebbar ist, d.h. die Anteile des atmosphärischen und des Druckspeichers verschoben werden können, was zusätzlich eine Flexibilität ermöglicht.

4.2.2 Latente Wärmespeicher

Latentwärmespeicher nutzen den Phasenwandel des Wärmeträgermediums aus. Grundsätzlich unterscheiden kann man in den Phasenwandel fest-fest, fest-flüssig bzw. flüssig-gasförmig. Weitere Unterteilungen sind der Abb. 4.7 zu entnehmen.

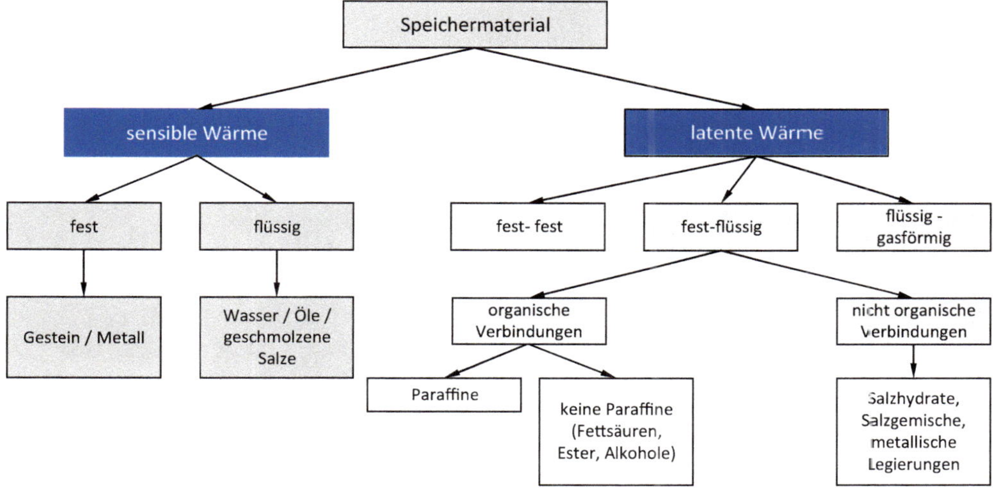

Abb. 4.7: Einteilung latenter Wärmespeicher im Vergleich zu sensiblen Wärmespeichern

In der Praxis ist der Phasenübergang von fest zu flüssig von großer Bedeutung. Wichtige eingesetzte Stoffe sind hierbei Paraffine und Salzhydrate. Tab. 4.5 gibt auf Grundlage der Angaben in [138] einen unvollständigen Überblick zu entsprechenden Stoffen. Der Einsatz der Stoffe muss hierbei sehr gut auf die Temperaturniveaus und die anzustrebende Zyklenzahl abgestimmt sein.

Tab. 4.5: Kennwerte unterschiedlicher Wärmeträgerstoffe – Latentwärmespeicher

Material		Formel	T_S in °C	Δh_s in kJ/kg	λ in W/(m²·K)	ϱ in kg/m³
Salzhydrat	Calciumchlor-hexahydrat	$CaCl_2(H_2O)_6$	29	171	0,54 (flüssig 39 °C)	1562 (flüssig 32 °C)
	Natriumthiosulfat-Penthahydrat	$Na_2S_2O_3(H_2O)_5$	48	187	–	1670 (flüssig)
	Magnesiumchlorid-hexahydrat	$MgCl_2(H_2O)_6$	117	165	0,57 (flüssig 120 °C)	–
Paraffin	Oktadekan	$C_{18}H_{38}$	28	245	0,15 (fest)	777 (flüssig)

Material		Formel	T_S in °C	Δh_s in kJ/kg	λ in W/(m²·K)	ϱ in kg/m³
Fettsäuren	Laurinsäure	$CH_3(CH_2)_{10}COOH$	43	178	0,15 (flüssig 50 °C)	870 (flüssig 50 °C)
	Myristinsäure	$CH_3(CH_2)_{12}COOH$	58	186	–	861 (flüssig 55 °C)

In Kombination mit einem Wärmeträgermedium (z.B. Wasser) ist es notwendig, ein gleichmäßiges Aufschmelzen des Phase-Change-Materials (PCM) zu erreichen. Hierzu eignen sich unterschiedliche Konstruktionen. Bekannt sind z.B. verkapselte PCMs bzw. PCM in metallischen Schäumen. Gleichfalls zum Einsatz kommen Systeme, bei denen das PCM in einer Kapsel mit großer Oberfläche integriert ist. Abb. 4.8 zeigt einige praktisch relevante Konstruktionen.

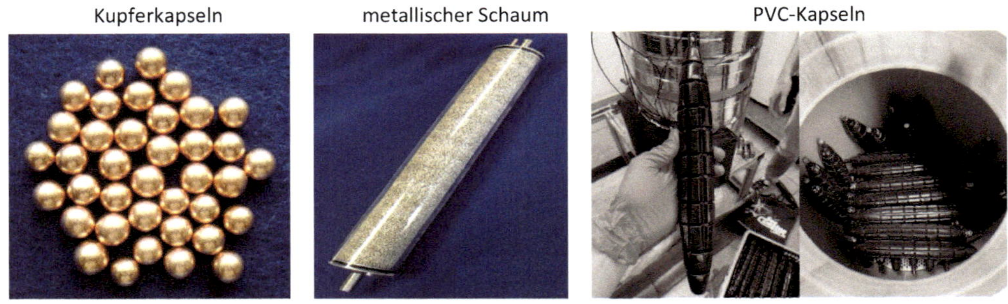

Abb. 4.8: Verkapselung von PCMs (linkes + mittleres Bild Quelle: FH/IFAM Dresden; rechtes Bild – Quelle TUD)

Für die Flexibilität eines Latentwärmespeichers ist es entscheidend, dass das PCM-Material gleichmäßig aufschmilzt und erstarrt. Ordnet man ein PCM-Material entlang eines Rohres an, so kann es vorteilhaft sein, unterschiedliche PCM-Materialien zu verwenden, da sich die Temperatur der Wärmeträgerflüssigkeit ändert. Abb. 4.9 zeigt dies exemplarisch.

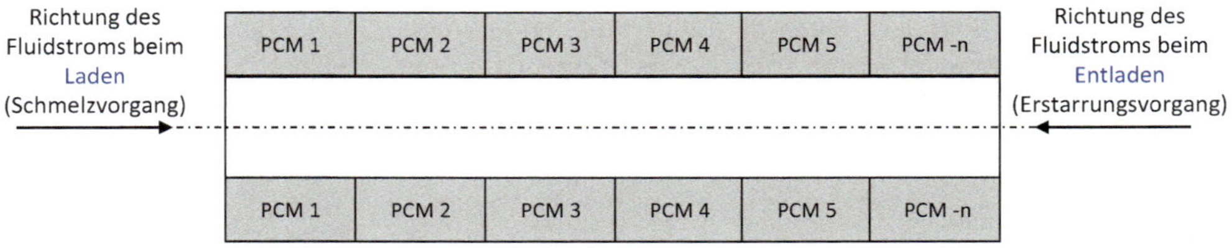

Richtung des Fluidstroms beim Laden (Schmelzvorgang)

PCM 1	PCM 2	PCM 3	PCM 4	PCM 5	PCM -n
PCM 1	PCM 2	PCM 3	PCM 4	PCM 5	PCM -n

Richtung des Fluidstroms beim Entladen (Erstarrungsvorgang)

Abb. 4.9: Anordnung von unterschiedlichem Phase-Change-Material entlang eines Rohres

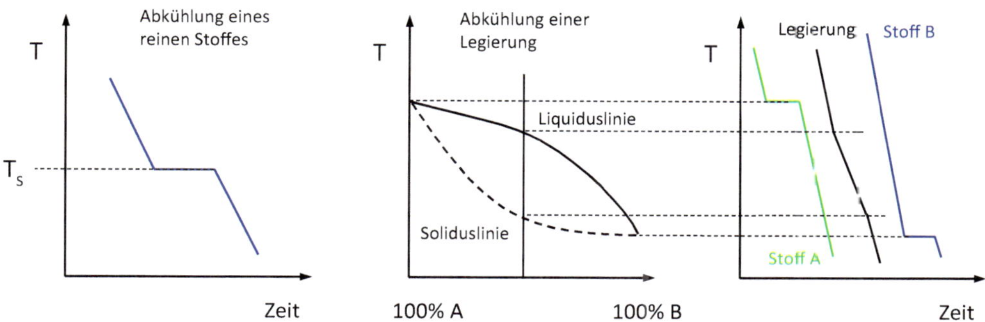

Abb. 4.10: Temperaturänderung für einen Einzelstoff und ein Stoffgemisch – Phasenwechsel

Wie in Tab. 4.5 aufgeführt, ist für einen Stoff immer eine Schmelztemperatur repräsentativ. Während des Phasenwandels ändert sich die Temperatur nicht. Vorteilhaft kann es sein, einen Temperaturbereich für den Phasenwechsel zu realisieren. Dies ist durch ein Gemisch aus verschiedenen PCMs möglich. Abb. 4.10 dokumentiert den Phasenwechsel bei einem Gemisch aus einer Komponente A und einer Komponente B.

4.2.3 Thermochemische Speicher

Thermochemische Speicher sind eine weitere Möglichkeit, größere Energien zu speichern. Im Gegensatz zu den Latentwärmespeichern wird hier nicht auf den reinen Phasenwechsel fokussiert, sondern auf die Reaktionswärme (Reaktionsenthalpie), die von einer chemischen Reaktion zweier Stoffe ausgeht. Vorteil der Speicher ist, dass in der chemischen Bindung sehr hohe Energiedichten vorliegen und die Speicherung über sehr lange Zeiträume erfolgen kann. Es treten praktisch keine thermischen Verluste auf. Beispiele derartiger Thermochemischen Speicher sind (vgl. [113]):

- Speicher auf Basis einer Heterogenverdampfung
- Sorptionsspeicher

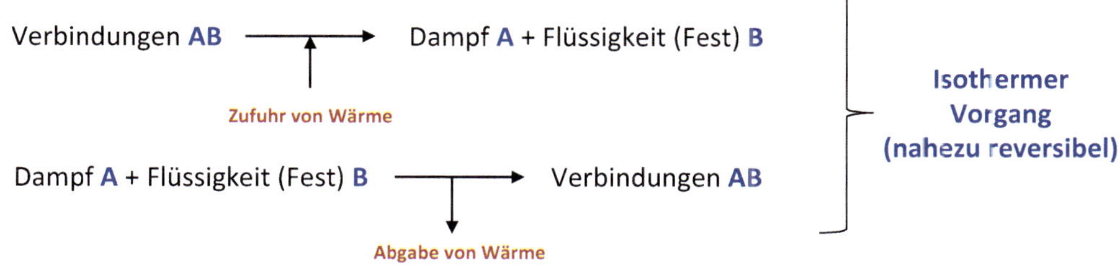

Abb. 4.11: Prinzipdarstellung – Heterogenverdampfung

Die Heterogenverdampfung ist gekennzeichnet durch eine Wärmezufuhr bei einer Trennung von zwei Stoffen und einer exothermen Reaktion, wenn Dampf und Flüssigkeit zu einer Verbindung reagieren. Typische Stoffe, die bei Thermochemischen Speichern eingesetzt werden, sind: Eisenchlorid ($FeCl_2$); Calciumchlorid ($CaCl_2$); Zinkchlorid ($ZnCl_2$) bzw. Calciumbromid ($CaBr_2$).

Gebunden werden diese Stoffe an Ammoniak (NH_3). Typische Reaktionsgleichungen der Heterogenverdampfung lauten für die Trennung von Eisenchlorid wie folgt:

Q = 52,3 kJ/mol(NH_3) bei T = 100°C und p = 1 bar:

$$FeCl_2 \cdot 6NH_3 \rightarrow FeCl_2 \cdot 2NH_3 + 4NH_3 \tag{4.24}$$

Q = 106,3 kJ/mol(NH_3) bei T = 300°C und p = 1 bar:

$$FeCl_2 \cdot NH_3 \rightarrow FeCl_2 + NH_3 \tag{4.25}$$

Vorteil der Speicher auf Basis der Hetorogenverdampfung ist, dass eine vollständige Regeneration des Systems erfolgen kann.

4.3 Elektrische Speicher

Elektrospeicher lassen sich in Kondensatoren / Schwungräder / Supraleitende Magnetische Energiespeicher (SMES) bzw. elektrochemische Energiespeicher (Batterien / Akkumulatoren) einteilen. Die Akkumulatoren haben hierbei die größte Verbreitung und die größte praktische Bedeutung erfahren, warum im nachfolgenden Abschnitt hierauf fokussiert werden soll.

Akkumulatoren speichern Energie in Form von chemischer Energie. Die Vergrößerung der Spannung wird erreicht, wenn die Einzelzellen in Reihe geschaltet werden. Die Kapazität des Akkumulators[29] kann durch Parallelschaltung vieler Einzelzellen gesteigert werden. Betrachtet man den *Ladevorgang* eines Akkumulators, so wird hier elektrische Energie in chemische Energie gewandelt. Beim *Entladevorgang* erfolgt die Umwandlung chemischer Energie in elektrische Energie, die dem System entnommen wird. Die Akkumulatoren gehören zur Klasse der Sekundärbatterien. Primärbatterien sind ähnlich aufgebaut, jedoch erfolgt die Entladung der Zellen irreversibel, d.h., Reaktionsprodukte können nicht mehr durch Zuführung elektrischer Energie in chemische Speicherenergie überführt werden (Batterien). Wichtige Kenngrößen von Akkumulatoren sind der nachfolgenden Tab. 4.6 zu entnehmen.

Tab. 4.6: Kenngrößen von Akkumulatoren

Bezeichnung	**Variable**	**Einheit**	**Beschreibung**
Nennkapazität	C_r	Ah	ist das Produkt aus Nenn(entlade)strom I_r und Nenn(entlade)zeit τ_r ($C_r = I_r \cdot \tau_r$)
Nennstrom	I_r	A	Entladestrom, für den die Batterie bei Nennbedingungen ausgelegt ist
Nennladezeit	τ_r	s	–
Nennspannung	U_r	V	ist die (mittlere) Spannung, die sich bei Entladung bei Nennbedingungen einstellt
Energieinhalt	W_r	Wh	die gespeicherte Nennenergie ($W_r = U_r \cdot C_r$)
Leistung	P_r	W	Produkt aus Nennspannung und Nennstrom ($P_r = U_r \cdot I_r$)

29 Ein Akkumulator ist eine systematische Verschaltung von Einzelzellen, der wiederaufladbar ist. Batterien sind elektrochemische Energiespeicher, die nicht aufladbar sind.

Bezeichnung	Variable	Einheit	Beschreibung
Zyklenzahl	N	-	Darunter versteht man die Anzahl der vollständigen Lade- und Entladevorgänge mit Nenngröße, bis die verfügbare Kapazität des Energiespeichers (Batterie / Zelle) auf das 0,8-Fache der Nennkapazität abgesunken ist (Zyklenlebensdauer).
Lebensdauer	τ_L	s	Zeitdauer, nach der ein Energiespeicher durch chemische Alterung der Elektrodenmaterialien bzw. des Elektrolyten seine Speicherfunktion weitgehend verloren hat ($C < 0{,}8 \cdot C_r$; kalendarische Lebensdauer)
Ladung			Vorgang, bei dem durch Zufuhr von elektrischer Energie in einem elektrochemischen Wandler diese überwiegend in chemische Energie umgewandelt und gespeichert wird. Dabei treten verlustbehaftete Vorgänge chemischer, elektrischer und thermischer Natur auf.
Entladung			Vorgang, bei dem chemische Energie überwiegend, an den Klemmen des Energiespeichers (Batterie), in nutzbare elektrische Energie umgewandelt wird. (verlustbehafteter Vorgang)
Selbstentladung			Während der Speicherdauer auftretende Vorgänge, die zu einer Verringerung der verfügbaren Energie (Kapazität) führen. Diese können chemisch und / oder elektrisch und / oder thermisch bedingt sein.

Hinsichtlich der Bilanzierung von Akkumulatoren unterscheidet man in den Amperestunden-Wirkungsgrad (η_{Ah}) und den Wattstunden-Wirkungsgrad (η_{Wh}). Die Berechnungsgleichungen für beide Kenngrößen lauten:

$$\eta_{Ah} = \frac{\int_0^{\tau_E} I_E(\tau)\, d\tau}{\int_0^{\tau_L} I_L(\tau)\, d\tau} \tag{4.26}$$

$$\eta_{Wh} = \frac{\int_0^{\tau_E} I_E(\tau) \cdot U_E(\tau)\, d\tau}{\int_0^{\tau_L} I_L(\tau) \cdot U_L(\tau)\, d\tau} \tag{4.27}$$

Mit Bezug auf die vorstehenden Gleichungen stellen der Index L den Bezug zum Ladevorgang und der Index E den Bezug zum Entladevorgang dar. Der Kehrwert des Amperestunden-Wirkungsgrads (η_{Ah}) wird auch als Ladefaktor bezeichnet. Technische Relevanz haben die in Abb. 4.12 dokumentierten Batteriesysteme, wobei anzumerken ist, dass aktuell eine sehr dynamische Entwicklung im Bereich der Akkumulatoren zu verzeichnen ist.

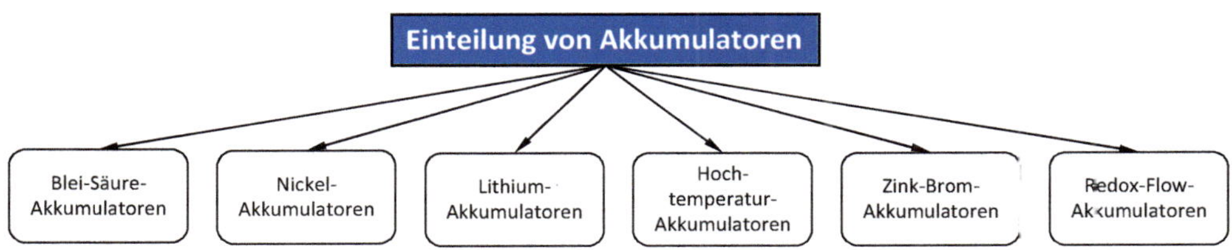

Abb. 4.12: Einteilung von Akkumulatoren

Wichtige technische Lösungen von Akkumulatoren sind nachfolgend beschrieben.

4.3.1 Blei-Säure-Akkumulatoren

Blei-Säure-Akkumulatoren sind seit langer Zeit bekannt und werden z.B. im mobilen Bereich eingesetzt. Der Aufbau der Zellen ist relativ einfach. Die negative Elektrode besteht aus metallischem porösem Blei und die positive Elektrode besteht aus Bleioxid. Als Elektrolyt wird verdünnte Schwefelsäure (H_2SO_4) verwendet. Zwischen den Elektroden sind Separatoren angeordnet, um Kurzschlüsse zu vermeiden. Die theoretische Energiedichte beträgt $w_{th} = 160$ Wh/kg, praktisch werden $w = 30...40$ Wh/kg erreicht. Für die Zelle ergeben sich folgende Reaktionsgleichungen.

positive Elektrode

$$PbO_2 + HSO_4^- + 3 \cdot H^+ + 2 \cdot e^- \leftrightarrow PbSO_4 + H_2O \tag{4.28}$$

negative Elektrode

$$Pb + HSO_4^- \leftrightarrow PbSO_4 + H^+ + 2 \cdot e^- \tag{4.29}$$

Gesamtreaktion

$$PbO_2 + Pb + 2 \cdot H_2SO_4^- \leftrightarrow 2 \cdot PbSO_4 + 2 \cdot H_2O + \text{elektrische Energie} \tag{4.30}$$

Die Blei-Säure-Akkumulatoren sind eine bekannte, ausgereifte Technologie. Nachteilig sind die niedrigen Energiedichten im Vergleich zu anderen Batteriesystemen. Weiterhin nachteilig ist, dass es im entladenen Zustand zu einer Sulfatbildung an den Elektroden kommen kann (schlecht lagerfähig).

4.3.2 Nickel-Akkumulatoren

Die Klasse der Nickel-Akkumulatoren kann in

- Nickel-Eisen
- Nickel-Metallhydrid sowie
- Nickel-Cadmium-Akkumulatoren

eingeteilt werden. Nickel-Eisen-Akkumulatoren sind schon seit langer Zeit eine gängige Technologie, Nickel-Cadmium-Akkumulatoren dürfen in der EU nicht mehr verwendet werden, da der Bestandteil Cadmium krebserregend ist. Wichtige physikalische Kenngrößen sind der nachfolgenden Tab. 4.7 zu entnehmen.

Tab. 4.7: Theoretische und praktische Energiedichten von Nickel-Batteriesystemen

Bezeichnung	Symbol	U_N in V	Energiedichte	
			w_{th} in Wh/kg	w in Wh/kg
Nickel-Eisen	Ni-Fe	1,2	260	30...50
Nickel-Metallhydrid	Ni-MH	1,2	260	60...80
Nickel-Cadmium	Ni-Cd	1,2	200	20...40

Nickel-Eisen-Akkumulatoren haben eine hohe Lebensdauer und eine hohe Robustheit und weisen keine giftigen Bestandteile auf. Die Energiedichte der Batteriesysteme ist jedoch eher klein im Vergleich zu anderen Systemen. Die Nickel-Metallhydrid-Akkumulatoren sind schnellladefähig, haben praktisch keinen Memory-Effekt und besitzen keine signifikanten Schwermetalle. Negativ bei dem System ist, dass eine Kühlung bei Schnellaufladung realisiert werden muss. Die Energie- und Leistungsdichte ist höher als bei NiCd-Akkumulatoren.

Nickel-Cadmium-Akkumulatoren sind unempfindlich gegenüber „rauer" Betriebsweise, verfügen über eine hohe Leistungsdichte auch bei tiefen Temperaturen, sind schnellladefähig und können lange im entladenen Zustand gelagert werden. Sie erfordern nur eine geringe Wartung und weisen eine hohe Lebensdauer und Zyklenzahl auf. Negativ bei den Systemen ist die niedrige Energiedichte, ein ausgeprägter Memory-Effekt und die Konstruktion auf Basis eines giftigen Schwermetalls, wodurch sie heute nicht mehr eingesetzt werden dürfen.

4.3.3 Lithium-Akkumulatoren

Lithium-Akkumulatoren sind die zum heutigen Zeitpunkt am meisten eingesetzten Sekundärbatterien. Man unterscheidet zwischen

- Lithium-Ionen-Batterie (Li-Ion-Zelle)
- Lithium-Polymer-Zelle (Li-Po-Zelle)

Abb. 4.13 zeigt den typischen Aufbau einer Lithium-Ionen-Zelle.

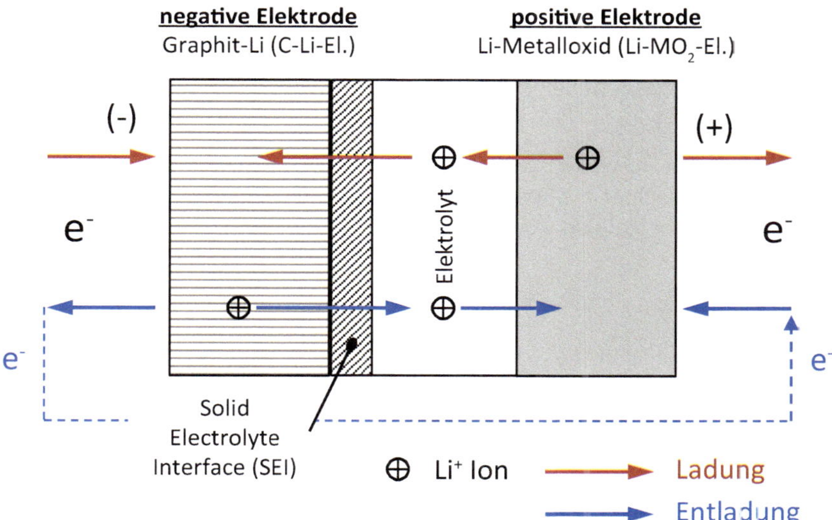

Abb. 4.13: Aufbau einer Lithium-Ionen-Zelle mit Angabe der Lade- und Entladerichtung

Der Vorteil der Lithium-Ionen-Akkumulatoren ist, dass sie eine hohe Energie- und Leistungsdichte sowie hohe Zellspannung ($U_N = 3,6...3,7$ V je Zelle) aufweisen. Weiterhin ist der Wirkungsgrad der Systeme mit $\eta = 0,9$ hoch. Nachteilig gestaltet sich, dass eine Lade- und Betriebsüberwachung realisiert werden muss und eine hohe Temperaturabhängigkeit besteht.

Die Lithium-Polymer-Akkumulatoren haben gegenüber der Lithium-Ionen-Technologie nochmals eine höhere Energiedichte, wodurch sie im Bereich gewichtsoptimierter Systeme zur Anwendung kommen. Durch ein Folienkonzept ist die Produktion hierbei leicht an den jeweiligen Anwendungsfall anpassbar (zylindrische-, quader-, plattenförmige Ausführungen).

Ein Vergleich der Lithium-Zellen zu anderen Zelltypen ist der Tab. 4.8 zu entnehmen.

Tab. 4.8: Vergleich unterschiedlicher Zellsysteme auf Basis von [138]

Bezeichnung	U_N in V	Energiedichte		Leistungsdichte	
		w_M in Wh/kg	w_V in Wh/l	p_M in W/kg	p_V in W/l
Pb-Säure	2,0	30…40	60…75	180	360
Ni-MH	1,2	30…80	140…300	250…500	700
Ni-Cd	1,2	40…60	50…150	150	300
Li-Ion	3,6	120…160	270	1800	3500
Li-Poly.	3,6	130…200	300	2800	5100

4.3.4 Redox-Flow-Akkumulatoren

Redox-Flow-Akkumulatoren stellen eine Alternative zum klassischen Zelldesign dar, da die Reaktanden außerhalb der Zelle in Tanks gespeichert werden. „Redox" steht hierbei für **Red**uktion (Elektronenaufnahme, kathodische Reaktion) und **Ox**idation (Elektronenabgabe, anodische Reaktion). Man unterscheidet in

- Vanadium-Redox-Flow-Batterie
- Polysulfid-Bromid-Batterie

Großer Vorteil der Redox-Flow-Akkumulatoren ist, dass keine Speicherung einer aktiven Masse erfolgt, der Zellaufbau einfach ist, die Speicherkapazität über die Tanks sehr groß ist und eine leichte Skalierbarkeit des Systems realisiert werden kann. Der elektrische Wirkungsgrad liegt bei $\eta_{el} \approx 0,9$[30].

[30] Praktisch werden Werte von $\eta_{el} \approx 0,7 \ldots 0,8$ erreicht.

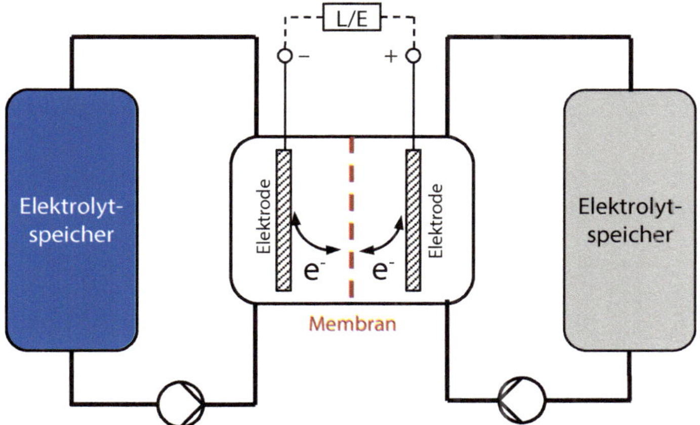

Abb. 4.14: Redox-Flow-Batterie – schematischer Aufbau

Nachteilig für Redox-Flow-Akkumulatoren ist, dass nur eine geringe Energie- und Leistungsdichte vorliegt, Hilfsaggregate (Pumpen) erforderlich sind und über die Rohrleitungen „Nebenströme" auftreten können. Abb. 4.14 zeigt einen schematischen Aufbau einer Redox-Flow-Batterie.

4.4 Gasspeicher

Gasspeicher haben aktuell noch eine große volkswirtschaftliche Bedeutung. Hervorzuheben sind hier besonders die Erdgasspeicher, die in unterschiedlichen Ausführungen vorliegen. Man unterscheidet:

- Kavernenspeicher
- Porenspeicher
- Felskavernen / aufgelassene Bergwerke und
- Druckbehälter

Kavernenspeicher sind eine klassische Art der Gasspeicherung und nutzen als Speicherelement Schichtsalz oder Salzstöcke. Geschaffen werden Kavernenspeicher durch einen Solvorgang, bei dem zirkulierendes Wasser einen Hohlraum auswäscht. Vorteil der Technologie ist, dass keine Personen untertage gehen müssen. Kavernenspeicher sind Langzeitspeicher (vgl. [124] / [25]). Kennzeichnend für Kavernenspeicher sind Volumina von $100.000\ m^3 \leq V \leq 1.000.000\ m^3$ und Betriebsdrücke von $50\ bar \leq p \leq 200\ bar$. *Porenspeicher* nutzen poröse oder klüftige Gesteinsschichten zur Einspeicherung von Erdgas, wie sie z.B. bei ausgeförderten Kohlenwasserstofflagerstätten vorliegen. Voraussetzung hierbei ist, dass die Deckschicht gasdicht ist. Durch Abteufung mehrerer Bohrungen wird eine Ein- und Ausspeichermöglichkeit geschaffen. Die Bohrungen können hierbei senkrecht, aber auch horizontal erfolgen. *Felskavernen / Aufgelassene Bergwerke* stellen die dritte Möglichkeit der Gasspeicherung dar. Unterschieden wird in nicht ausgekleidete Felskavernen und ausgekleidete Felskavernen. Nicht ausgekleidete Felskavernen benötigen ein dauerhaft dichtes Grundgestein. Die Deckschicht muss wasserführend sein, wodurch Poren abgedichtet werden. Folge hiervon sind jedoch höhere Betriebskosten, da das Wasser abgepumpt werden muss. Typisch für nicht ausgekleidete Felskavernen sind Gesteinsformationen aus Granit. Ausgekleidete Felskavernen verschließen den Hohlraum auf der Innenseite mit einer dichten Stahlkonstruktion. Vorteil ist, das der Speicher auch in geringen Tiefen angelegt werden kann. Durch den aufwendigen Prozess der Auskleidung kommen derartige Speicher jedoch sehr selten zur Anwendung.

Eine weitere Form der Gasspeicherung stellt die Speicherung in Druckbehältern dar. Aktuell finden Druckbehälter der Form nach Abb. 4.15 die meiste Anwendung (Alternative: Röhrenbehälter).

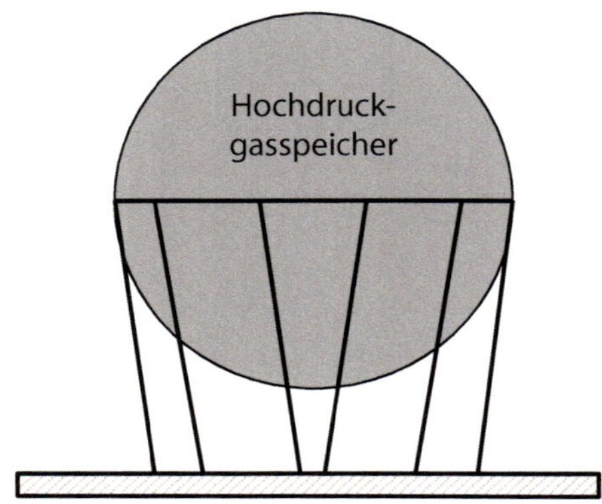

Abb. 4.15: Gas-Druckbehälter (Bild links: Prinzipskizze / Bild rechts: realer Speicher (Quelle: DPA))

Wichtigstes Kriterium für den Betrieb von Gasspeichern ist der minimale (p_{min}) und der maximale Betriebsdruck (p_{max}). Das speicherbare Volumen ergibt sich auf Grundlage des geometrischen Volumens zu:

$$V_{sp,n} = V_{geo} \cdot \left(\frac{p_{max}}{K_{max}} - \frac{p_{min}}{K_{min}} \right) \cdot \frac{1}{p_n} \cdot \frac{T_n}{T} \quad (4.31)$$

Hierbei bedeuten:

$V_{sp,n}$	– Speichernormvolumen, m^3
V_{geo}	– geometrisches Volumen, m^3
K_{min}	– Kompressibilitätszahl bezogen auf den minimalen Druck
K_{max}	– Kompressibilitätszahl bezogen auf den maximalen Druck
T_n	– Normtemperatur, T_n = 273,15 K
T	– absolute Temperatur, K
p_{min}	– minimaler Druck, Pa
p_{max}	– maximaler Druck, Pa
p_n	– Normdruck, p_n = 101.325,0 Pa

Zur Bestimmung des Normspeichervolumens ist die Kenntnis von K_{min} sowie K_{max} notwendig. Diese Kenngrößen werden entsprechend der Gl. 4.32 und 4.33 berechnet.

$$K_{min} = 1 - \frac{p_{min}}{450 \text{ bar}} \quad K_{max} = 1 - \frac{p_{max}}{450 \text{ bar}} \tag{4.32}$$

Die Betriebsdruckdifferenz beim Speicher ergibt sich aus dem minimalen und maximalen Betriebsdruck zu:

$$\Delta p = p_{max} - p_{min} \tag{4.33}$$

Wendet man die vorangestellten Gleichungen auf einen Speicher mit einem geometrischen Volumen von $V_{geo} = 10.000 \text{ m}^3$ bei einer Temperatur von $\vartheta = 15\ °C$ an, so kann in Abhängigkeit der Druckdifferenz (Δp) ein Speichervolumen nach Abb. 4.16 bestimmt werden.

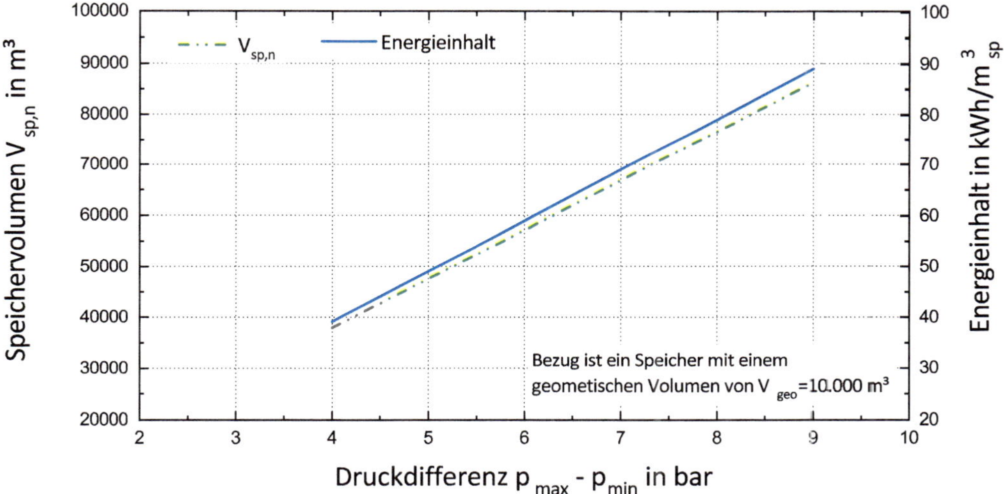

Abb. 4.16: Gespeichertes Gasvolumen / Energieinhalt (heizwertbezogen, Erdgas H)

Zusätzlich wurde in Abb. 4.16 der Energiegehalt des Speichers bezogen auf Erdgas (Heizwert $H_{S,n} = 10{,}337 \text{ kWh/m}^3\text{n}$) eingetragen. Die Kurve des Energiegehaltes und des Speichervolumens verlaufen nahezu gleich. Je höher die Arbeitsdruckdifferenz ist, desto größer ist der Energiegehalt des Speichers. Zu beachten ist jedoch, dass für die Einspeicherung ein Verdichtungsprozess zu berücksichtigen ist. Bei der Verdichtung des Gases muss die beim Prozess entstehende Wärme abgeführt werden, wobei bei der Entspannung Wärme dem Prozess zugeführt werden muss. Das als *Joule-Thomson-Effekt* bekannte Phänomen kann bei Erdgas mit $\frac{d\vartheta}{dp} \approx (0{,}4\ldots0{,}5)$ K/bar angenommen werden. Es gilt Bilanzgleichung 4.34.

$$\dot{Q} = \dot{V} \cdot \varrho_n \cdot c_p \cdot \left((p_1 - p_2) \cdot \frac{d\vartheta}{dp} + (\vartheta_2 - \vartheta_1) \right) \tag{4.34}$$

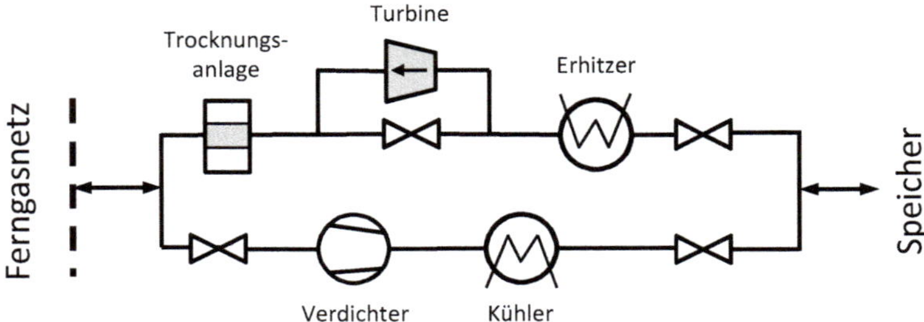

Abb. 4.17: Ein- und Ausspeicherung in einen Gasspeicher – Geräteanordnung

Für den Verdichtungsprozess werden Hubkolbenverdichter, Turboverdichter, Drehkolbenverdichter sowie Schraubenverdichter eingesetzt. Der Entspannungsprozess kann klassisch mittels eines Expansionsventils oder mittels einer Turbine erfolgen. Beide Prozesse sind in Abb. 4.18 dokumentiert. Jeweils dargestellt sind der ideale und der verlustbehaftete Prozess.

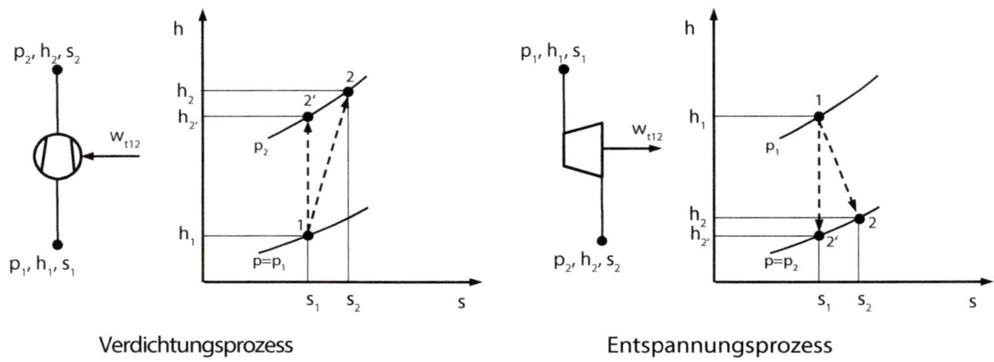

Abb. 4.18: Verdichtungs- und Entspannungsprozess bei der Gasspeicherung

Betrachtet man den Verdichtungsprozess und geht zunächst von einem adiabat arbeitenden Verdichter aus, so kann mit Bezug auf Abb. 4.18 die spezifische Verdichterarbeit wie folgt bestimmt werden:

$$w_{t,12} = h_2 - h_1 = \Delta h_s = \int_1^2 v(p, s_1)\, dp \tag{4.35}$$

Mit der spezifischen Verdichterarbeit kann die zwischen Fluid und Rotor übertragene Verdichterleistung bestimmt werden. Es gilt:

$$P_{12} = \dot{m} \cdot w_{t,12} \tag{4.36}$$

Der Verdichtungsprozess erfolgt jedoch nicht reversibel, sondern verlustbehaftet. Der Verdichterwirkungsgrad kann mittels Gl. 4.37 bestimmt werden.

$$\eta_V = \frac{h_{2'} - h_1}{h_2 - h_1} \approx \frac{w_{t,12'}^{rev}}{w_{t,12}} \tag{4.37}$$

Für Turboverdichter ergeben sich Werte von $0{,}84 \leq \eta_V \leq 0{,}9$. Weiterhin muss beim Verdichtungsprozess der Wirkungsgrad des Motors berücksichtigt werden. Der effektive Wirkungsgrad ergibt sich zu Gl. 4.38. Mit den genannten Gleichungen kann die Antriebsleistung für den Motor bestimmt werden (vgl. Gl. 4.39).

$$\eta_e = \eta_V \cdot \eta_M \tag{4.38}$$

$$P_M = \frac{\dot{m} \cdot w_{t,12}}{\eta_e} \quad 4.39$$

In analoger Weise ist die Berechnung der Turbine bei der Entspannung des Gases vorzunehmen. Es gilt für den Turbinenwirkungsgrad der Zusammenhang nach Gl. 4.40. Turbinenwirkungsgrade liegen bei $0{,}92 \leq \eta_T \leq 0{,}95$.

$$\eta_T = \frac{h_1 - h_2}{h_1 - h_{2'}} \tag{4.40}$$

Technische Anforderungen für Verdichter- und Entspannungsanlagen in der Gastechnik werden in den DVGW-Richtlinien G 497 [30] sowie G 487 [29] beschrieben.

4.5 Druckluftspeicher

Druckluftspeicher sind nahezu gleich wie Gasspeicher aufgebaut und nutzen ebenfalls das Druckniveau zwischen minimalem und maximalem Betriebsdruck aus.

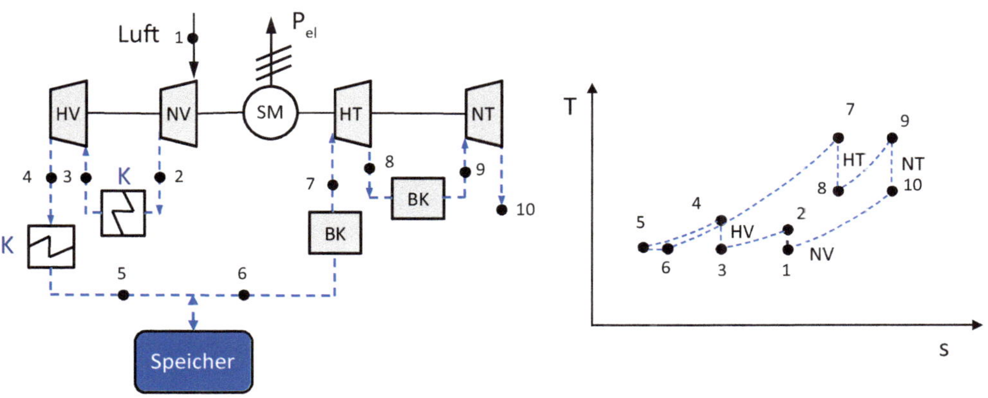

Abb. 4.19: Druckluftspeicher – prinzipieller Aufbau

Abb. 4.19 zeigt einen prinzipiellen Aufbau eines Druckluftspeichers. Druckluftspeicher werden zum kurzzeitigen Lastausgleich eingesetzt. Vorteilhaft ist, dass das Arbeitsmedium Luft kostengünstig und umweltfreundlich ist. Als Speicher können, wie bei den Gasspeichern, Kavernen eingesetzt werden. Da jedoch die Betriebszeiten unter den heutigen Marktbedingungen sehr gering sind, ist die Wirtschaftlichkeit der Systeme oft nicht gegeben.

4.6 Lagespeicher

Zu den Lagespeichern werden Wasserkraftanlagen nach Abb. 4.20 gezählt, die eine energetische Speicherung in Form von potentieller Energie realisieren.

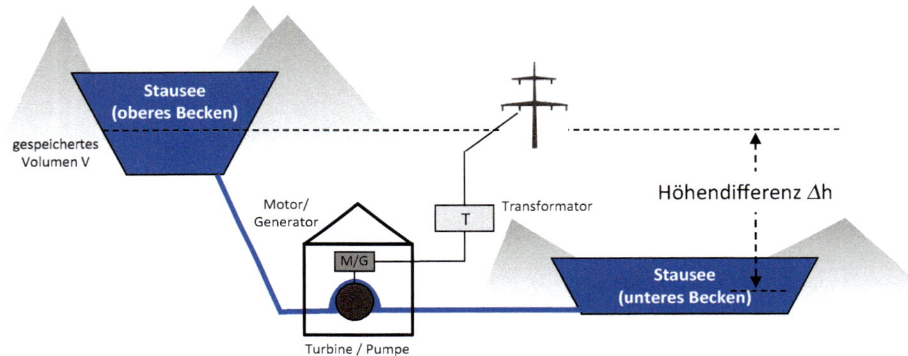

Abb. 4.20: Lagespeicher – Pumpspeicher

Mit Bezug auf die notwendige Höhendifferenz Δh kann die potentielle Energie nach Gl. 4.41 bestimmt werden. Die realisierbare Leistung entspricht Gl. 4.42.

$$E_{\text{pot}} = V \cdot \varrho \cdot g \cdot \Delta h \cdot \eta_{\text{ges}} \tag{4.41}$$

$$P_{\text{el}} = \dot{V} \cdot \varrho \cdot g \cdot \Delta h \cdot \eta_{\text{ges}} \tag{4.42}$$

Im Gesamtwirkungsgrad η_{ges} werden hier unterschiedliche Umwandlungsverluste zusammengeführt. Es handelt sich um den Wirkungsgrad der Rohrleitungen, den Wirkungsgrad der Turbinen und Pumpen, den Generatorwirkungsgrad und den Wirkungsgrad der Motoren sowie den Transformatorwirkungsgrad. In Anlehnung an [138] sind die Wirkungsgrade entlang der Umwandlungskette der Abb. 4.21 zu entnehmen.

Lagespeicher sind eine erprobte Technologie und eignen sich zur Langzeitspeicherung. Leider sind die Potentiale in Deutschland für diese Speicher begrenzt. Eine Alternative zu den konventionellen Lagespeichern stellen Ringwaldspeicher dar, die jedoch eine deutlich kleinere Höhendifferenz aufweisen. Sie stellen eine Technologie dar, die besonders für Landschaften mit geringen Höhendifferenzen geeignet sind. Vorteilhaft würden sich derartige Systeme für die Rekultivierung von Braunkohletagebauen einsetzen lassen.

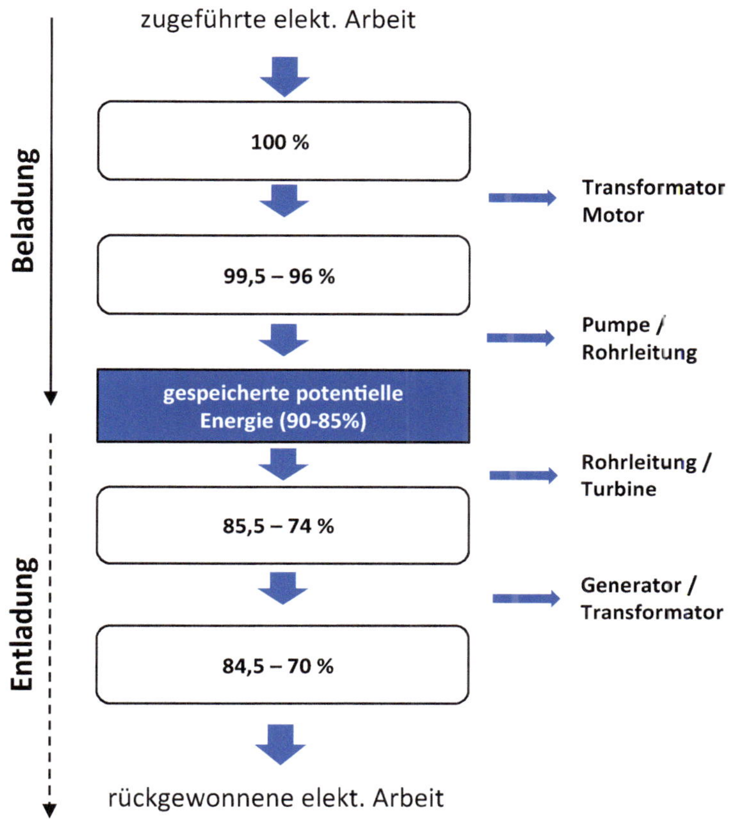

Abb. 4.21: Wirkungsgradkette bei Lagespeichern (Pumpspeicher) nach [138]

4.7 Vergleich von Speichersystemen

Im Sinne einer resilienten Energieversorgung müssen Speicher im zellularen Energiesystem technische Fähigkeiten aufweisen. Je höher diese sind, desto höher ist die Flexibilität innerhalb des zellularen Energiesystems. Technisch unterscheiden kann man in:

- Aktivierungszeit
- Schwarzstartfähigkeit
- Speicherdauer

Als *Schwarzstartfähigkeit* wird das Hochfahren eines Kraftwerkes vom abgeschalteten Zustand unabhängig vom Zustand des Stromnetzes bezeichnet. Notwendig ist diese Fähigkeit, wenn ein vollständiger Ausfall des elektrischen Netzes vorliegt. Speicher können hierbei einen wichtigen Beitrag liefern, wenn eine Bereitstellung von Energie unabhängig vom elektrischen Netz möglich ist. Weitere Fähigkeiten von Speichern sind die *Aktivierungsgeschwindigkeiten*, um Energie für den

Primär-, Sekundär- und Tertiärregelleistungsmarkt zur Verfügung zu stellen. Für unterschiedliche Speichertypen ist eine vergleichende Darstellung der nachfolgenden Tab. 4.9 zu entnehmen.

Tab. 4.9: Speichersysteme im Vergleich

Bezeichnung	Entwicklungsniveau	Einsatzmöglichkeit	Änderungsgeschwindigkeit
sensible Wärmespeicher	hoch	Kurz- / Langzeitspeicher	100 %/min
latente Wärmespeicher	mittel	Kurz- / Langzeitspeicher	50 %/min
Batteriespeicher	mittel (Entwicklung)	Kurzzeitspeicher PL / SL / TL / SH / SF	100 %/min
Gasspeicher	hoch	Langzeitspeicher (PL) / SL / TL / SH / (SF)	100 %/min
Druckluftspeicher	hohes tech. Niveau	Kurz- / Langzeitspeicher SL / TL / SF	20 %/min
Pumpspeicher	hohes tech. Niveau	Kurzzeitspeicher PL / SL / TL / SH / SF	100 %/min

Mit Bezug auf Tab. 4.9 haben die Abkürzungen folgende Bedeutung:

- PL – Primärregelleistung (Aktivierungszeit $\tau < 30$ s)
- SL – Sekundärregelleistung (Aktivierungszeit $\tau < 5$ min)
- TL – Tertiärregelleistung (Aktivierungszeit $\tau < 15$ min)[31]
- SH – Spannungshaltung
- SF – Schwarzstartfähigkeit

[31] Tertiärregelleistung wird oftmals auch als Minutenregelleistungsreserve (MRL) bezeichnet.

5 Verteilung – Elektrische Netze

5.1 Arten elektrischer Energiesysteme und deren Anwendung

Auch heute noch werden viele unterschiedliche Arten von Elektroenergiesystemen verwendet. Dies ist sowohl durch die historische als auch die technische Entwicklung begründet. Im Folgenden werden die wichtigsten Elektroenergiesysteme vorgestellt.

5.1.1 Gleichspannungssysteme

Die ersten elektrischen Energieversorgungssysteme waren lokale Gleichspannungssysteme. Gleichspannung wurde früher durch Gleichspannungsgeneratoren erzeugt. Heute wird Gleichspannung mit Hilfe von leistungselektronischen Schaltungen durch Umwandlung aus Wechsel- oder Drehspannungssystemen oder direkt durch Batteriesysteme gewonnen. Bei den folgenden Anwendungen kommen Gleichspannungssysteme zum Einsatz:

Mess-, Steuerzwecke und Notbeleuchtung

Für lokale sicherheitsrelevante Anwendungen wird die elektrische Energie von Batterien bzw. Akkumulatoren genutzt, um ein autarkes, hochzuverlässiges Versorgungssystem aufzubauen.

Elektrische Bahnen

Die Straßen-, S-, Industrie- und Grubenbahnen werden oft mit Fahrdrahtspannungen von $U_{b=} = 500 \ldots 3000\,\text{V}$ betrieben. Diese Anwendung ist historisch begründet.

Hochspannungs-Gleichstrom-Übertragung (HGÜ)

Bei der HGÜ wird mit Gleichspannung von $U_{b=} = 100 \ldots 800\,\text{kV}$ gearbeitet. Bei der klassischen HGÜ werden als zentrale leistungselektronische Bauelemente Thyristoren eingesetzt. Diese können den Stromfluss nur einschalten. Man spricht von netzgeführten Stromrichterschaltungen. Bei neueren Anlagen werden Insulated-Gate Bipolar Transistoren (IGBTs) verwendet, die eine selbstgeführte Betriebsweise ermöglichen. Diese neue Technik findet Anwendung bei der Anbindung von Offshore-Windparks. Ein wesentlicher Vorteil dieser Anlagen besteht darin, dass sich, ähnlich wie bei konventionellen Generatoren, die Wirk- und Blindleistung in weiten Bereichen unabhängig voneinander einstellen lässt. Die HGÜ wird heute immer häufiger genutzt. Einerseits wird der Transport großer Mengen elektrischer Energie über lange Strecken stark vereinfacht. Andererseits stellt die HGÜ für den Betrieb langer Kabelstrecken, welche für die Offshore-Anbindung von Windparks benötigt werden, die einzig sinnvolle technische Lösung dar.

5.1.2 Wechsel- und Drehspannungssysteme

Die Entdeckung der Wechselspannung und die Entwicklung von Wechsel- und Drehspannungsgeneratoren und -motoren sowie des Transformators um 1880 beeinflusste den Einsatz der Elektrizität maßgeblich. Mit Hilfe der Transformatoren kann man sowohl sehr hohe Spannungen, die für den europaweiten Transport elektrischer Energie erforderlich sind, als auch niedrige Spannungen, die für eine einfache Anwendung elektrischer Energie benötigt werden, bereitstellen. Heute werden die folgenden Wechsel- / Drehstromsysteme angewendet:

Wechselspannung $f = 50$ Hz/60 Hz

Wechselstrom wird in Verbindung mit den Niederspannungsnetzen für Haushalte eingesetzt. In Deutschland erfolgt die Wechselspannungsversorgung in den Niederspannungsnetzen basierend auf Drehspannungsnetzen mit genormter Frequenz und Spannung.

Einphasen-Wechselspannung $f = 16{,}7$ Hz

Die Einphasen-Wechselspannung mit $f_b = 16{,}7$ Hz wird bei Vollbahnen (z.B. Deutsche Bahn AG) mit einer Fahrdrahtspannung von $U_b = 15$ kV eingesetzt. Die Anwendung hat historische Gründe. Die ersten Bahnmotoren waren Gleichspannungsmotoren, die man mit einer Wechselspannung niedriger Frequenz betrieb.

Einphasen-Wechselspannung $f = 50$ Hz

Einige europäische Länder betreiben ihre Vollbahnen mit einer Frequenz von $f_b = 50$ Hz und einer Spannung von $U_{b\sim} = 25$ kV.

Drehspannungsversorgung

Für die öffentliche Energieversorgung in Europa werden Drehspannungssysteme genutzt. Dabei handelt es sich um drei zyklisch symmetrische Wechselspannungssysteme mit einer Phasenverschiebung von $\varphi_b = 120°$. Hieraus ergeben sich die folgenden Vorteile:

- Einsparung des Materials und der Verluste des Rückleiters bei symmetrischem Betrieb, da die Summe der drei Leiterströme $\underline{I}_{L1}+\underline{I}_{L2}+\underline{I}_{L3}$ null ist (Index L1…L3 steht für die Leiter 1…3). Entsprechendes gilt für die Spannung.
- Fällt ein Leiter des Drehspannungssystems aus, so kann für eine begrenzte Zeit noch ein Teil der elektrischen Energie übertragen werden. Hierdurch bleibt die Synchronität zweier Teilnetze erhalten.
- Im Niederspannungsnetz gibt es die Möglichkeit, die Leiter-Erde-Spannung U_{LE} oder die Leiter-Leiter-Spannung U_{LL} zu verwenden. Es stehen also zwei Spannungen unterschiedlicher Höhe zur Verfügung.
- In Drehstromgeneratoren treten geringere Rüttelmomente auf als in Wechselstromgeneratoren.

Das Interesse zur Anwendung von Gleichspannung für den Transport und die Verteilung elektrischer Energie steigt kontinuierlich. Der größte Nachteil der Gleichspannung im Vergleich zur Wechselspannung bestand darin, dass es keine einfache Möglichkeit gab, die Spannungshöhe frei zu wählen. Bei der Wechselspannung ist dies mit einem Transformator einfach, kostengünstig und sehr effizient möglich. Die neuen leistungselektronischen Bauelemente und Schaltungen haben dies grundlegend geändert. Darüber hinaus nutzen auf der technologischen Ebene immer mehr dezentrale Erzeugeranlagen und Speicher direkt Gleichspannung. Die Gleichspannung wandelt man heute noch in Wechselspannung um und verbindet die Geräte mit Wechselspannung. Dies gilt zum Beispiel für Photovoltaik-Systeme und Akkumulatoren. Es gibt aktuell zahlreiche Forschungsaktivitäten [19], um die Verteilung elektrische Energie direkt mit Gleichspannung durchzuführen.

5.2 Struktur der elektrischen Energieversorgung

Die elektrische Energieversorgung in Europa basiert auf einem Drehstromsystem und wird in verschiedene Netzebenen eingeteilt. Die Struktur dieser Netzebenen ist in der Abb. 5 1 dargestellt. Die Netzebenen sind durch die Höhe der jeweils verwendeten Spannungen und die Aufgaben in dieser Netzebene definiert. In den Netzebenen 2, 4 und 6 findet die Transformation der Spannung zur Verbindung der beiden benachbarten Netzebenen statt.

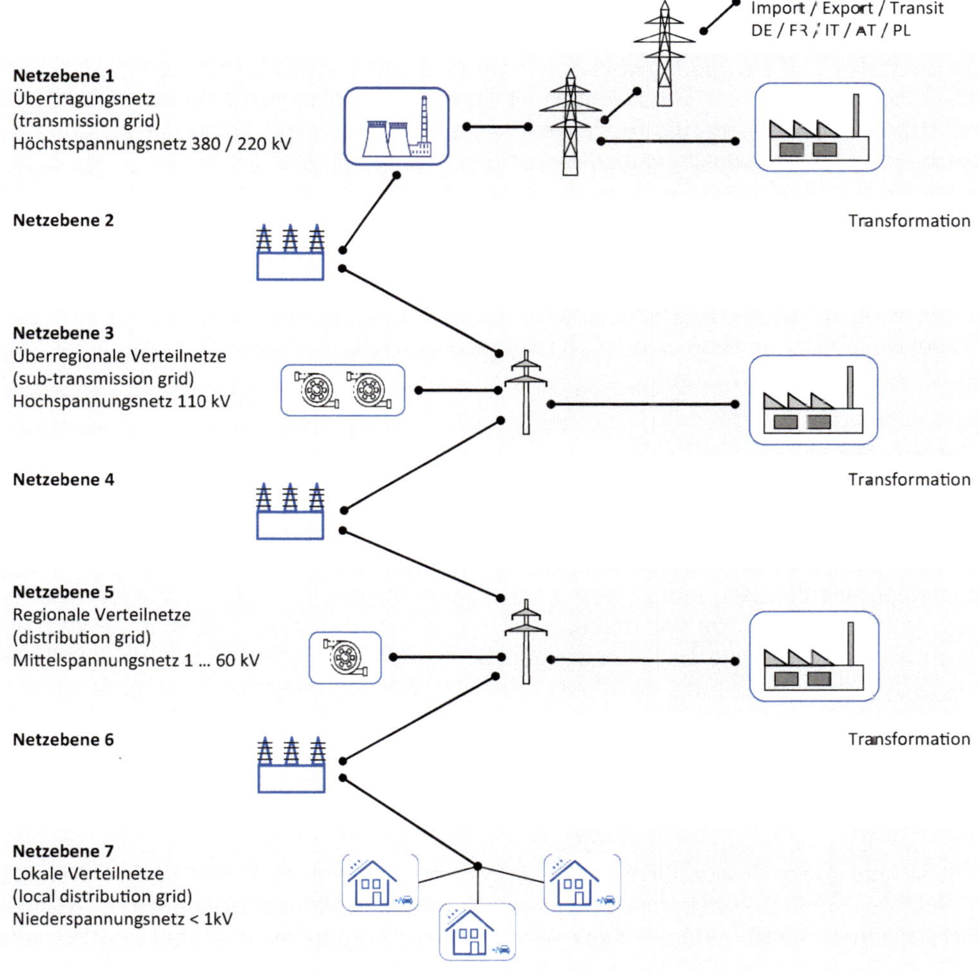

Abb. 5.1: Netzebenen der elektrischen Energieversorgung, basierend auf [140], [153]

Im Folgenden werden die Funktionen bzw. Aufgaben und die wesentlichen technischen Eigenschaften der Netzebenen 1, 3, 5 und 7 der Abb. 5.1 beschrieben. Als Strukturmerkmal wird die Höhe der Spannung verwendet.

5.2.1 Höchstspannungsnetze

Die Höchstspannungsnetze werden auch als Verbund-, Transport- oder Übertragungsnetz bezeichnet. Die englische Bezeichnung ist transmission grid. Es ist technisch und organisatorisch heute das Rückgrat der elektrischen Energieversorgung. Die Übertragungsnetzbetreiber (ÜNB) haben die Systemverantwortung für den zuverlässigen und stabilen Netzbetrieb. In Deutschland gibt es vier Übertragungsnetzbetreiber (vgl. [135]).

5.2.1.1 Aufgaben

An das Höchstspannungsnetz sind nur wenige sehr große Industriekunden direkt angeschlossen. Die großen Kraftwerke speisen immer direkt in dieses Netz ein (vgl. Abb. 5.1). Das Höchstspannungsnetz stellt die Verbindung zwischen den Erzeuger- und Verbraucherzentren in Deutschland beziehungsweise Europa her und dient damit der Vergleichmäßigung der Tageslastkurven. Das Höchstspannungsnetz ist die Basis des internationalen Handels mit elektrischer Energie. Zusätzlich erleichtert es die Reservehaltung für die einzelnen ÜNB im Fall einer Großstörung, wie z.B. dem Ausfall eines Großkraftwerks. Das europäische Höchstspannungsnetz erstreckt sich von Griechenland bis Dänemark und von Portugal bis Polen. Die europäischen ÜNB hatten sich ursprünglich zur UCTE („Union for the Coordination of Transmission of Electricity") zusammengeschlossen. Innerhalb dieser Vereinigung wurden technische Regeln abgestimmt, um einen sicheren und zuverlässigen Netzbetrieb zu gewährleisten. Seit dem 1. Juli 2009 werden die Aufgaben der UCTE von der ENTSO-E („European association for the cooperation of transmission system operators (TSOs)") übernommen (vgl. [50]).

5.2.1.2 Technische Merkmale

Das Höchstspannungsnetz umfasst in Europa die Spannungsebenen $U_N = 220$ kV und $U_N = 400$ kV. In anderen Ländern gibt es auch Höchstspannungsnetze mit noch höheren Spannungen, z.B. betreibt Hydro-Québec in Kanada ein Netz mit einer Spannung $U_N = 735$ kV. Durch die hohen Spannungen werden die Übertragungsverluste, insbesondere bei Fernübertragungen, reduziert. Die Höchstspannungsnetze sind dadurch gekennzeichnet, dass diese sowohl (n-1)-sicher aufgebaut als auch (n-1)-sicher betrieben werden. Das (n-1)-Prinzip bedeutet, dass der Ausfall einer Anlage, dies kann eine Leitung, ein Transformator oder eine Sammelschiene sein, praktisch ohne Versorgungsunterbrechung beherrscht wird. Hierbei ist zu berücksichtigen, dass dieses Prinzip sowohl beim Aufbau der elektrischen Netze als auch beim Betrieb beachtet werden muss. So werden häufig im Höchstspannungsnetz Doppelleitungssysteme errichtet, damit beim Ausfall eines Drehstromsystems die zweite Leitung zur Verfügung steht. Beim Betrieb muss darauf geachtet werden, dass beide Drehstromsysteme nie gleichzeitig zu 100 % ausgelastet werden, sonst steht die notwendige Reserve für den (n-1)-Fall nicht mehr zur Verfügung. Darüber hinaus werden die Höchstspannungsnetze immer als vermaschte Netze aufgebaut und auch so betrieben. Die Höchstspannungsnetze verfügen über einen sehr hohen Automatisierungsgrad. Praktisch jedes

Schaltgerät ist fernwirktechnisch erschlossen, das heißt, es wird nicht nur die aktuelle Stellung erfasst, sondern es kann auch von der Leitwarte aus betätigt werden. Darüber hinaus gibt es eine sehr große Anzahl von Messpunkten im Höchstspannungsnetz, sodass der Netzzustand immer vollständig und redundant erfasst wird. Die Höchstspannungsnetze haben die führende Rolle beim gesamten Netzbetrieb, insbesondere dem Verbundbetrieb. Die ÜNB koordinieren die sogenannten Systemdienstleistungen. Hierzu gehören zum Beispiel die notwendigen Regelleistungen, um Leistungsdefizite oder einen Leistungsüberschuss sowohl im Normalbetrieb als auch bei Störungen auszugleichen.

5.2.2 Hochspannungsnetze

Die Hochspannungsnetze werden auch als Verteilnetz oder, in Anlehnung an die englische Bezeichnung sub-transmission grid, als Sub-Transportnetz bezeichnet. In Deutschland werden die Hochspannungsnetze von Verteilnetzbetreibern (VNB) geplant, gebaut und betrieben.

5.2.2.1 Aufgaben

Die Hochspannungsnetze sind überregionale Versorgungsnetze. Die Grenzen der Hochspannungsnetze decken sich ungefähr mit den Grenzen der Bundesländer. Die Netze werden häufig in Netzgruppen unterteilt. Diese Netzgruppen sind in der Regel über mehrere Verknüpfungspunkte, dass heißt Schaltanlagen mit Transformatoren, mit dem überlagerten Höchstspannungsnetz verbunden. Durch den starken Anstieg der dezentralen Erzeugeranlagen übernehmen die Hochspannungsnetze auch immer mehr die Funktion, die in den unterlagerten Netzen eingespeiste elektrische Energie einzusammeln und in das Höchstspannungsnetz zu transportieren. Hierzu müssen in der Regel die Verknüpfungspunkte verstärkt werden. Dies bedeutet, dass deren Anzahl erhöht und deren Leistungsfähigkeit durch den parallelen Betrieb mehrerer Transformatoren verstärkt wird. Das Hochspannungsnetz stellt einen diskriminierungsfreien Netzzugang für leistungsstarke Industrieunternehmen zur Verfügung.

5.2.2.2 Technische Merkmale

Die Hochspannungsnetze werden in Deutschland mit einer Spannungsebene von $U_N = 110$ kV ausgeführt. Genau wie die Höchstspannungsnetze werden die Hochspannungsnetze sowohl (n- 1)-sicher aufgebaut als auch (n-1)-sicher betrieben. Weitere Hinweise hierzu sind im Abschnitt zu den Höchstspannungsnetzen enthalten. Der Automatisierungsgrad des Hochspannungsnetzes entspricht ebenfalls dem der Höchstspannungsnetze.

5.2.3 Mittelspannungsnetze

Die Mittelspannungsnetze sind regionale Verteilnetze. In der BRD werden die Mittelspannungsnetze von den Verteilnetzbetreibern (VNB) geplant, gebaut und betrieben. In Deutschland gibt es 872 Verteilnetzbetreiber (vgl. [135]). Dies ist im Vergleich zu anderen EU-Ländern eine sehr große Zahl. Ein großer Teil von diesen betreibt nur Mittel- und Niederspannungsnetze.

5.2.3.1 Aufgaben

Die Mittelspannungsnetze dienen der regionalen Versorgung mit elektrischer Energie, dies heißt der Versorgung von Städten, Gemeinden und ländlichen Regionen. Insbesondere in Städten sind die Mittelspannungsnetze reine Kabelnetze. Auch in ländlichen Regionen werden in Mittelspannungsnetzen immer häufiger Kabel statt Freileitungen verwendet. Die Betriebszuverlässigkeit von Kabeln ist gegenüber Freileitungen erheblich größer, da diese keinen atmosphärischen Einflüssen ausgesetzt sind. Durch den starken Anstieg der dezentralen Erzeugeranlagen übernehmen die Mittelspannungsnetze auch immer mehr die Aufgabe, die eingespeiste elektrische Energie dieser Anlagen einzusammeln und in das Hochspannungsnetz zu transportieren. Es gibt bereits Mittelspannungsnetze, die nur zur Aufnahme der eingespeisten elektrischen Energie dezentraler Energieerzeugungsanlagen errichtet wurden. Das Mittelspannungsnetz stellt einen diskriminierungsfreien Netzzugang für Industrie- und Dienstleistungsunternehmen zur Verfügung.

5.2.3.2 Technische Merkmale

Die Mittelspannungsnetze werden in Deutschland historisch begründet mit sehr unterschiedlichen Spannungen betrieben. Es gibt Mittelspannungsnetze mit Betriebsspannungen im Bereich von $U_N = 5$ kV bis $U_N = 65$ kV. Die meisten VNB streben eine einheitliche Netzspannung von $U_N =$ 20 kV an. Dies erleichtert die Reservehaltung von notwendigen Ersatzteilen und den Betrieb der Netze. Klassisch wurden die Mittelspannungsnetze nur von den Hochspannungsnetzen gespeist. In den Mittelspannungsnetzen gab es daher nur einen unidirektionalen Energiefluss von der höheren zur niedrigeren Spannungsebene. Dies hat sich durch die Vielzahl der dezentralen Erzeugeranlagen grundlegend geändert und zu zahlreichen Herausforderungen in dieser Spannungsebene geführt. Städtische Mittelspannungsnetze werden in der Regel (n-1)-sicher aufgebaut, jedoch nicht (n-1)-sicher betrieben. Konkret werden diese Mittelspannungsnetze häufig als Ringnetze ausgeführt, jedoch als Strahlennetz oder sogenannte offene Ringnetze betrieben. Hierdurch kommt es im Fall einer Störung zu einer Versorgungsunterbrechung. Durch eine Netzumschaltung wird eine schnelle Wiederversorgung realisiert. Die Reparatur des gestörten Betriebsmittels erfolgt anschließend. Die benötigte Zeit bis zur Wiederversorgung hängt dabei vom Automatisierungsgrad der Netze ab. Dieser ist heute in den Mittelspannungsnetzen nicht sehr hoch. Häufig sind die Leistungsschalter im Mittelspannungsnetz nicht fernsteuerbar, sodass das Servicepersonal in die Schaltstationen fahren muss. Dies führt zu längeren Wiederversorgungszeiten. Die ländlichen Mittelspannungsnetze werden häufig nicht (n-1)-sicher aufgebaut. Jede Störung führt zu einer Versorgungsunterbrechung. Um eine angemessene Zeit bis zur Wiederversorgung zu gewährleisten, werden sogenannte Netzersatzanlagen eingesetzt. Dies sind große, mit einem Lastkraftwagen transportable Notstromgeneratoren. Mit diesen Netzersatzanlagen wird eine Notversorgung bis zum Abschluss der Reparatur durchgeführt. Der Automatisierungsgrad der Mittelspannungsnetze ist vergleichsweise gering. Häufig sind nur die Stationen, in denen die Verknüpfung zum Hochspannungsnetz erfolgt, fernwirktechnisch erschlossen. Neben der fehlenden Fernsteuerbarkeit ist der aktuelle Zustand des Netzes, wie zum Beispiel die momentane Belastung von Leitungen, dem VNB nicht bekannt. Durch die Digitalisierung in der elektrischen Energieversorgung soll diese Lücke geschlossen werden.

5.2.4 Niederspannungsnetze

Die Niederspannungsnetze dienen der lokalen Versorgung mit Elektroenergie. In Deutschland werden sie von den Verteilnetzbetreibern (VNB) geplant, gebaut und betrieben.

5.2.4.1 Aufgaben

Die Niederspannungsnetze dienen der Versorgung von Haushaltskunden und kleinen Industrie- bzw. Dienstleistungsunternehmen. Die Niederspannungsnetze werden heute in der Regel als Kabelnetz ausgeführt. Im ländlichen Raum gibt es teilweise noch Freileitungsnetze. Die Betreiber von Niederspannungsnetzen stellen einen diskriminierungsfreien Netzzugang zur Verfügung. Bei der klassischen Auslegung von Betriebsmitteln für die Niederspannungsnetze wird ein sogenannter Gleichzeitigkeitsfaktor angewendet. Es wird also davon ausgegangen, dass zu keinem Zeitpunkt alle Verbraucher ihre volle Anschlussleistung abrufen. Bisher wurden vergleichsweise kleine Werte für den Gleichzeitigkeitsfaktor angenommen, da man davon ausgehen konnte, dass insbesondere leistungsstarke Verbraucher, z.B. Durchlauferhitzer, nur eine sehr kurze Benutzungsdauer haben. Die besondere Herausforderung in den Niederspannungsnetzen besteht darin, dass sich sowohl die Struktur als auch das Belastungsverhalten der angeschlossenen Betriebsmittel grundlegend verändert und darüber hinaus zunehmend dezentrale Erzeugungsanlagen in diese Netzebene einspeisen. Das Laden von Elektrofahrzeugen und der zunehmende Betrieb von Wärmepumpen führt durch die hohen Anschlussleistungen und langen Nutzungsdauern zu einer Erhöhung des Gleichzeitigkeitsfaktors. Dies bedeutet, dass mehr Geräte zur selben Zeit eingeschaltet sind und sich damit eine höhere Auslastung der Transformatoren und Leitungen ergibt. Andererseits kann es in Zeiten mit geringer Belastung und hoher Einspeisung, zum Beispiel durch Photovoltaik-Anlagen, zu einer Umkehrung der Leistungsrichtung in den Netzen kommen. Die elektrische Energie wird aus dem Niederspannungsnetz in das Mittelspannungsnetz transportiert. Hierfür waren die Niederspannungsnetze nie ausgelegt.

5.2.4.2 Technische Merkmale

Die Niederspannungsnetze werden in Deutschland als Drehstromnetze mit einer verketteten Spannung von $U_{\text{N-LL}} = 400\,\text{V}$ und starrer Sternpunkterdung betrieben. Dies bietet die Möglichkeit, einphasige Verbraucher und Erzeuger an die Leiter-Erde-Spannung mit einem Wert von $U_{\text{N-LE}} = 400\,\text{V}/\sqrt{3} = 230\,\text{V}$ anzuschließen. Um die Sicherheit von Personen und Nutztieren sowie von Sachwerten zu gewährleisten, werden in der Normenreihe VDE 0100 (vgl. [150]) verschiedene Netzsysteme definiert. Die dort beschriebenen Bedingungen müssen sowohl von den Kundenanlagen als auch den Anlagen der Netzbetreiber eingehalten werden. Die Niederspannungsnetze werden in der Regel nicht (n-1)-sicher aufgebaut. Jede Störung führt zu einer Versorgungsunterbrechung. Um eine angemessene Zeit bis zur Wiederversorgung sicherzustellen, werden ähnlich wie in den Mittelspannungsnetzen sogenannte Netzersatzanlagen eingesetzt. In den Niederspannungsnetzen ist keine Netzleittechnik vorhanden. Ähnlich wie in den Mittelspannungsnetzen soll durch Digitalisierung diese Lücke geschlossen werden. Hierbei sollen die sogenannten Smart Meter in den Kundenanlagen einen Beitrag liefern.

5.2.5 Aktuelle Entwicklung

In Abb. 5.2 wird die Entwicklung in der Elektroenergieversorgung dargestellt. Das Teilbild 5.2a) stellt die klassische Bereitstellung der elektrischen Energie aus einer vergleichsweise kleinen Zahl von vier- bis fünfhundert leistungsstarken Kraftwerken dar. Diese sind auf der Höchst- und Hochspannungsebene angeschlossen. Die elektrische Energie wird von der Höchstspannungsebene zu den Verbrauchern in die unterlagerten Spannungsebenen transportiert. Der ÜNB konnte mit Hilfe dieser Kraftwerke einen zuverlässigen und stabilen Netzbetrieb gewährleisten.

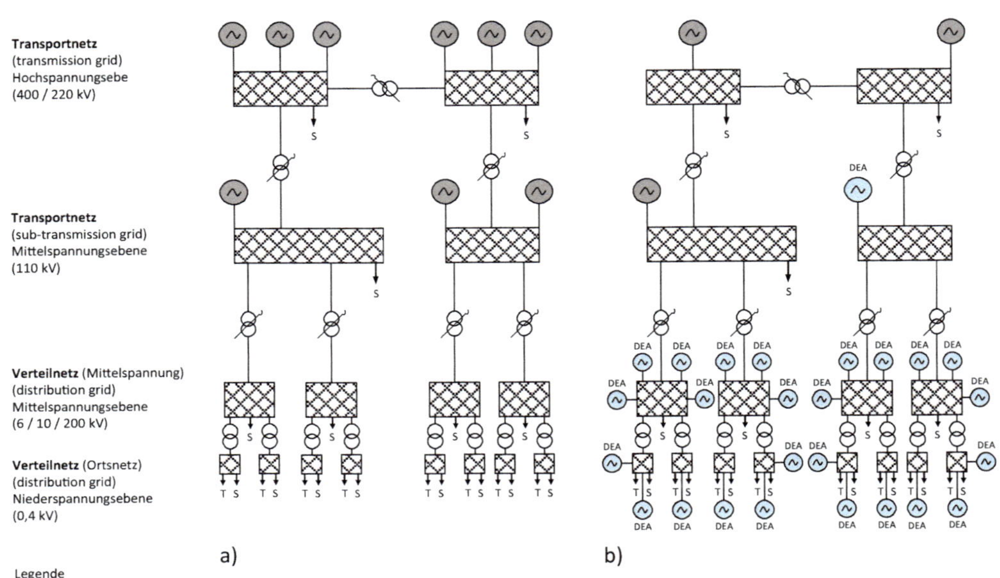

Abb. 5.2: Übersicht zur aktuellen Entwicklung der Struktur der elektrischen Energieversorgung
a) Klassische Verteilung der Kraftwerke
b) Zunehmender Anteil von dezentralen Erzeugungsanlagen

Durch die zunehmenden dezentralen Erzeugungsanlagen und die Abschaltung von Großkraftwerken hat sich die Situation grundlegend geändert (siehe Abb. 5.2b). In Abhängigkeit der Einspeisesituation wird jetzt elektrische Energie auch aus dem Nieder- und Mittelspannungsnetz in die höheren Netzebenen transportiert. Es kommt zu einer Umkehr des Energieflusses. Dieser Wechsel der Energieflussrichtung kann hochdynamisch mehrmals am Tag erfolgen. Um einen zuverlässigen und stabilen Netzbetrieb zu gewährleisten, genügt es nicht mehr, die wenigen verbliebenen Großkraftwerke für die Steuerung zu nutzen. Es müssen die dezentralen Erzeugungsanlagen mit eingebunden werden. Hierzu ist ein enger Informationsaustausch zwischen ÜNB und VNB erforderlich. Gleichzeit muss die Ansteuerung einer sehr großen Anzahl von dezentralen Erzeugungsanlagen sichergestellt werden. Hieraus ergeben sich grundlegend neue Anforderungen an den Betrieb elektrischer Netze. Diese werden im folgenden Abschnitt dargestellt.

5.3 Berechnung elektrischer Netze

5.3.1 Allgemeines

Im Kontext der Netzberechnung beschreibt der Begriff „Lastfluss" die aktuelle stationäre Leistungsbilanz und die Spannungsniveaus der Netzknoten sowie den aktuellen Leistungsfluss zwischen den Knoten. Abhängig von der Zielstellung und der Ausgangssituation gibt es unterschiedliche Methoden zur Berechnung des Zustandes des elektrischen Netzes.

Der Netzzustand wird dabei durch einen minimalen Satz von unabhängigen Zustandsgrößen definiert, mit deren Hilfe der Zustand des Netzes und somit alle elektrischen Größen im Netz ermittelt werden können. Die Wahl der Zustandsgrößen ist dabei prinzipiell beliebig; im Allgemeinen handelt es sich um elektrische Größen. Durch die Vielzahl an möglichen Zustandsgrößen (Knotenspannungen, Zweigströme, Leistungsflüsse etc.) sowie deren beliebige Kombinationsmöglichkeiten existieren quasi beliebig viele Formen zur Beschreibung des gleichen Lastflusses.

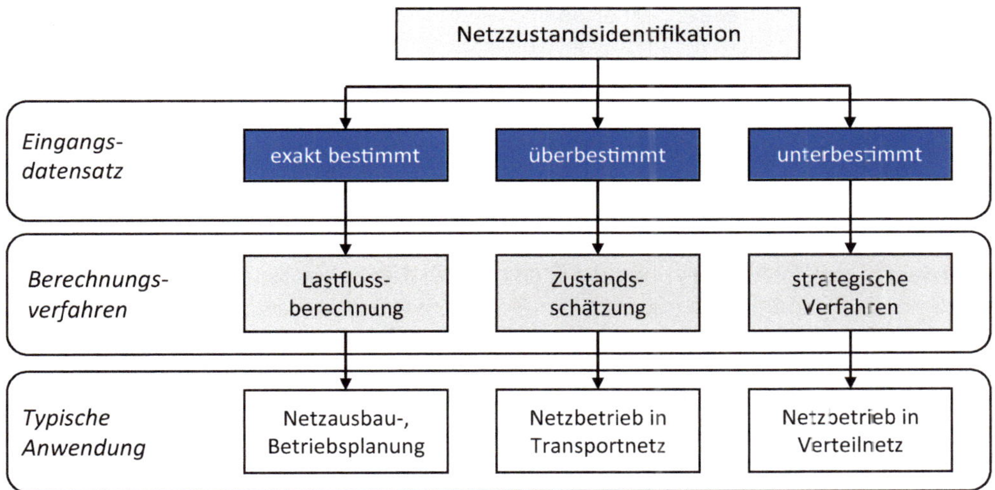

Abb. 5.3: Klassifikation der Netzzustandsidentifikation

In Abhängigkeit von der Aufgabenstellung gibt es jedoch vorteilhafte Beschreibungsformen für den Netzzustand. Die meist verwendete Beschreibungsform des Netzzustandes ist die Darstellung durch komplexe Knotenspannungen, typischerweise in Form von Betrag und Winkel. Da der Winkel einer Spannung im Netz, gewöhnlich der Spannung am Slack-Knoten (Bezugsknoten), als Referenz vorgegeben wird, existieren bei einem elektrischen Netz mit n Netzknoten $(2 \cdot n - 1)$ Zustandsgrößen. In der Abb. 5.3 sind die verschiedenen Verfahren zur Bestimmung des Netzzustandes in Abhängigkeit des Eingangsdatensatzes zusammengestellt.

Bei der Lastflussrechnung sind $(2 \cdot n - 1)$ unabhängige Zustände des Netzes bekannt. Hiermit können alle weiteren Netzzustände, zum Beispiel die Spannungen, Ströme und Lastflüsse, berechnet werden. Mathematisch muss ein nicht-lineares, exakt bestimmtes Gleichungssystem gelöst werden (siehe [102], [103]).

In einem Netz lassen sich die realen Zustandsgrößen in der Regel nicht mit hoher Genauigkeit messtechnisch ermitteln. Mit Hilfe der Zustandsschätzung werden aus den Eingangsdaten, basierend auf einer Ausgleichsrechnung, welche die Summe der mittleren Fehlerquadrate minimiert, die wahrscheinlichsten Werte für die Zustandsgrößen des aktuellen Netzzustands ermittelt. Die Eingangsgrößen sind einerseits die gemessenen Spannungen, Ströme oder Leistungen und andererseits die Topologie des Netzes. In der Regel ist ein sehr großer Eingangsvektor mit gemessenen elektrischen Größen vorhanden, es liegt also ein stark überbestimmtes Gleichungssystem vor. Diese gemessenen Größen sind jedoch fehlerbehaftet beziehungsweise können sogar grob falsch sein. Zum Beispiel, wenn sich durch eine falsche Messrichtung ein falsches Vorzeichen ergibt. Im Rahmen der Zustandsschätzung wird die Lösung für ein überbestimmtes, nicht-lineares Gleichungssystem mit fehlerbehafteten Eingangsgrößen bestimmt.

Die Methoden zur Ermittlung des Netzzustandes mit einem unterbestimmten Eingangsdatensatz werden erst seit wenigen Jahren erforscht (vgl. [1, 12, 40, 47, 62, 93, 94, 99, 152, 156]). Hierbei werden unterschiedliche Ansätze verfolgt. Teilweise wird mit Hilfe von Pseudo-Messwerten künstlich ein quasi überbestimmter Eingangsdatensatz erzeugt. Andere Ansätze führen eine Teilnetzbildung durch. In diesen Teilnetzen sind wieder genügend Eingangsdaten vorhanden. Als mathematische Methoden werden sowohl die klassischen Algorithmen der Zustandsberechnung, aber auch Methoden der Künstlichen Intelligenz (KI) verwendet. Bisher hat sich noch keine der genannten Ansätze etabliert.

5.3.2 Einführung in die Lastflussrechnung

Ziel der Lastflussberechnung ist die Bestimmung des Wirk- und Blindleistungsflusses in allen Netzzweigen, der Netzverluste sowie der Blindleistungsbilanz eines Netzes. Klassisch werden die Belastung und Einspeisung an den einzelnen Netzknoten durch die jeweiligen Belastungsströme angegeben. In der Realität stellen sich die Belastungsströme jedoch erst in Abhängigkeit der entsprechenden Knotenspannungen ein. Je nach Art des Netzknotens sind somit unterschiedliche elektrische Größen bekannt und gesucht. Bei der Lastflussberechnung werden daher die in der Tabelle 5.1 dargestellten Knotenarten eingeführt:

Tab. 5.1: Knotenarten der Lastflussberechnung (P – Wirkleistung / Q – Blindleistung / U – elektr. Spannung (Betrag) / δ – Spannungswinkel)

Knotenart	gegebene Größe	gesuchte Größe
P-Q-Knoten (Abnehmerknoten)	$P, Q = f(U)$	U, δ
P-U-Knoten (Einspeise-/ Generatorknoten)	$P, U = konst$	Q, δ
Slack-Knoten (Bilanzknoten)	U, δ	P, Q

Die Algorithmen zur Lastflussberechnung lassen sich, wie in Abb. 5.4 dargestellt, in mehrere Gruppen einteilen.

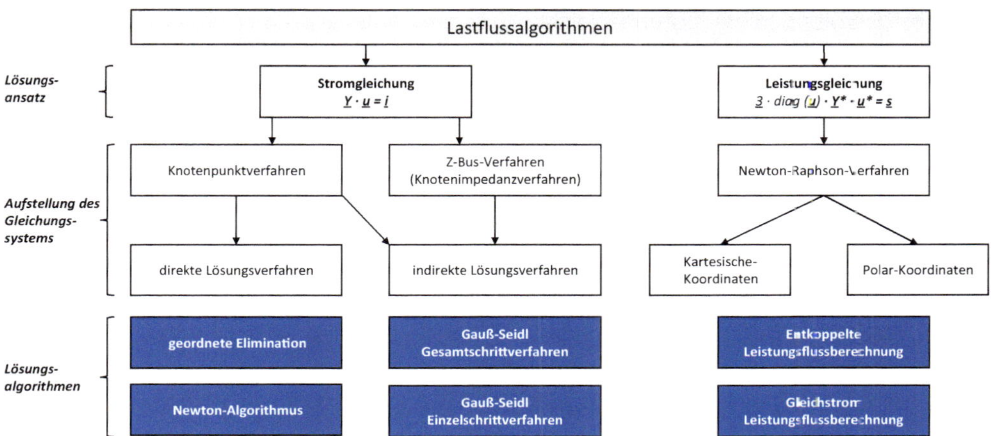

Abb. 5.4: Übersicht der Algorithmen zur Lastflussberechnung (*Y* – Admittanz / *S* – Scheinleistung / *I* – Strom (Betrag))

Die *erste* Gruppe der Algorithmen basiert auf der sogenannten Knotengleichung. Diese besagt, dass für jeden Knoten im elektrischen Netz die Summe der zu- und abfließenden Ströme null sein muss. Die Ströme über die Leitungen werden dabei mit Hilfe der Spannungsdifferenz zwischen den benachbarten Knoten und der Leitungsadmittanz berechnet. Es gibt zwei grundsätzliche Methoden, diese Stromgleichung aufzustellen. Zum einen durch die klassische Knotenpunktgleichung und zum anderen mit Hilfe des Knotenimpedanzverfahrens (siehe [103]). Für die Lösung des dabei entstehenden nichtlinearen Gleichungssystems haben sich spezielle Lösungsverfahren in der Netzberechnung etabliert. Diese nutzen unter anderem aus, dass die Matrizen auf Grund der nur wenigen Verbindungen zwischen den Netzknoten nur schwach besetzt sind (englisch sparse matrix). Die *zweite* Gruppe der Algorithmen basiert auf der Leistungsgleichung. Für jeden Knoten im Netz wird die Leistungsbilanz aufgestellt. Es entsteht dadurch ein nichtlineares Gleichungssystem, welches in jedem Berechnungsschritt neu aufgestellt werden muss. Dieses Verfahren der Lastflussberechnung wird als Newton-Raphson-Verfahren (heute gängigstes Verfahren). Im Folgenden wird der Ansatz des Newton-Raphson-Verfahrens beschrieben. Zunächst werden allgemein die Leistungsflüsse in einem elektrischen Netz gemäß Abb. 5.5 eingetragen.

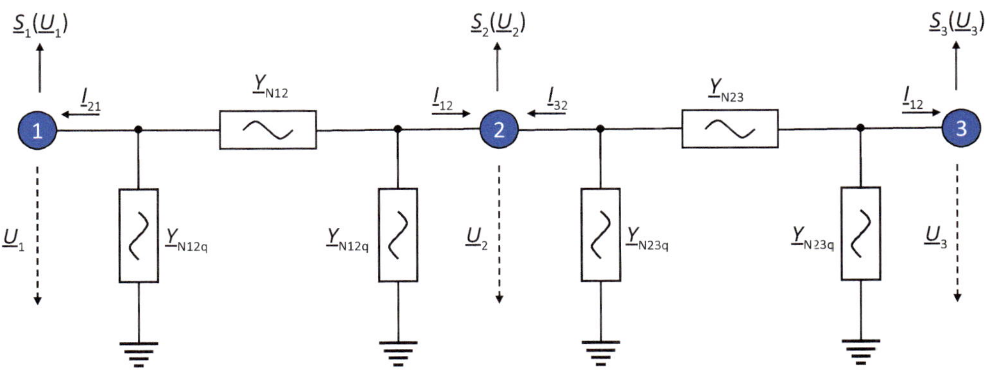

Abb. 5.5: Schematische Darstellung des Leistungsflusses in elektrischen Netzknoten

Aus Abb. 5.5 ergibt sich die Leistungsgleichung für den Knoten 2 in einem Drehstromsystem zu:

$$\underline{S}_2(U_2) = 3 \cdot \underline{U}_2 \cdot \underline{I}_{12}^* + 3 \cdot \underline{U}_2 \cdot \underline{I}_{32}^* \tag{5.1}$$

Ebenfalls lassen sich folgende Berechnungsvorschriften der Ströme ableiten:

$$\begin{aligned} \underline{I}_{12} &= -\underline{Y}_{N12q} \cdot \underline{U}_2 + \underline{Y}_{N12} \cdot (\underline{U}_1 - \underline{U}_2) \\ \underline{I}_{32} &= -\underline{Y}_{N23q} \cdot \underline{U}_2 + \underline{Y}_{N23} \cdot (\underline{U}_3 - \underline{U}_2) \end{aligned} \tag{5.2}$$

Setzt man die Berechnung der Ströme entsprechend Gl. 5.2 wiederum in Gl. 5.1 ein, kann die Leistungsabgabe an Knoten 2 in Abhängigkeit der Knotenspannungen und Admittanzen berechnet werden:

$$\begin{aligned} \underline{S}_2(U_2) &= 3 \cdot \underline{U}_2 \cdot \left[-\underline{Y}_{N12q} \cdot \underline{U}_2 + \underline{Y}_{N12} \cdot (\underline{U}_1 - \underline{U}_2) \right]^* \\ &\quad + 3 \cdot \underline{U}_2 \cdot \left[-\underline{Y}_{N23q} \cdot \underline{U}_2 + \underline{Y}_{N23} \cdot (\underline{U}_3 - \underline{U}_2) \right]^* \\ \underline{S}_2(U_2) &= 3 \cdot \underline{U}_2 \cdot \left[\underline{Y}_{N12}^* \cdot \underline{U}_1^* - \underline{Y}_{N12}^* \cdot \underline{U}_2^* - \underline{Y}_{N12q} \cdot \underline{U}_2^* \right] \\ &\quad + 3 \cdot \underline{U}_2 \cdot \left[\underline{Y}_{N23}^* \cdot \underline{U}_3^* - \underline{Y}_{N23}^* \cdot \underline{U}_2^* - \underline{Y}_{N23q} \cdot \underline{U}_2^* \right] \end{aligned} \tag{5.3}$$

Stellt man die Gl. 5.3 in Matrixschreibweise dar, ergibt sich:

$$\underline{S}_2(U_2) = 3 \cdot \underline{U}_2 \left[\begin{bmatrix} \cdots & \cdots & \cdots \\ \underline{Y}_{N12} - (\underline{Y}_{N12} + \underline{Y}_{N12q} + \underline{Y}_{N23q}) & \underline{Y}_{N23} \\ \cdots & \cdots & \cdots \end{bmatrix}^* \cdot \begin{bmatrix} \underline{U}_1 \\ \underline{U}_2 \\ \underline{U}_3 \end{bmatrix}^* \right] \tag{5.4}$$

Aus dieser Knotenberechnung lässt sich die Berechnungsvorschrift für das gesamte elektrische Energieversorgungsnetz ableiten. Diese ergibt die Grundlage des Newton-Raphson-Verfahrens:

$$\begin{aligned} 3 \cdot \mathrm{diag}(\underline{u}_K) \cdot \underline{i}_K^* &= 3 \cdot \mathrm{diag}(\underline{u}_K) \cdot (\underline{Y}_K^* \cdot \underline{u}_K^*) \\ p_K + j \cdot q_K &= p_N + j \cdot q_N \end{aligned} \tag{5.5}$$

Die Netz(N)- und Knotenleistungen (K) sind spannungsabhängig. Wirk- und Blindleistung können jedoch getrennt ausbilanziert werden. Damit ergeben sich die folgenden Beziehungen:

$$\begin{aligned} p_N - p_K &= \Delta p \overset{!}{=} 0 \\ q_N - q_K &= \Delta q \overset{!}{=} 0 \end{aligned} \tag{5.6}$$

Zur Lösung des Gleichungssystems muss eine Nullstellenberechnung erfolgen.

Die komplexen Spannungen und Ströme können sowohl in Polar- als auch Kartesischen Koordinaten dargestellt werden. Im Folgenden wird die Darstellung in Polarkoordinaten verwendet. Für die Spannungen und Admittanzen ergibt sich die folgende Darstellung:

$$\begin{aligned} \text{komplexer Effektivwertzeiger: } & \underline{U}_j = U_j \cdot e^{i\delta_j} \\ \text{Spannungswinkel: } & \delta_{ij} = \delta_i - \delta_j \\ \text{komplexe Admittanz: } & \underline{Y}_{ij} = Y_{ij} \cdot e^{i\alpha_{ij}} \\ \text{Admittanzwinkel: } & \alpha_{ij} \end{aligned} \tag{5.7}$$

Wendet man die Darstellung in Polarkoordinaten für einen Netzknoten nach Gl. 5.6 an, so ergibt sich, jeweils getrennt für die Wirk- und Blindleistung:

$$\Delta p_i = 3 \cdot U_i \cdot \sum_{j=1}^{n} \left(Y_{ij} \cdot U_j \cdot \cos\left(\delta_{ij} - \alpha_{ij}\right)\right) - P_i$$

$$\Delta p_i = 3 \cdot U_i \cdot Y_{ii} \cdot U_i \cdot \cos\left(-\alpha_{ii}\right) + 3 \cdot U_i \cdot \sum_{j=1, j\neq i}^{n} \left(Y_{ij} \cdot U_j \cdot \cos\left(\delta_{ij} - \alpha_{ij}\right)\right) - P_i \tag{5.8}$$

$$\Delta q_i = 3 \cdot U_i \cdot \sum_{j=1}^{n} \left(Y_{ij} \cdot U_j \cdot \sin\left(\delta_{ij} - \alpha_{ij}\right)\right) - Q_i$$

$$\Delta q_i = 3 \cdot U_i \cdot Y_{ii} \cdot U_i \cdot \sin\left(-\alpha_{ii}\right) + 3 \cdot U_i \cdot \sum_{j=1, j\neq i}^{n} \left(Y_{ij} \cdot U_j \cdot \sin\left(\delta_{ij} - \alpha_{ij}\right)\right) - Q_i \tag{5.9}$$

Damit kann für das gesamte elektrische Netz die folgende Gleichung in Matrixschreibweise für Δp und Δq nach Gl. 5.6 aufgestellt werden:

$$3 \cdot \begin{bmatrix} U_1 \cdot Y_{11} \cdot U_1 \cdot \cos(-\alpha_{11}) \cdots U_1 \cdot Y_{1i} \cdot U_i \cdot \cos(\delta_{1i} - \alpha_{1i}) \cdots U_1 \cdot Y_{1n} \cdot U_n \cdot \cos(\delta_{1n} - \alpha_{1n}) \\ \vdots \\ U_1 \cdot Y_{i1} \cdot U_1 \cdot \cos(\delta_{i1} - \alpha_{i1}) \cdots U_1 \cdot Y_{ii} \cdot U_i \cdot \cos(\delta_{ii} - \alpha_{ii}) \cdots U_i \cdot Y_{in} \cdot U_n \cdot \cos(\delta_{in} - \alpha_{in}) \\ \vdots \\ U_n \cdot Y_{n1} \cdot U_1 \cdot \cos(\delta_{n1} - \alpha_{n1}) \cdots U_n \cdot Y_{nn} \cdot U_n \cdot \cos(\delta_{ni} - \alpha_{ni}) \cdots U_n \cdot Y_{nn} \cdot U_n \cdot \cos(-\alpha_{nn}) \end{bmatrix} - \begin{bmatrix} P_1(U_1) \\ \vdots \\ P_i(U_i) \\ \vdots \\ P_n(U_n) \end{bmatrix} = \Delta p \stackrel{!}{=} 0 \tag{5.10}$$

$$3 \cdot \begin{bmatrix} U_1 \cdot Y_{11} \cdot U_1 \cdot \sin(-\alpha_{11}) \cdots U_1 \cdot Y_{1i} \cdot U_i \cdot \sin(\delta_{1i} - \alpha_{1i}) \cdots U_1 \cdot Y_{1n} \cdot U_n \cdot \sin(\delta_{1n} - \alpha_{1n}) \\ \vdots \\ U_i \cdot Y_{i1} \cdot U_1 \cdot \sin(\delta_{i1} - \alpha_{i1}) \cdots U_i \cdot Y_{ii} \cdot U_i \cdot \sin(\delta_{ii} - \alpha_{ii}) \cdots U_i \cdot Y_{in} \cdot U_n \cdot \sin(\delta_{in} - \alpha_{in}) \\ \vdots \\ U_n \cdot Y_{n1} \cdot U_1 \cdot \sin(\delta_{n1} - \alpha_{n1}) \cdots U_n \cdot Y_{nn} \cdot U_n \cdot \sin(\delta_{ni} - \alpha_{ni}) \cdots U_n \cdot Y_{nn} \cdot U_n \cdot \sin(-\alpha_{nn}) \end{bmatrix} - \begin{bmatrix} Q_1(U_1) \\ \vdots \\ Q_i(U_i) \\ \vdots \\ Q_n(U_n) \end{bmatrix} = \Delta q \stackrel{!}{=} 0 \tag{5.11}$$

Zur Lösung dieser nichtlinearen Gleichungen werden diese in der Umgebung des Arbeitspunktes x_0 mithilfe einer Taylor-Entwicklung angenähert und linearisiert. Hierzu müssen die Gl. 5.10 und 5.11 jeweils nach dem Spannungsbetrag und dem Spannungswinkel differenziert werden. Hieraus ergibt sich:

$$\left.\left(\frac{\partial \Delta p}{\partial \delta^{\mathrm{T}}}\right)\right|_{\nu} \Delta\delta_{\nu+1} + \left.\left(\frac{\delta \Delta p}{\partial u^{\mathrm{T}}}\right)\right|_{\nu} \Delta u_{\nu+1} = -\Delta p_{\nu} \text{ mit } \delta = \left[\delta_1, \delta_2, \cdots, \delta_n\right]^{\mathrm{T}}$$

$$\left.\left(\frac{\partial \Delta q}{\partial \delta^{\mathrm{T}}}\right)\right|_{\nu} \Delta\delta_{\nu+1} + \left.\left(\frac{\delta \Delta q}{\partial u^{\mathrm{T}}}\right)\right|_{\nu} \Delta u_{\nu+1} = -\Delta q_{\nu} \text{ mit } u = \left[u_1, u_2, \cdots, u_n\right]^{\mathrm{T}} \tag{5.12}$$

In Gl. 5.12 ist v der Iterationszähler. In Matrixschreibweise ergibt sich:

$$\underbrace{\begin{bmatrix} \dfrac{\partial \Delta p}{\partial \delta^{\mathrm{T}}} & \dfrac{\delta \Delta p}{\partial u^{\mathrm{T}}} \\ \dfrac{\partial \Delta q}{\partial \delta^{\mathrm{T}}} & \dfrac{\partial \Delta q}{\partial u^{\mathrm{T}}} \end{bmatrix}_{\mathrm{v}}}_{J_{\mathrm{v}}} \cdot \underbrace{\begin{bmatrix} \Delta\delta \\ \Delta u \end{bmatrix}_{\mathrm{v}+1}}_{\Delta x_{\mathrm{v}+1}} = - \underbrace{\begin{bmatrix} \Delta p \\ \Delta q \end{bmatrix}_{\mathrm{v}}}_{\Delta f_{\mathrm{v}}} \tag{5.13}$$

mit:

J_{v}	Jakobimatrix / Funktionsmatrix
f_{v}	Zustandsvektor (Winkel, Betrag der Spannung)
$x_{\mathrm{v}+1}$	Vektor der Wirk- und Blindleistung

Für die weitere Herleitung wird folgende Bezeichnung der Untermatrizen der Jakobimatrix J_{v} eingeführt:

$$J = \begin{bmatrix} H & N \\ M & L \end{bmatrix} \tag{5.14}$$

Die Elemente der Jakobimatrix beziehungsweise der Blockmatrizen von Gl. 5.14 berechnen sich nach Gl. 5.15:

$$\begin{aligned}
h_{ii} &= \frac{\partial \Delta p_i}{\partial \delta_i} = -3 \cdot \sum_{j=1;\, j\neq i}^{n} U_i \cdot Y_{ij} \cdot U_j \cdot \sin\left(\delta_{ij} + \alpha_{ii}\right) \\
h_{ij} &= \frac{\partial \Delta p_i}{\partial \delta_j} = 3 \cdot U_i \cdot Y_{ij} \cdot U_j \cdot \sin\left(\delta_{ij} + \alpha_{ij}\right) \\
m_{ii} &= \frac{\partial \Delta q_i}{\partial \delta_i} = 3 \cdot \sum_{j=1;\, j\neq i}^{n} U_i \cdot Y_{ij} \cdot U_j \cdot \cos\left(\delta_{ij} + \alpha_{ii}\right) \\
m_{ij} &= \frac{\partial \Delta q_i}{\partial \delta_j} = -3 \cdot U_i \cdot Y_{ij} \cdot U_j \cdot \cos\left(\delta_{ij} + \alpha_{ij}\right) \\
n_{ii} &= \frac{\partial \Delta p_i}{\partial U_i} = 3 \cdot \sum_{j=1;\, j\neq i}^{n} Y_{ij} \cdot U_j \cdot \cos\left(\delta_{ij} + \alpha_{ii}\right) + 2 \cdot \left(3 \cdot U_i \cdot Y_{ii} \cdot \cos\left(-\alpha_{ii}\right)\right) - \frac{\delta P_i}{\delta U_i} \\
n_{ij} &= \frac{\partial \Delta p_i}{\partial U_j} = 3 \cdot U_i \cdot Y_{ij} \cdot \cos\left(\delta_{ij} - \alpha_{ii}\right) \\
l_{ii} &= \frac{\partial \Delta q_i}{\partial U_i} = 3 \cdot \sum_{j=1;\, j\neq i}^{n} Y_{ij} \cdot U_j \cdot \sin\left(\delta_{ij} + \alpha_{ii}\right) + 2 \cdot \left(3 \cdot U_i \cdot Y_{ii} \cdot \sin\left(-\alpha_{ii}\right)\right) - \frac{\delta Q_i}{\delta U_i} \\
l_{ij} &= \frac{\partial \Delta q_i}{\partial U_j} = 3 \cdot U_i \cdot Y_{ij} \cdot \sin\left(\delta_{ij} - \alpha_{ii}\right)
\end{aligned} \tag{5.15}$$

Die Abb. 5.6 zeigt den Ablauf der Iteration des Newton-Raphson-Verfahrens.

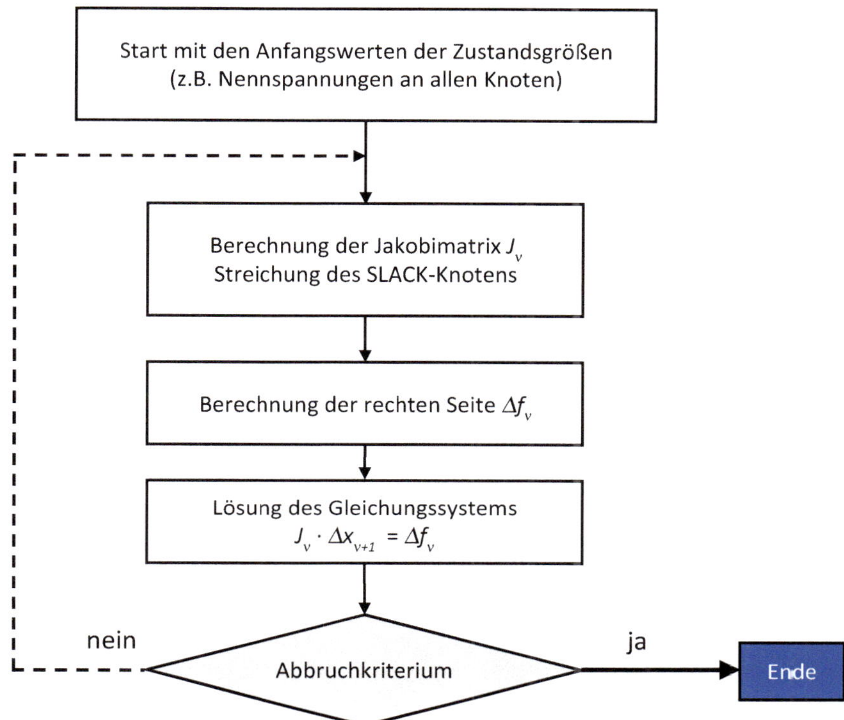

Abb. 5.6: Newton-Raphson-Verfahren – Ablauf der Iteration

Im ersten Iterationsschritt wird ein sogenannter Flat Start durchgeführt. Es wird angenommen, dass die Spannungen an allen Knoten des Netzes identisch sind und der Nennspannung entsprechen. Mit diesem Ansatz kann die Belastung an allen Konten berechnet und die Jakobimatrix aufgestellt werden. Durch die Streichung des Slack-Knotens (Bezugsknotens) kann das Gleichungssystem invertiert, damit gelöst und die Spannungen an den Netzknoten berechnet werden. Mit Hilfe des Abbruchkriteriums wird die Änderung der berechneten Spannung zum vorherigen Iterationsschritt geprüft. Ist dies klein genug, wird die Iteration abgebrochen, wenn nicht, beginnt die Berechnung mit den neuen verbesserten Spannungen an den Netzknoten wieder von vorne. Die Jakobimatrix wird in jedem Iterationsschritt neu berechnet. Dementsprechend muss für diese in jedem Iterationsschritt erneut eine Matrixinversion durchgeführt werden. Dies ist mit einem hohen Rechenaufwand verbunden. Demgegenüber weist das Verfahren jedoch eine sehr schnelle Konvergenz auf und hat sich dadurch als das quasi Standardverfahren zur Lastflussberechnung etabliert.

Entkoppelte Leistungsflussberechnung

Wie dargestellt besteht der Nachteil des Newton-Raphson-Verfahrens darin, dass die Jakobimatrix in jedem Iterationsschritt neu aufgestellt und invertiert werden muss. Hierdurch ist die Lösung des Gleichungssystems 5.11 relativ zeitaufwändig. Durch die Verwendung von Näherungen kann der Rechenaufwand stark reduziert werden. Allerdings wird dabei das Konvergenzverhalten des Algorithmus verschlechtert. Das Ergebnis wird hingegen nicht beeinflusst.

Beim Ansatz der entkoppelten Lastflussrechnung geht man davon aus, dass in den Hochspannungsnetzen der gegenseitige Spannungswinkel $\delta_{ij} \approx 0$ und der Impedanzwinkel $\alpha_{ij} \approx \pi/2$ beträgt. Mit diesen Annahmen ergibt sich für den Ausdruck $\cos(\delta_{ij} + \alpha_{ii}) \approx 0$. Hierdurch werden die Elemente n_{ij} und m_{ij} in der Jakobimatrix, siehe Gl. 5.14 bzw. 5.15, zu null. Damit kann vereinfacht für die Lösungsgleichung geschrieben werden:

$$\left.\left(\frac{\partial \Delta p}{\partial \delta^{T}}\right)\right|_{\nu} \Delta\delta_{\nu+1} = -\Delta p_{\nu} \text{ mit } \delta = [\delta_1, \delta_2, \cdots, \delta_n]^{T}$$
$$\left.\left(\frac{\delta \Delta q}{\partial u^{T}}\right)\right|_{\nu} \Delta u_{\nu+1} = -\Delta q_{\nu} \text{ mit } u = [u_1, u_2, \cdots, u_n]^{T} \tag{5.16}$$

Wie aus Gl. 5.16 zu erkennen erfolgt jetzt eine entkoppelte Berechnung der Wirk- und Blindleistung. Es ist jedoch zu beachten, dass die gemachten Näherungen insbesondere für die Niederspannungsnetze nicht erfüllt werden.

5.4 Neue Anforderungen an die Verteilung elektrischer Energie

Durch die Energiewende finden in der Nieder- und Mittelspannungsebene weitreichende Veränderungen statt. Durch die steigende Anzahl von dezentralen Erzeugungsanlagen müssen in diesen Netzebenen Netzsteuerungs- und Netzregelungsfunktionen integriert werden. Diese Funktionalitäten entsprechen weitgehend denen in der Hoch- und Höchstspannungsebene. Allerdings sind die technischen und wirtschaftlichen Voraussetzungen grundlegend unterschiedlich.

In der Hoch- und Höchstspannungsebene sind alle Schaltgeräte mit Antrieben und fernauslesbaren Stellungsmeldungen ausgerüstet. Darüber hinaus sind auf Grund des notwendigen komplexen Selektivschutzes an allen Leitungsenden Spannungs- und Stromwandler installiert. Diese können sehr kostengünstig um entsprechende Betriebsmessungen erweitert werden. Die ÜNB haben eine fernwirktechnische Anbindung aller Anlagen mit einem eigenen nicht öffentlichen Kommunikationsnetz aufgebaut. Bezogen auf die transportierten elektrischen Energiemengen sind die Kosten für diese Steuerungs- und Regelinfrastruktur gering. Wie bereits beschrieben sind in der Niederspannungs- und Mittelspannungsebene weder die primär- noch die sekundär-technischen Voraussetzungen vorhanden.

Die Nutzung der in den höheren Spannungsebenen etablierten Technik ist aus Kostengründen nicht umsetzbar. Es müssen also neue technische, organisatorische und vor allem auch strukturelle Lösungsansätze entwickelt werden, um die notwendigen Funktionen realisieren zu können. Eine besondere Anforderung stellt hierbei die sehr hohe Anzahl von Datenpunkten oder Informationspunkten dar. Wie die Netze der Höchst- und Hochspannungsebene müssen sich auch die Netze der Mittel- und Niederspannungsebene an Systemdienstleistungen beteiligen. Die Deutsche Energie-Agentur strukturiert die Systemdienstleistungen in die vier Hauptaufgaben (vgl. [28]):

Betriebsführung

Bei der Betriebsführung haben die Netzbetreiber die Aufgabe, einen sicheren Netzbetrieb zu organisieren und die elektrischen Energieversorgungsnetze bezüglich Grenzwertverletzungen (z.B. Spannungsband) zu überwachen und zu steuern. Hierzu können sie einzelnen Erzeugungsanlagen und teilweise Lasten minimale bzw. maximale Leistungsvorgaben machen.

Eine besondere Herausforderung stellt zum Beispiel die Überwachung der aktuellen Auslastung aller Betriebsmittel dar. Auch ist zukünftig eine Regelung der Netzspannung im Mittel- und Niederspannungsnetz notwendig, um das vorgeschriebene Spannungsband einzuhalten. Einerseits führt die dezentrale Einspeisung zu einer Anhebung der Spannung, zum Beispiel während der Mittagszeit durch die Photovoltaik-Einspeisung. Andererseits kommt es durch die langandauernde hohe Belastung durch das Laden von Elektrofahrzeugen zu Spannungsabsenkungen.

Frequenzhaltung

Die Verantwortung für die Frequenzhaltung haben die ÜNB. Diese müssen hierzu die Erzeugung und den Verbrauch jederzeit exakt im Gleichgewicht halten. Die genaue Einhaltung der Netzfrequenz ist zwingende Voraussetzung für einen stabilen Netzbetrieb. Die ÜNB nutzen hierzu die systeminhärente Eigenschaft der Momentanreserve der großen konventionellen Kraftwerke und beschaffen sich Regelenergie über öffentliche Ausschreibung (vgl. [110]). Da immer mehr große Kraftwerke abgeschaltet werden und die dezentralen Erzeugungsanlagen häufig über Wechselrichter an das elektrische Netz angebunden sind, reduziert sich zunehmend die systeminhärente Momentanreserve. Damit sich die dezentralen Erzeugungsanlagen am Markt für Regelenergie beteiligen können, müssen diese steuerbar sein. Darüber hinaus darf beim Abruf der Regelenergie der Netzbetrieb in der Mittel- und Niederspannungsebene nicht gefährdet werden. Dieser liegt im Verantwortungsbereich der VNB. Es ist eine erheblich engere Abstimmung zwischen den ÜNB und VNB in Zukunft notwendig (vgl. [81]).

Spannungshaltung

Die Spannungshaltung erfolgt sowohl im Übertragungs- als auch Verteilnetz. Hierzu müssen in den jeweiligen Netzebenen einerseits das Spannungsband und andererseits die Spannungsqualität eingehalten werden. Ein wesentlicher Faktor für die Spannungshaltung ist die Blindleistungsbereitstellung aus Erzeugungsanlagen und anderen Netzbetriebsmitteln.

Versorgungswiederaufbau

Bei einem großflächigen Stromausfall, einem sogenannten Blackout, müssen die ÜNB gemeinsam mit den VNB in der Lage sein, innerhalb kürzester Zeit die Versorgung mit elektrischer Energie wiederherzustellen.

6 Verteilung – Wärmenetze

6.1 Einleitung

In der Bundesrepublik Deutschland lebt ein Großteil der Bevölkerung im urbanen Raum. Ausdruck findet diese Tendenz im Grad der Verstädterung, der 2020 einen Höchstwert mit 77,4 % erreicht hat und weiter steigt [134]. Hervorgerufen durch die hohe Bevölkerungsdichte ist in den urbanen Bereichen auch eine signifikante Energiedichte, d.h. ein hoher Energieverbrauch in allen Sektoren, zu verzeichnen. Im Zusammenhang mit dem Energieverbrauch steht aktuell noch ein starker Ausstoß an Treibhausgasen[32]. Eine Dekarbonisierung des urbanen Raumes besitzt daher ein großes Potential zur Reduktion der Treibhausgasemissionen.

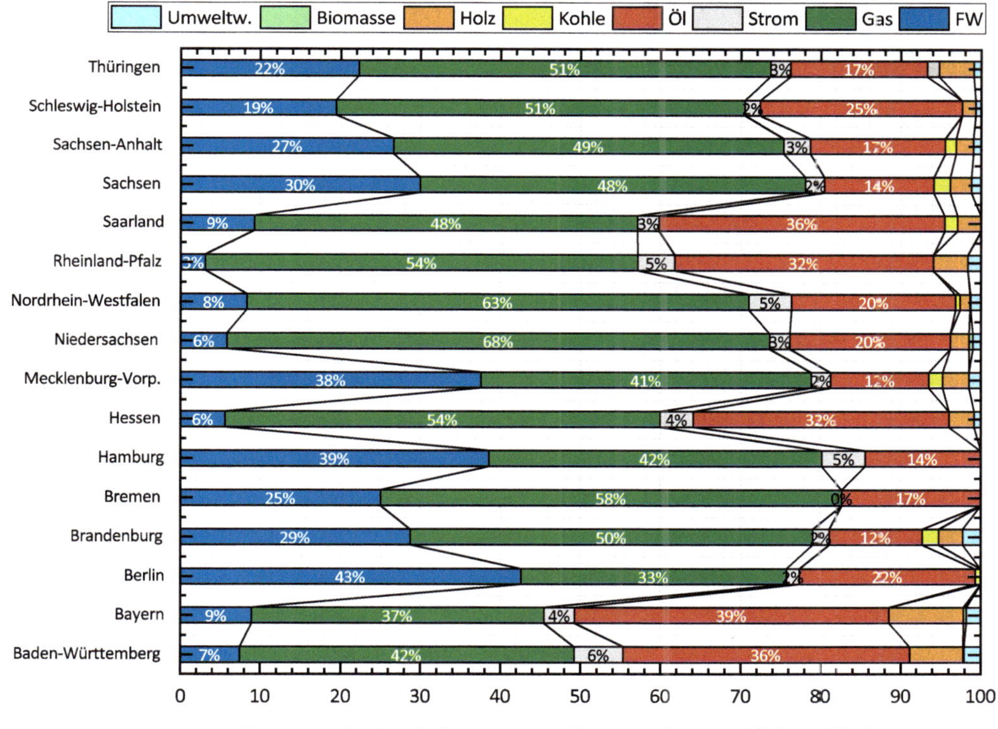

Abb. 6.1: Prozentualer Anteil der genutzten Energieträger in Deutschland bei Wohngebäuden nach [136]

[32] 70 % der Treibhausgase werden in den Städten realisiert [144].

Betrachtet man in diesem Zusammenhang die wichtigsten Verbraucher, so nehmen die Gebäude einen wesentlichen Teil beim Energieverbrauch ein (Industrie 28,0 %; Verkehr 30,3 %; Haushalte 27,0 % sowie GHD 14,7 % bezogen auf den Endenergiebedarf [20]). Die Versorgung der Gebäude ist in Deutschland jedoch sehr unterschiedlich, was Abb. 6.1 verdeutlicht. In den westlichen Flächenländern der Bundesrepublik ist eine Wärmeversorgung vorrangig mit Erdgas und Erdöl gegeben, wohingegen in den Stadtstaaten und in den östlichen Bundesländern ein deutlich höherer Anteil an Fernwärmesystemen zu finden ist. In den Stadtstaaten Bremen, Hamburg und Berlin ist dies nicht verwunderlich, da hier eine hohe Energiedichte aufgrund der engen Bebauung vorliegt. In den fünf ostdeutschen Bundesländern ist der erhöhte Anteil an Fernwärmesystemen durch die zentralistischen Versorgungsstrukturen vor 1989 geprägt, welche im urbanen Raum Fernwärmesysteme präferierten.

Durch die hohen Energiedichten im urbanen Raum besteht die Chance, schnell durch einen geeigneten Umbau des Energiesystems eine Dekarbonisierung und damit eine Reduktion der Treibhausgase zu erreichen. Abzusehen ist hierbei, dass der Stromanteil bei den transformierten Energiesystemen deutlich ansteigen wird, was wiederum eine Kopplung zum Konzept der zellularen Energiesysteme ermöglicht. Zweite wesentliche Tendenz ist eine Absenkung der Systemtemperaturen, siehe Abb. 6.2, was wiederum die Einbindung von erneuerbaren Energien forciert[33]. Beide Tendenzen unterstützen das Konzept der Nieder- bzw. Niedrigstwärmenetze.

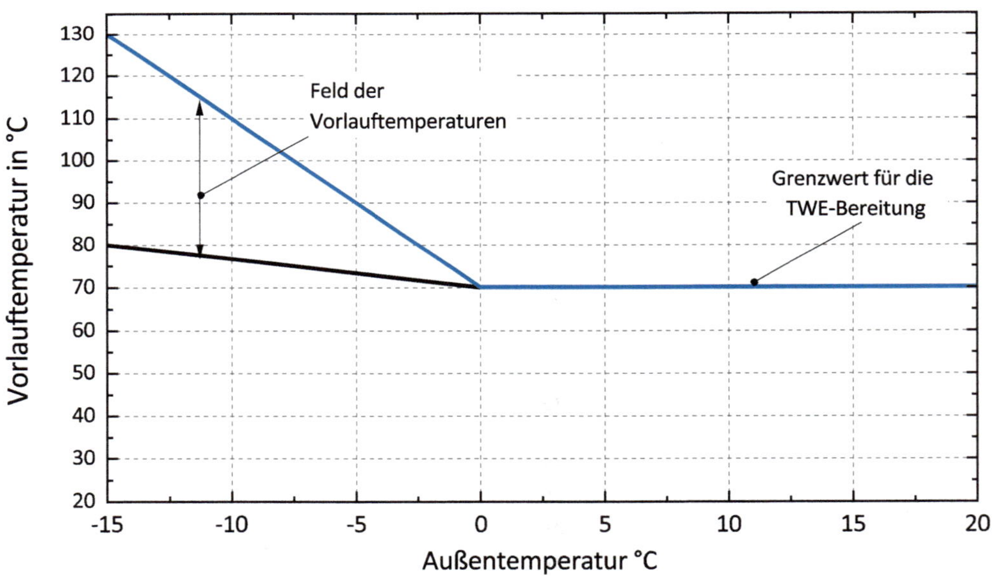

Abb. 6.2: Vorlauftemperaturen für klassische Fernwärmesysteme

[33] Abb. 6.2 zeigt ein Temperaturbeispiel für ein konventionelles Fernwärmesystem, bei dem die Vorlauftemperatur zwischen $\vartheta_V = 80\ldots130$ °C in den Wintermonaten und $\vartheta_V = 70$ °C in der Übergangszeit bzw. in den Sommermonaten beträgt.

6.2 Einteilung der Wärmenetze

Wärmenetze können hinsichtlich des Temperaturniveaus und hinsichtlich ihrer hydraulischen Eigenschaften klassifiziert werden. Nachfolgend soll eine Erläuterung dieser Strukturierungen erfolgen.

6.2.1 Klassifizierung nach dem Temperaturniveau

Hinsichtlich des Temperaturniveaus können Wärmenetze nach Tab. 6.1 klassifiziert werden.

Tab. 6.1: Systemvergleich unterschiedlicher Wärmenetztypen nach [75]

Bezeichnung	Zeit	Wärmeträgermedium	Temperatur in °C
1. Generation	… 1800 – 1930	Dampf	> 100
2. Generation (Hochtemperatur)	1930 – 1970	Wasser (Überdruck)	< 100
3. Generation (Mitteltemperatur)	1970 – 2010	Wasser (Überdruck)	80/40
4. Generation (Niedertemperatur)	2010 – jetzt	Wasser	50… 55/25
5. Generation (Ultra-Niedertemperatur)	2015 – jetzt	Wasser	< 49/ < 24

Waren in der Vergangenheit die Systeme eher von hohen Systemtemperaturen geprägt, die eine ganzjährige direkte Versorgung der Verbraucher ermöglichte (Heizwärme + Trinkwarmwasser), so fokussieren die Wärmenetze der 4. und 5. Generation[34] auf deutlich abgesenkte Systemtemperaturen. Diese Absenkung der Systemtemperaturen hat Vor- und Nachteile. Klarer Vorteil ist, dass durch die geringeren Temperaturen die Wärmeverluste reduziert werden. Tab. 6.2 zeigt im Vergleich die aktuellen durchschnittlichen (prozentualen) Wärmeverluste von Wärmenetzen geordnet nach den Ländern der Bundesrepublik Deutschland.

[34] „Ein Wärmenetz der 5. Generation ist ein thermisches Energieversorgungsnetz, welches Wasser oder eine geeignete Trägerflüssigkeit verwendet und im Kreislauf durch ein Rohrleitungssystem transportiert. Angekoppelt an das hydraulische System sind bidirektionale Wärmeübergabestationen, welche vorrangig mit Wärmepumpen ausgestattet sind. Die Temperaturen des Wärmenetzes sind nahe der Umgebungstemperatur bzw. der Erdreichtemperatur, sodass eine direkte Versorgung der Endverbraucher nicht möglich ist. Die Netztemperaturen müssen so gestaltet sein, dass die Nutzung industrieller und urbaner Abwärme ermöglicht wird. Zusätzlich müssen die Wärmeübergabestationen in der Lage sein, bidirektional arbeiten zu können. Die Einbindung von regenerativen Energien mittels solarthermischer Systeme oder PV-Systeme (Power to Heat) ist obligatorisch." [16], [17], [24], [53], [139] – Der Begriff „Wärmenetze der 5. Generation" ist kein fest definierter Begriff, sondern zeichnet sich durch einige Systemeigenschaften aus, welche nachfolgend erläutert werden sollen. Synonyme für den Begriff „Wärmenetz der 5. Generation" sind auch „Bidirektionale Niedertemperatur-Wärmenetze"; „Anergienetze"; „Kalte Wärmenetze" oder „LowEx-Wärmenetz".

Tab. 6.2: Leitungsverluste von Fernwärmesystemen nach [106] – Jahresmittelkennwerte

Bundesland	Wärmeverluste der Netze in %	Bundesland	Wärmeverluste der Netze in %
Schleswig-Holstein	16	Bayern	16
Hamburg	11	Berlin	9
Niedersachsen	11	Brandenburg	9
Bremen	14	Mecklenburg-Vorpommern	18
Nordrhein-Westfalen	15	Sachsen	13
Hessen	15	Sachsen-Anhalt	15
Rheinland-Pfalz	16	Thüringen	17
Baden-Württemberg	8	Saarland	k.A.

Im Sinne der integralen Bereitstellung mit Energie bieten die Wärmenetze der 5. Generation einige weitere Vorteile. Zu nennen sind neben der Wärmeversorgung auch die Kälteversorgung von Endverbrauchern. Als weitere Punkte können genannt werden:

- Einbindung von erneuerbaren Energien und Energien aus Abwärme
- Ausgleich von Wärme- und Kältebedarfen
- Bereitstellung von Flexibilitätspotentialen
- Reduktion der Investitionskosten durch kostengünstigere Rohrleitungen ohne Wärmedämmung
- Transformation auf das beim Endnutzer benötigte Temperaturniveau (verbraucherspezifische, individuelle Endtemperaturen)

Nachteil der Systeme ist, dass durch die geringeren Systemtemperaturen höhere Volumenströme entstehen, die in einem höheren Hilfsenergiebedarf der Pumpen resultieren. Zusätzlich muss ein höherer regelungstechnischer Aufwand realisiert werden und eine digitale Infrastruktur zur Zustandsanalyse der Systeme umgesetzt sein (bidirektionale Wärmeübergabestation).

6.2.2 Klassifizierung nach der Art der Hydraulik

Für Wärmenetze lassen sich 3 grundlegende Strukturen bestimmen. Es handelt sich um

1. Strahlennetze
2. Ringnetze
3. Maschennetze

Ebenfalls ist es möglich, dass Mischvarianten auftreten.

Strahlennetze sind signifikant für Großverbraucher und Großversorger, die räumlich eine größere Distanz aufweisen. Abb. 6.3 zeigt eine exemplarische Darstellung.

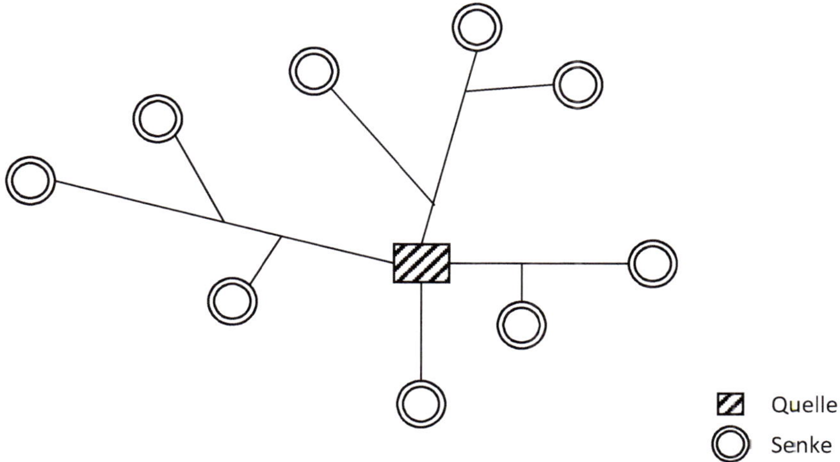

Abb. 6.3: Hydraulisches Strahlennetz

Oftmals entstehen diese Systeme als Ausbaufolge größerer Systeme, wobei darauf geachtet werden muss, dass die Hauptleitungen schon zu Beginn entsprechend groß dimensioniert werden müssen. Hinsichtlich der Hydraulik weisen Sternnetze Vorteile auf, da sie relativ einfach zu beherrschen sind.

Eine weitere Form der hydraulischen Netze stellen die *Ringnetze* dar. Hierbei werden ausgehend vom Strahlennetz die Hauptleitungen zu einem oder mehreren kleinen Ringen geschlossen. Die Schließung des Ringes erhöht die Versorgungssicherheit. Typisch für das System ist weiterhin, dass mehrere *Quellen* verfügbar sind, d.h., die Versorgung des Systems wird durch mehrere Energiewandlungseinheiten sichergestellt. Abb. 6.4 dokumentiert eine entsprechende Form.

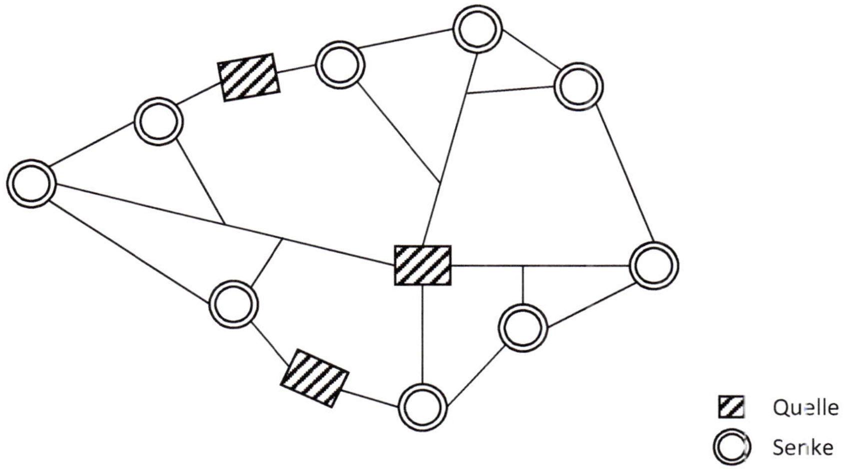

Abb. 6.4: Hydraulisches Ringnetz

Die dritte Hauptform der hydraulischen Netze stellen die *vemaschten Netze oder Maschennetze* dar. Abb. 6.5 zeigt eine Maschennetzform exemplarisch.

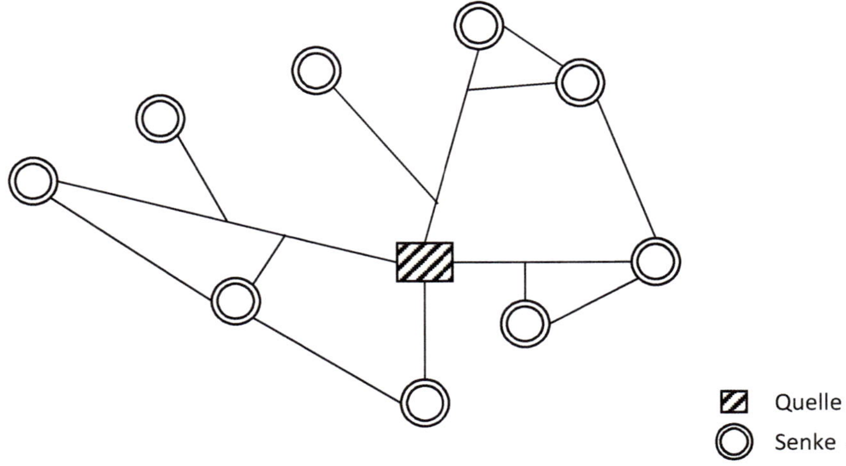

Abb. 6.5: Hydraulisches Maschennetz

Die Form der Maschennetze wird dann angewendet, wenn höchste Anforderungen an die Versorgungssicherheit gestellt werden[35].

Hinsichtlich der Rohrführung stellt die Ausführung mit einem klassischen Vor- und Rücklauf die am häufigsten anzutreffende Variante bei hydraulischen Netzen dar. Sie wird auch als 2- Leiter-System bezeichnet. Kaum anzutreffen ist das 1-Leiter-System, da hier die nachgelagerten Verbraucher immer vom Temperaturniveau der vorgelagerten Verbraucher abhängig sind. Wieder stärker diskutiert werden aktuell sogenannte 3-Leiter-Systeme, da mit ihnen unterschiedliche Temperaturniveaus durch 2 Vorlaufleitungen bereitgestellt werden können[36].

Mathematisch beschreiben kann man hydraulische Netze über den Vermaschungsgrad, der entsprechend Gl. 6.1 definiert ist,

$$V = \frac{z-(k-1)}{k} \tag{6.1}$$

wobei die nachfolgenden Bezeichnungen gelten.

k – Anzahl der Knoten

z – Anzahl der Netzzweige (Verbindungen zwischen den Knoten)

Für weiterführende Erläuterungen zu den hydraulischen Netztypen sei auf [98] verwiesen.

In Hinblick auf die Komplexität hydraulischer Netze stellen die Wärmenetze der 5. Generation die größte Herausforderung dar. Sie sollen daher nochmals eingängiger beschrieben werden, da sie für zellulare Energiesysteme eine besondere Bedeutung aufweisen. Typisch für die Wärmenetze der 5. Generation ist die Fähigkeit, Wärme- und Kälteversorgung gleichermaßen zu realisieren.

[35] Ringnetze können auch als Maschennetze ausgeführt sein.

[36] 3-Leiter-System: 2 Rohre Vorlauf, 1 Rohr Sammelrücklauf

Hierbei wird die Kälteversorgung aufgrund der niedrigen Systemtemperaturen als passives Element betrachtet. Abb. 6.6 zeigt eine typische Systemdarstellung für eine bidirektionale Ein- und Ausspeisung in ein Wärmenetz der 5. Generation.

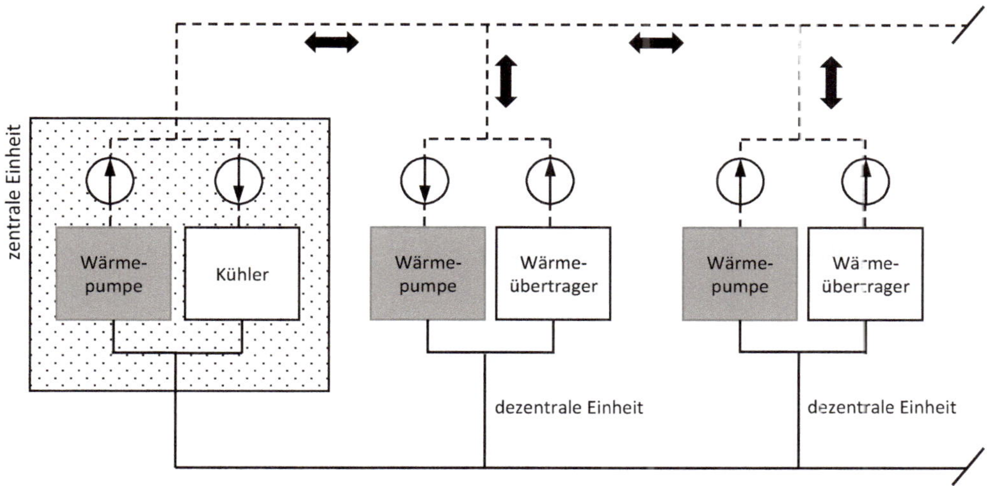

Abb. 6.6: 2-Leiter-System – Bidirektionaler Anschluss der zentralen und dezentralen Anlagen [139]

In Abb. 6.6 ist ein klassisches 2-Leiter-System abgebildet, welches von einer zentralen Wärme- und Kälteeinheit versorgt wird. Im Heizfall leistet die zentrale Wärmepumpe eine Grundversorgung, die durch die dezentralen Einheiten auf das gewünschte Temperaturniveau bei den Verbrauchern wiederum mittels einer Wärmepumpe transferiert werden kann. Im Kühlfall wird in den dezentralen Gebäuden/ Verbrauchern eine passive Kühlung mittels Wärmeübertrager realisiert, wobei das Wärmeträgerfluid in der zentralen Einheit rückgekühlt werden muss. Problematisch bei der Dokumentation nach Abb. 6.6 ist, dass es aufgrund der Lastsituation zu stark unterschiedlichen Massestromverteilungen im Netz kommen kann.

Eine Alternative zum 2-Leiter-System nach Abb. 6.6 stellt das in Abb. 6.7 dokumentierte 1-Leiter-System dar. Hier wird ein Versorgungsring gebildet, aus dem die Verbraucher sich energetisch versorgen können. Gleichfalls ist es möglich, dass unterschiedliche dezentrale Einheiten in das Ringsystem einspeisen können. Großer Vorteil des Systems sind die klaren Strömungsverhältnisse. Eine weitere hydraulische Möglichkeit stellt ein 3-Leiter-System dar, welches durch einen konstanten Vorlauf für hohe Temperaturanwendung und einen in Abhängigkeit der Außentemperatur gleitend gefahrenen zweiten Vorlauf sowie einen Sammelrücklauf gekennzeichnet ist (Abb. 6.8).

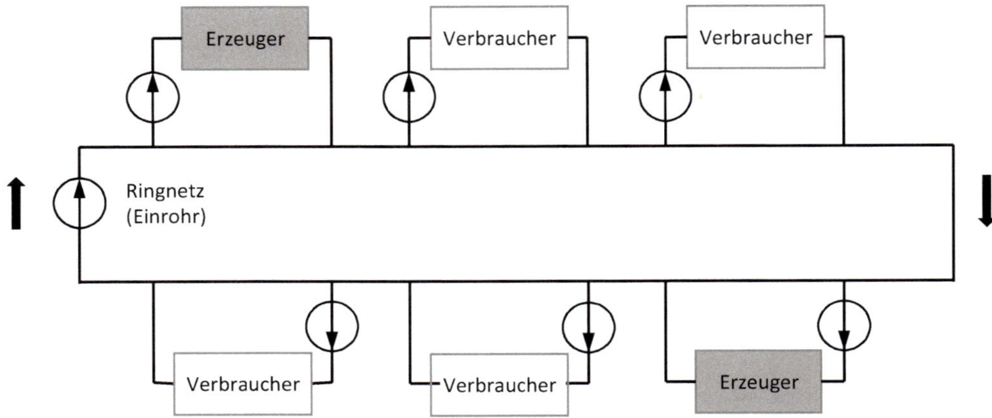

Abb. 6.7: 1-Leiter-System – Ringsystem [139]

Die Versorgung der Verbraucher erfolgt hierbei aus dem temperaturmäßig günstigsten Vorlauf. Der Rücklauf zum Erzeuger wird über einen Sammelrücklauf realisiert. Neuere Konzepte gehen dazu über, dass eine völlige Wahlfreiheit bei der Nutzung der Temperaturniveaus und der Rückgabe gegeben ist. Ziel hierbei ist, möglichst einen geringen Exergieverlust zu realisieren (LowEx-Netze). Der zentrale Versorger muss jedoch sicherstellen, dass ein Massestromausgleich zwischen den Leitern gegeben ist. Die technische Umsetzung weiterer Möglichkeiten für den Anschluss von Vor- und Rücklauf ist variabel (Bsp.: Vorlauf auf hohem Temperaturniveau, Rücklauf auf mittlerem oder niedrigem Temperaturniveau).

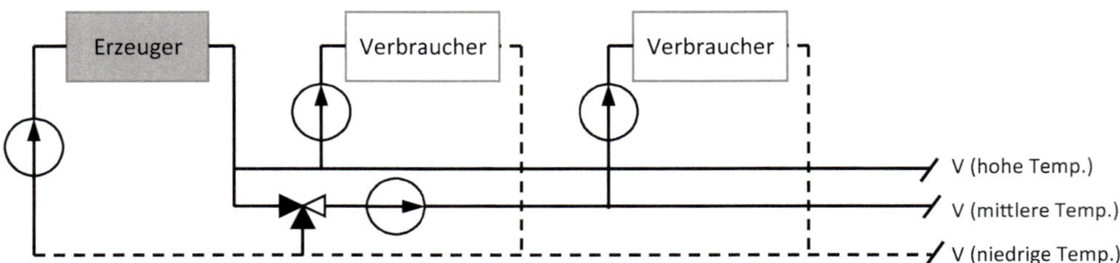

Abb. 6.8: **Anschlussmöglichkeiten in einem 3-Leiter-System**

Hinsichtlich der Einteilung der hydraulischen Netze kann eine weitere Systematik in „gerichtete" und „ungerichtete" Netze vorgenommen werden (vgl. [65]). Das gerichtete System ist gekennzeichnet dadurch, dass es nur eine Richtung der Fluidströmung zwischen Netz und Verbraucher gibt. Beim ungerichteten System muss bei jedem Verbraucher eine zusätzliche Förderpumpe installiert werden, wobei der Einbau bzw. die Umschaltung der Pumpe die Richtung des Fluidstromes in Hinblick auf das zentrale hydraulische Netz bestimmt. Die dezentrale Pumpe kann das Fluid aus Vorlauf bzw. Rücklauf beziehen bzw. einspeisen. Abb. 6.9 verdeutlicht den Zusammenhang exemplarisch[37].

[37] Vertiefende Informationen zu „gerichteten" und „ungerichteten" hydraulischen Netzen können [65] entnommen werden.

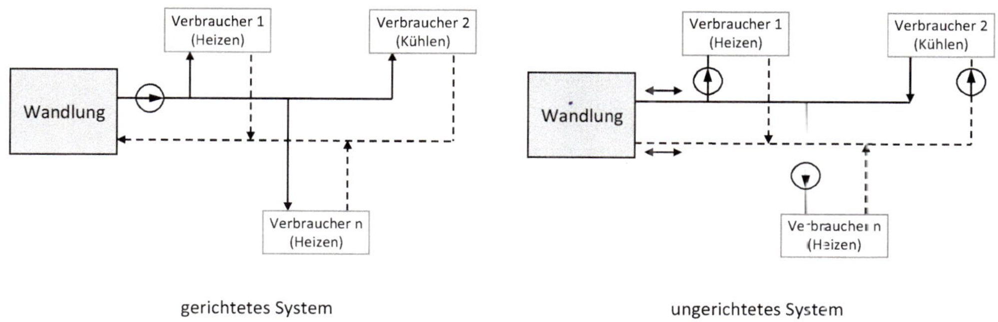

Abb. 6.9: „Gerichtetes" und „ungerichtetes" hydraulisches Netz

6.3 Hydraulische Berechnung von Wärmenetzen

Die Auslegung des hydraulischen Systems stellt eine der wichtigsten Aufgaben bei der Dimensionierung dar[38]. Das Ziel ist hierbei die Ermittlung des Rohrdurchmessers sowie die Bestimmung des erforderlichen Pumpendruckes und damit die Auswahl der Umwälzpumpe. Bei der Erweiterung von Bestandsanlagen wird die hydraulische Berechnung zur Ermittlung weiterer Anschlussmöglichkeiten sowie zur Optimierung des bestehenden Rohrnetzes eingesetzt. Im Rahmen der hydraulischen Berechnung wird in die Druckverlustberechnung von

- geraden Rohrleitungen (Reibungsdruckverlust),
- Einzelwiderständen (Bauelementen, Formstücken) sowie
- Ventilen (z.B. Regelventilen)

differenziert. Ausgangspunkt bildet der mathematische Zusammenhang nach Gl. 6.2.

$$\Delta p = \sum \left[\lambda \cdot \frac{l}{d} + \zeta \right] \cdot \frac{\varrho}{2} \cdot w^2 + \Delta p_v \qquad (6.2)$$

Die einzelnen Parameter sind:

λ – Rohrreibungskoeffizient

l – Länge in m

d – Durchmesser in m

ζ – Einzeldruckverlust

ϱ – Dichte des Fluid in kg/m³

w – Strömungsgeschwindigkeit in m/s

Δp_v – Druckverlust des Ventils in Pa

[38] Die nachfolgenden Ausführungen zur hydraulischen Berechnung von Rohrnetzen sind teilweise [123] sowie [124] entnommen.

Der Druckverlust des Rohrsystems wird oftmals nach Gl. 6.3 zusammengefasst:

$$\sum\left[\lambda\cdot\frac{l}{d}+\zeta\right]\cdot\frac{\varrho}{2}\cdot w^2=\sum\;[R\cdot l+Z] \tag{6.3}$$

wodurch sich der Zusammenhang nach Gl. 6.4 ergibt.

$$\Delta p=\sum\;[R\cdot l+Z]+\Delta p_V \tag{6.4}$$

6.3.1 Druckverlust in Rohrleitungen

Entsprechend der Gl. 6.2 bzw. 6.4 kann der längenspezifische Druckverlust von Rohrleitungen nach Gl. 6.5 bestimmt werden.

$$R=\frac{\lambda}{d}\cdot\frac{\varrho}{2}\cdot w^2 \tag{6.5}$$

Verwendet man für $w=\dot{V}/A$ mit $A=\frac{\pi}{4}\cdot d^2$, kann Gl. 6.4 folgendermaßen geschrieben werden:

$$R=\frac{\lambda}{d}\cdot\frac{\varrho}{2}\cdot\frac{\dot{V}^2}{\frac{\pi^2}{16}\cdot d^4} \tag{6.6}$$

Verwendet man zusätzlich für die Berechnung des Volumenstromes den Ausdruck $\dot{V}=\dot{m}/\varrho$, so ergibt sich für Gl. 6.6 der Zusammenhang:

$$R=\frac{\lambda}{d}\cdot\frac{\varrho}{2}\cdot\frac{\dot{m}^2}{\frac{\pi^2}{16}\cdot d^4\cdot\varrho^2} \tag{6.7}$$

$$R=\lambda\cdot\frac{8}{\varrho\cdot\pi^2}\cdot\frac{\dot{m}^2}{d^5} \tag{6.8}$$

Analysiert man Gl. 6.8, so ist zu erkennen, dass alle Größen außer λ von Stoffwerten bzw. von Eingangsgrößen abhängen. Der λ-Wert hingegen ist stark von der Strömungsform im Rohr abhängig, die wiederum durch die Reynolds-Zahl (*Re*) charakterisiert werden kann. Man unterscheidet

- laminare Strömung,
- turbulente Strömung sowie
- Strömungen im Übergangsbereich.

Verwendet man für die Bestimmung der *Re*-Zahl den Zusammenhang nach Gl. 6.9

$$Re=w\cdot\frac{d}{\nu}=\frac{\varrho\cdot w^2}{\eta\cdot\frac{w}{d}} \tag{6.9}$$

so kann für $Re < 2320$ eine laminare Rohrströmung angenommen werden. Diese *Re*-Zahl wird auch als kritische Reynolds-Zahl bezeichnet. In einem Bereich von $2320 \leq Re \leq 3000$ liegt der Übergangsbereich zwischen laminarer und turbulenter Rohrströmung. Bei $Re > 3000$ kann grundsätzlich von einer turbulenten Rohrströmung ausgegangen werden.

Aus den vorliegenden Zusammenhängen können unterschiedliche Rohrströmungen abgeleitet werden, die praktisch von Bedeutung sind. Es handelt sich um die laminare und turbulente Strömung im hydraulisch rauen und hydraulisch glatten Rohr sowie um eine Rohrströmung, die in ihrer Wirkung zwischen den beiden genannten Rohreigenschaften liegt.

Im laminaren Gebiet ist der Rohrreibungskoeffizient λ ausschließlich von der *Re*-Zahl abhängig. Es gilt:

$$\lambda = \frac{64}{Re} \tag{6.10}$$

Bei turbulenter Strömung ist zu unterscheiden, ob die Rauigkeiten des Rohres in die turbulente Strömung hineinragen oder nicht. Sind die Rauigkeiten so gering, dass sie die laminare Unterschicht nicht überschreiten, so spricht man vom hydraulisch glatten Rohr. In diesem Falle ist der Rohrreibungskoeffizient nur von der *Re*-Zahl abhängig. Gl. 6.11 liefert hierzu den entsprechenden Zusammenhang.

$$\frac{1}{\sqrt{\lambda}} = 2 \cdot lg\left(\sqrt{\lambda} \cdot Re\right) - 0{,}8 \tag{6.11}$$

In dem Fall, dass die Rauigkeiten der Rohrwand die laminare Unterschicht überragen, liegt eine ausgebildete raue Rohrströmung vor. Hier kann der Rohrreibungskoeffizient nach Gl. 6.11 bestimmt werden.

$$\frac{1}{\sqrt{\lambda}} = 1{,}14 - 2 \cdot lg\left[\frac{k}{d}\right] \tag{6.12}$$

Im Falle der turbulenten Rohrströmung hängt der Druckverlust der Strömung somit nur von der relativen Rauigkeit *k/d* ab. Wesentlicher Parameter ist hierbei wiederum die Oberflächenbeschaffenheit des Rohrmaterials. Tab. 6.3 dokumentiert für die wichtigsten Materialien die Rauigkeiten.

Tab. 6.3: Rauigkeitswerte von Rohren

Rohrart	**Raugkeit *k* in mm**
Stahlrohr	0,045 … 0,06
Stahlrohr angerostet	0,15 … 1,0
Kupferrohr	0,0015
PE-Rohr	0,007
flexible Schläuche	0,6 … 2,0

Das zwischen den beiden Strömungsformen liegende Gebiet wird Übergangsgebiet genannt. In diesem Übergangsgebiet kann λ mittels der *Colebrook*-Gleichung beschrieben werden [27]. Sie lautet:

$$\frac{1}{\sqrt{\lambda}} = -2 \cdot lg\left[\frac{2{,}51}{\sqrt{\lambda} \cdot Re} + \frac{k/d}{3{,}72}\right] \tag{6.13}$$

In konventionellen wasserbasierten Heizungssystemen tritt meist als Strömungsform der beschriebene Übergangsbereich auf.

6.3.2 Einzeldruckverluste

Unter dem Begriff der Einzelwiderstände können alle Bauelemente einer Anlage zusammengefasst werden, deren Druckverlust nicht auf Reibung, sondern auf

- Richtungsänderung,
- Beschleunigung oder
- Verzögerung

beruht. Rein analytisch sind die Druckverluste dieser Bauelemente nicht bestimmbar. Vielmehr werden die Phänomene durch detaillierte messtechnische Analysen bestimmt und im ζ-Wert (Druckverlustbeiwert) zusammengefasst. Typische Beispiele hierfür sind Ausrüstungselemente wie Wärmeerzeuger, freie Heizflächen, Speicher, Filter, Sammler, Verteiler, Messeinrichtungen und Rückschlagklappen oder Formstücke (Bögen, T-Stücke, Querschnittsänderungen, Rohrverzweigungen und Rohrvereinigungen). Der Druckverlust ergibt sich für diese Bauelemente zu

$$\Delta p = Z = \zeta \cdot \frac{\varrho}{2} \cdot w^2 \tag{6.14}$$

Eine große Anzahl von messtechnischen Untersuchungen zu Einzeldruckverlusten sind in [72] zu finden. Besonders bei Formstücken ist jedoch drauf zu achten, dass sich der jeweilige Druckverlustkoeffizient immer auf die eine bestimmte Strömungsstrecke bezieht. Für ausgewählte Bauteile sind die jeweiligen Beziehungen den nachfolgenden Tabellen und Abbildungen zu entnehmen.

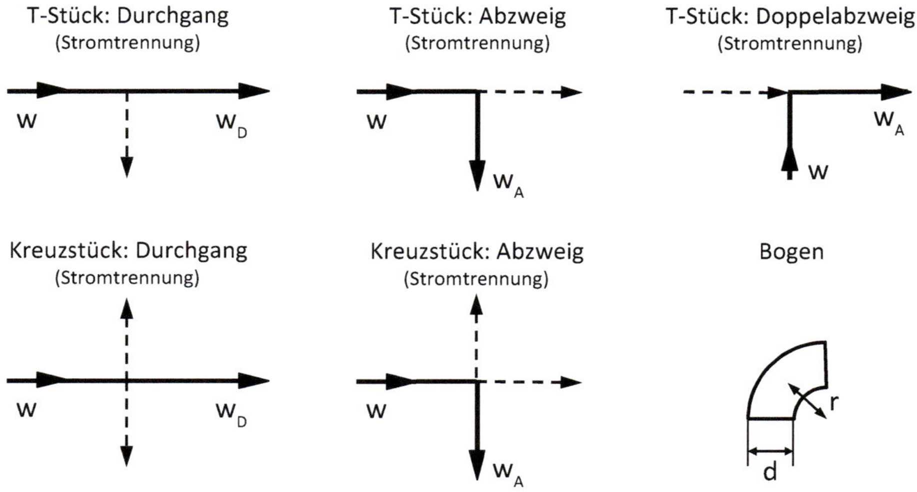

Abb. 6.10: Strömungsweg bei Formstücken – Stromtrennung

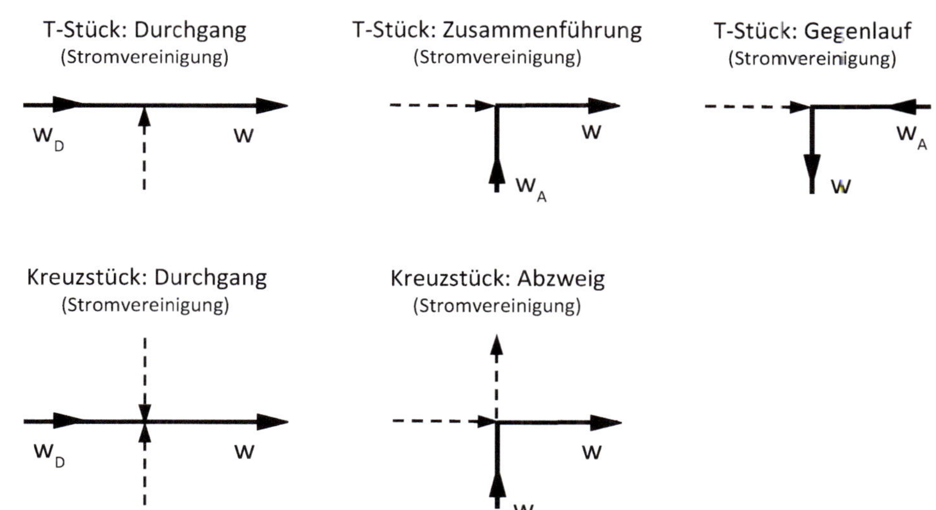

Abb. 6.11: Strömungsweg bei Formstücken – Stromvereinigung

Stromtrennung T-Stück:

Durchgang:

$$\zeta_D = 1{,}6 - 2{,}5 \cdot \left(\frac{w}{w_D}\right)^{-1} + \left(\frac{w}{w_D}\right)^{-2} \tag{6.15}$$

Abzweig:

$$\zeta_A = 1 + \left(\frac{w}{w_A}\right)^{2} \tag{6.16}$$

Doppelabzweig:

$$\zeta_A = 0{,}3 + \left(\frac{w}{w_A}\right)^{2} \tag{6.17}$$

Für einige ausgewählte Wertepaare von $\frac{w}{w_D}$ bzw. $\frac{w}{w_A}$ sind in Tab. 6.4 Widerstandszahlen dokumentiert.

Tab. 6.4: T-Stück (Stromtrennung) Widerstandszahl ζ

Stromrichtung	$\frac{w}{w_D}$ **bzw.** $\frac{w}{w_A}$										
	0,2	0,3	0,4	0,5	0,6	0,7	0,9	1,0	1,5	2,0	2,5
Durchgang ζ_D	14,1	4,4	1,6	0,6	0,2	0,1	0,1	0,1	0,4	0,6	0,8
Abzweig ζ_A	1,0	1,1	1,2	1,3	1,4	1,5	1,8	2,0	3,3	5,0	7,3
Doppelabzweig ζ_{DA}	0,3	0,4	0,5	0,6	0,7	0,8	1,1	1,3	2,6	4,3	6,6

Stromtrennung Kreuzstück:

Durchgang:

$$\zeta_D = 1{,}6 - 2{,}5 \cdot \left(\frac{w}{w_D}\right)^{-1} + \left(\frac{w}{w_D}\right)^{-2} \tag{6.18}$$

Abzweig:

$$\zeta_A = 1 + \left(\frac{w}{w_A}\right)^2 \tag{6.19}$$

Tab. 6.5 zeigt wiederum für ausgewählte Geschwindigkeitspaare die Widerstandswerte für ein Kreuzstück (Durchgang bzw. Abzweig).

Tab. 6.5: Kreuzstück (Stromtrennung) Widerstandszahl ζ

Stromrichtung	$\frac{w}{w_D}$ **bzw.** $\frac{w}{w_A}$										
	0,2	0,3	0,4	0,5	0,6	0,7	0,9	1,0	1,5	2,0	2,5
Durchgang ζ_D	14,1	4,4	1,6	0,6	0,2	0,1	0,1	0,1	0,4	0,6	0,8
Abzweig ζ_A	1,0	1,1	1,2	1,3	1,4	1,5	1,8	2,0	3,3	5,0	7,3

Stromvereinigung T-Stück:

Durchgang:

$$\zeta_D = 1{,}2 \cdot \left(1 - \frac{\dot{V}_D}{\dot{V}}\right) + \left(\frac{w}{w_D} - \frac{\dot{V}_D}{\dot{V}}\right)^2 \tag{6.20}$$

Zusammenführung:

$$\zeta_A = 1 + \left(0{,}375 - 1{,}3 \cdot \left[\frac{\dot{V}_D}{\dot{V}}\right]^{3,6}\right) \cdot \left(\frac{w}{w_A}\right)^2 \text{ mit } \frac{\dot{V}_D}{\dot{V}} = 1 - \frac{\dot{V}_A}{\dot{V}} \tag{6.21}$$

Gegenlauf:

$$\zeta_G = 0{,}75 + \left(\left[\frac{\dot{V}_A}{\dot{V}}\right]^{-1} - 1{,}5\right)^2 + \left(\frac{w}{w_A}\right)^2 \tag{6.22}$$

Die Tab. 6.6 – 6.8 zeigen für ausgewählte Geschwindigkeiten und Volumenströme die Widerstandswerte entsprechend der dokumentierten mathematischen Zusammenhänge für die Stromvereinigung beim T-Stück.

Tab. 6.6: T-Stück (Stromvereinigung) Widerstandszahl ζ – Durchgang

	$\frac{w}{w_D}$										
	0,2	0,3	0,4	0,5	0,6	0,7	0,9	1,0	1,5	2,0	2,5
$\dot{V}_D/\dot{V} = 0{,}25$	0,90	0,90	0,92	0,96	1,02	1,10	1,32	1,46	2,46	3,96	5,96
$\dot{V}_D/\dot{V} = 0{,}5$	0,69	0,64	0,61	0,60	0,61	0,64	0,76	0,85	1,60	2,85	4,60
$\dot{V}_D/\dot{V} = 0{,}75$	0,60	0,50	0,42	0,36	0,32	0,30	0,32	0,36	0,86	1,86	3,36

Tab. 6.7: T-Stück (Stromvereinigung) Widerstandszahl ζ – Zusammenführung

	$\frac{w}{w_A}$										
	0,2	0,3	0,4	0,5	0,6	0,7	0,9	1,0	1,5	2,0	2,5
$\dot{V}_A/\dot{V} = 0{,}25$	1,00	0,99	0,99	0,98	0,97	0,96	0,93	0,91	0,81	0,65	0,46
$\dot{V}_A/\dot{V} = 0{,}5$	1,01	1,02	1,04	1,07	1,10	1,13	1,22	1,27	1,60	2,07	2,67
$\dot{V}_A/\dot{V} = 0{,}75$	1,01	1,03	1,06	1,09	1,13	1,18	1,30	1,37	1,82	2,46	3,29

Tab. 6.8: T-Stück (Stromvereinigung) Widerstandszahl ζ – Gegenlauf

	$\frac{w}{w_A}$										
	0,2	0,3	0,4	0,5	0,6	0,7	0,9	1,0	1,5	2,0	2,5
$\dot{V}_A/\dot{V} = 0{,}25$	7,04	7,09	7,16	7,25	7,36	7,49	7,81	8	9,25	11	13,25
$\dot{V}_A/\dot{V} = 0{,}5$	1,04	1,09	1,16	1,25	1,36	1,49	1,81	2	3,25	5	7,25
$\dot{V}_A/\dot{V} = 0{,}75$	0,82	0,87	0,94	1,03	1,14	1,27	1,59	1,78	3,03	4,78	7,03

Stromvereinigung Kreuzstück:

Durchgang:

$$\zeta_D = 1{,}2 \cdot \left(1 - \frac{\dot{V}_D}{\dot{V}}\right) + \left(\frac{w}{w_D} - \frac{\dot{V}_D}{\dot{V}}\right)^2 \tag{6.23}$$

Zusammenführung:

$$\zeta_A = 1 + \left(1 - 2 \cdot \left[\frac{\dot{V}_D}{\dot{V}}\right]^{1{,}95}\right) \cdot \left(\frac{w}{w_A}\right)^2 \text{ mit } \frac{\dot{V}_D}{\dot{V}} = 1 - \frac{\dot{V}_A}{\dot{V}} \tag{6.24}$$

Eine Auswertung der entsprechenden Gleichungen liefert die Tab. 6.9 für ausgewählte Geschwindigkeiten.

Tab. 6.9: Kreuzstück (Stromvereinigung) Widerstandszahl ζ – Durchgang / Zusammenführung

	Durchgang $\frac{w}{w_D}$										
	0,2	0,3	0,4	0,5	0,6	0,7	0,9	1,0	1,5	2,0	2,5
$\dot{V}_D/\dot{V}=0{,}25$	0,90	0,90	0,92	0,96	1,02	1,10	1,32	1,46	2,46	3,96	5,96
$\dot{V}_D/\dot{V}=0{,}5$	0,69	0,64	0,61	0,60	0,61	0,64	0,76	0,85	1,60	2,85	4,60
$\dot{V}_D/\dot{V}=0{,}75$	0,60	0,50	0,42	0,36	0,32	0,30	0,32	0,36	0,86	1,86	3,36

	Zusammenführung $\frac{w}{w_A}$										
	0,2	0,3	0,4	0,5	0,6	0,7	0,9	1,0	1,5	2,0	2,5
$\dot{V}_A/\dot{V}=0{,}25$	0,99	0,99	0,98	0,96	0,95	0,93	0,89	0,86	0,68	0,43	0,12
$\dot{V}_A/\dot{V}=0{,}5$	1,02	1,04	1,08	1,12	1,17	1,24	1,39	1,48	2,09	2,93	4,01
$\dot{V}_A/\dot{V}=0{,}75$	1,03	1,08	1,14	1,22	1,31	1,42	1,70	1,87	2,95	4,46	6,41

Für die in Abb. 6.10 ebenfalls dokumentierten Bögen sind die Koeffizienten zur Berechnung des Druckverlustkoeffizienten nach Gl. 6.25 der Tab. 6.10 zu entnehmen.

$$\zeta = a - b \cdot \frac{r}{d} + c \cdot \left(\frac{r}{d}\right)^2 \tag{6.25}$$

Tab. 6.10: Koeffizienten zur Berechnung des Druckverlustkoeffizienten für Bögen

Richtungsänderung in °	**a**	**b**	**c**
45	0,49	-0,285	0,055
90	0,74	-0,42	0,08
180	0,90	-0,52	0,1

Bei allen dokumentierten Gleichungen zur Berechnung des Druckverlustkoeffizienten ist dabei zu beachten, dass diese unter einer idealen An- und Abströmung des Fluides bestimmt wurden. Werden in der Praxis Formstücke nacheinander angeordnet, kann nicht von einer idealen An- und Abströmung ausgegangen werden, was zu erheblichen Abweichungen von den hier dokumentierten Gleichungen führen kann. Für weitere Armaturen und Bauteile sind die ζ-Werte der Tab. 6.11 zu entnehmen.

Tab. 6.11: Druckverlustkoeffizienten für Armaturen und Bauteile nach [83]

Bauteil	ζ-Wert
Einziehung, kurz	0,4
Einziehung, lang	0,1
Erweiterung, kurz	2,5
Erweiterung, lang	1,0
Verteiler, Austritt	0,5
Sammler, Eintritt	1,0
Gliederheizkörper	2,5
bodenstehender Kessel	2,5

6.3.3 Ventile

Im Rahmen der Druckverlustberechnung nehmen die Ventile eine Sonderstellung ein, da sie als regelungstechnische Einrichtungen eingesetzt werden. Um hierbei eine optimale Regelfunktion erreichen zu können, sind eine exakte Auslegung und Abstimmung auf die Anlage notwendig. Wichtige Kenngrößen hierbei sind[39]:

k_V – Volumenstrom durch das Ventil unter Einheitsbedingungen in m^3/s

Ψ_V – Druckverlustanteil (Ventilautorität)

Bei Betriebsbedingungen, die abweichend von den Einheitsbedingungen sind, kann eine Umrechnung des k_V-Wertes nach Gl. 6.26 erfolgen.

$$k_{V,B} = k_V \cdot \sqrt{\frac{\Delta p_0}{\Delta p} \cdot \frac{\varrho}{\varrho_0}} \tag{6.26}$$

Trägt man den Durchflusskennwert k_V in Abhängigkeit des Hubes H auf, so erhält man die Durchflusskennlinie (vgl. Abb. 6.3). Die Ventilautorität Ψ_V ist wie folgt definiert:

$$\psi_V = \frac{\Delta p_V}{\Delta p_{ges,max}} \tag{6.27}$$

bzw.

$$\Delta p_V = \psi_V \cdot \Delta p_{ges,max} \tag{6.28}$$

$\Delta p_{ges,max}$ stellt den maximal auftretenden Druckverlust des Stromkreises dar. Analysiert man den Einfluss der Ventilautorität Ψ_V auf die Durchflusskennlinie, so wird ein annähernd lineares Übertragungsverhalten bei möglichst hohen Ventilautoritäten realisiert[40]. Ausgewertet ist in Abb. 6.3 dabei der Zusammenhang nach Gl. 6.29.

---

39 Einheitsbedingungen: Wasser 5 °C ≤ ϑ_W ≤ 30 °C, $\varrho_0 = 1000$ kg/m³, $\Delta p_0 = 0{,}1$ MPa, $\nu = 10^{-6}$ m²/s

40 kleiner Ψ_V-Wert → kleiner Regeleinfluss des Ventils, großer Ψ_V-Wert → hoher Regeleinfluss des Ventils und erhöhte Betriebskosten der Anlage, da $\Delta p_{ges} = \sum R \cdot l + Z + \Delta p_V$.

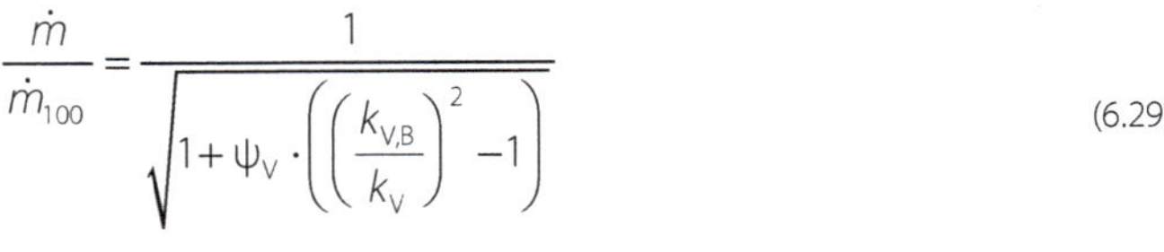

$$\frac{\dot{m}}{\dot{m}_{100}} = \frac{1}{\sqrt{1+\psi_V \cdot \left(\left(\frac{k_{V,B}}{k_V}\right)^2 - 1\right)}} \tag{6.29}$$

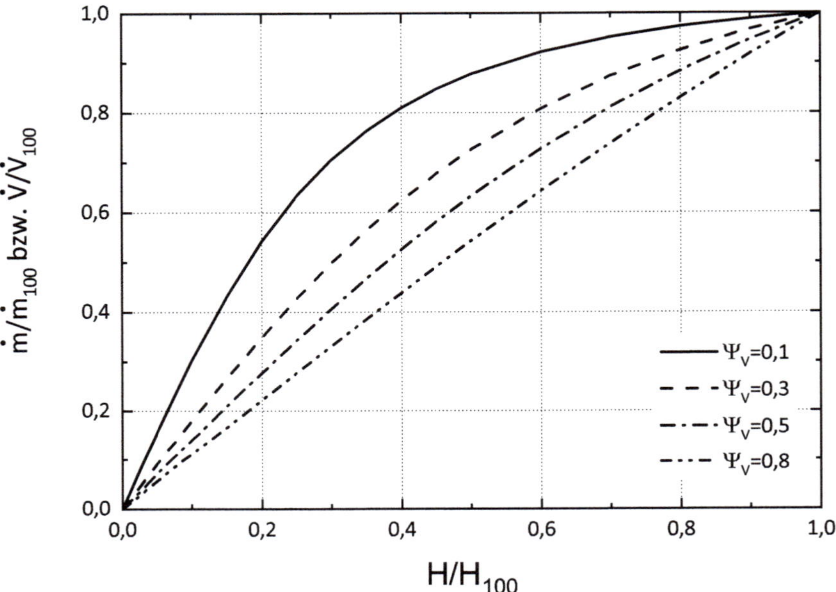

Abb. 6.12: Einfluss der Ventilautorität auf die Durchflusskennlinie

Der Druckverlust des Ventils ergibt sich mit Bezug auf den k_V-Wert zu:

$$\Delta p = \left(\frac{\dot{V}}{k_V}\right)^2 \cdot \frac{\varrho}{10000} = \left(\frac{\dot{m}}{k_V}\right)^2 \cdot \frac{1}{\varrho \cdot 10000} \tag{6.30}$$

Jeweils in Gl. 6.29 sowie 6.30 stellt der k_V-Wert eine Eingangsgröße dar, die vom Hub des Ventils abhängig ist. Welcher Durchfluss dabei zustande kommt, ist maßgeblich von der Konstruktion des Ventils abhängig. Man unterscheidet die Ventilarten mit der Kennlinienform

- linear
- gleichprozentig
- optimal.

Knabe gibt in [79] die nachfolgenden Gleichungen für die unterschiedlichen Kennlinienformen an.

Lineare Kennlinie:

$$\frac{k_V}{k_{VS}} = \frac{k_{V0}}{k_{VS}} + n_{lin} \cdot \frac{H}{H_{100}} \tag{6.31}$$

mit $n_{lin} = 1 - \frac{k_{V0}}{k_{VS}}$. Charakteristisch für die lineare Kennlinienform ist, dass bei gleichen Hubänderungen gleiche Änderungen des k_V-Wertes zu verzeichnen sind.

Gleichprozentige Kennlinie:

$$\frac{k_V}{k_{VS}} = \frac{k_{V0}}{k_{VS}} \cdot e^{n_{gl} \cdot \frac{H}{H_{100}}} \tag{6.32}$$

mit $n_{gl} = ln \frac{k_{VS}}{k_{V0}}$. Bei gleichen Hubänderungen wird bei dieser Kennlinienform eine gleiche prozentuale Änderung des k_V-Wertes erreicht.

Optimale Kennlinie:

$$\frac{k_V}{k_{VS}} = \frac{k_{V0}}{k_{VS}} \cdot n_{opt} \cdot \frac{H}{H_{100}} + 0,2 \cdot \left(\frac{H}{H_{100}}\right)^2 - 0,29 \cdot \left(\frac{H}{H_{100}}\right)^3 + 0,1 \cdot \left(\frac{H}{H_{100}}\right)^4 + 0,38 \cdot \left(\frac{H}{H_{100}}\right)^5 \tag{6.33}$$

mit $n_{opt} = 0,61 - \frac{k_{V0}}{k_{VS}}$.

6.3.4 Grundzüge der Rohrnetzberechnung

Vor der Berechnung des hydraulischen Netzes sind einige grundlegende Festlegungen in Abstimmung mit dem Bauherrn bzw. dessen Vertreter zu treffen. Zu nennen sind hier die Anordnung von freien Heizflächen im Raum, die Anordnung des Wärmeerzeugers (Keller, Dach), die Festlegung des Rohrsystems (1-Leiter / 2-Leiter-System) sowie die Rohrführung im Gebäude.

Sind diese Festlegungen getroffen, so muss anschließend das heizungstechnische Netz diskretisiert werden. Die Einteilung sollte dabei so vorgenommen werden, dass Bereiche definiert werden, in denen d und $\dot{m}$ konstant sind. Als Auslegungskriterium können dabei Grenzwerte für eine maximale Strömungsgeschwindigkeit w oder einen mittleren längenspezifischen Druckverlust $\overline{R}$ herangezogen werden. Anhaltswerte für die genannten Größen sind der Tab. 6.12 zu entnehmen. Bei genauerer Kenntnis des hydraulischen Netzes kann der längenspezifische Druckverlust auch mathematisch bestimmt werden. Ausgangspunkt der Betrachtungen bildet die Gl. 6.34.

$$\Delta p_{ges,max} = \sum (R \cdot l + Z)_{Anl} + \Delta p_V = \sum (R \cdot l)_{Anl} + \sum Z_{Anl} + \Delta p_V \tag{6.34}$$

Die Einzeldruckverluste der Anlage können in einem Koeffizienten wie folgt zusammengefasst werden:

$$a_z = \frac{\sum Z_{Anl}}{\sum (R \cdot l + Z)_{Anl}} \tag{6.35}$$

$$1 - a_z = \frac{\sum (R \cdot l)_{Anl}}{\sum (R \cdot l + Z)_{Anl}} \tag{6.36}$$

Umstellen von Gl. 6.34 nach $\sum Z_{\mathrm{Anl}}$ liefert:

$$\sum Z_{\mathrm{Anl}} = a_Z \cdot \sum (R \cdot l + Z)_{\mathrm{Anl}} \tag{6.37}$$

Wiederum Einsetzen von Gl. 6.36 in Gl. 6.37 ergibt:

$$\sum Z_{\mathrm{Anl}} = \frac{a_Z}{1-a_Z} \cdot \sum (R \cdot l)_{\mathrm{Anl}} \tag{6.38}$$

Tab. 6.12: Anhaltswerte für w und $\bar{R}$ im Rahmen der Druckverlustberechnung

w in m/s	$\bar{R}$ in Pa/m	Bemerkung
0,5 … 0,7	50 … 10	Wärmeerzeugerkreis Heizkörper und Steigestränge in Wohn- und Bürogebäuden
0,8 … 1,5	100 … 200	Hauptverteilungsleitungen in Wohn- und Bürogebäuden
2,0 … 3,0	200 … 400	Verwendung bei hohen Rohrinvestitionskosten außerhalb von Wohngebäuden in Fern- und Versorgungsleitungen

Setzt man diesen Zusammenhang in die Gl. 6.34 ein, so ergibt sich

$$\Delta p_{\mathrm{ges,max}} = \sum (R \cdot l)_{\mathrm{Anl}} + \frac{a_Z}{1-a_Z} \cdot \sum (R \cdot l)_{\mathrm{Anl}} + \Delta p_V \tag{6.39}$$

$$\Delta p_V = \psi_V \cdot \Delta p_{\mathrm{ges,max}} \tag{6.40}$$

bzw. unter Berücksichtigung des Zusammenhangs nach Gl. 6.40 die Gl. 6.41 bzw. 6.42

$$\Delta p_{\mathrm{ges,max}} = \sum (R \cdot l)_{\mathrm{Anl}} + \frac{a_Z}{1-a_Z} \cdot \sum (R \cdot l)_{\mathrm{Anl}} + \psi_V \cdot \Delta p_{\mathrm{ges,max}} \tag{6.41}$$

$$(1-\psi_V) \cdot \Delta p_{\mathrm{ges,max}} = \sum (R \cdot l)_{\mathrm{Anl}} \cdot \left(1 + \frac{a_Z}{1-a_Z}\right) = \sum (R \cdot l)_{\mathrm{Anl}} \cdot \left(\frac{1}{1-a_Z}\right) \tag{6.42}$$

Der Zusammenhang nach Gl. 6.42 kann auch wie folgt geschrieben werden:

$$\sum (R \cdot l)_{\mathrm{Anl}} = (1-\psi_V) \cdot (1-a_Z) \cdot \Delta p_{\mathrm{ges,max}} \tag{6.43}$$

Mit dem Übergang von $\sum (R \cdot l)_{\mathrm{Anl}} \rightarrow \bar{R} \cdot \sum l_{\mathrm{Anl}}$ ergibt sich der Zusammenhang 6.36, mit dem der mittlere längenspezifische Druckverlust einer Anlage bestimmt werden kann.

$$\bar{R} = \frac{(1-\psi_V) \cdot (1-a_Z) \cdot \Delta p_{\mathrm{ges,max}}}{\sum l_{\mathrm{Anl}}} \tag{6.44}$$

Für a_Z können in Abhängigkeit der Art des Systems die in Tab. 6.13 dokumentierten Werte verwendet werden.

Tab. 6.13: Anhaltswerte für a_z bei unterschiedlichen Systemen

Art	a_z
PWWH – Hauptnetz	≈ 0,5
Fernleitungen	0,10 … 0,20
Pumpen und Verteilerräume	0,20 … 0,70

Mit Kenntnis von $\overline{R}$ oder w kann für eine Teilstrecke bei gegebenem $\dot{m}$ ein Rohrdurchmesser bestimmt werden. Hinsichtlich der Prinzipien der Druckverlustberechnung wurden die Grundlagen ausführlich beschrieben. Wie eingangs zum Abschnitt schon beschrieben treten bei Wärmenetzen unterschiedliche Typen hinsichtlich der Struktur auf. Man unterscheidet vermaschte und nicht vermaschte Rohrnetze. Abb. 6.13 zeigt die entsprechenden Rohrsysteme in Anlehnung an die Ausführungen in [104].

vermaschtes Netz

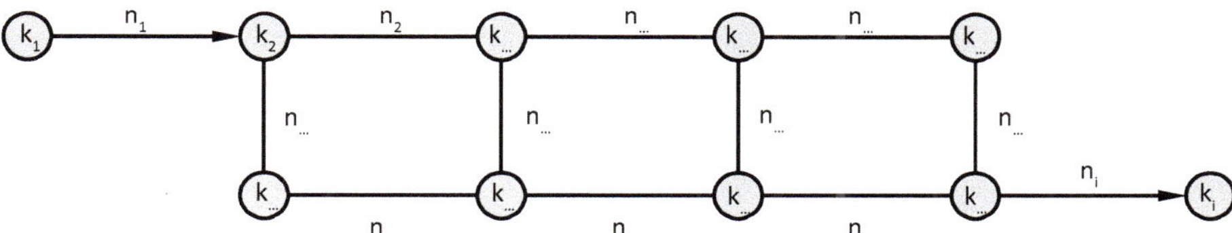

nicht vermaschtes Netz

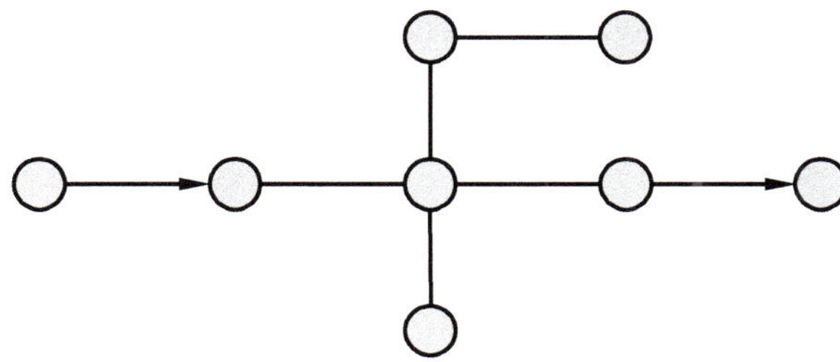

Abb. 6.13: Vermaschte und nicht vermaschte Netze nach [104]

Ein nicht vermaschtes Netz kann in ein Ersatzschaltbild überführt werden, bei dem es nur einen Eingangs- und einen Ausgangsknoten gibt. Typischer sind jedoch in der Praxis vermaschte Netze. Man unterteilt diese in einfach vermaschte Netze und vollständig vermaschte Netze. Abb. 6.14 zeigt hierzu Beispiele.

Kennzeichnend für das vollständig vermaschte Netz ist, dass jeder Knoten mit jedem anderen Knoten des Netzes verbunden ist. In Hinblick auf Wärmenetze erhöht dies im Wesentlichen die Versorgungssicherheit, da bei Ausfall einer Leitung der entsprechende Verbraucher über eine andere Leitung mitversorgt werden kann. Bei vollständig vermaschten Netzen mit k Knoten kann die maximale Anzahl an Verbindungen (n) mit Gl. 6.45 bestimmt werden[41].

[41] Bei Baumnetzen gibt es keine Maschen. Es gilt: $n = k - 1$

$$n = \frac{k^2 - k}{2} \tag{6.45}$$

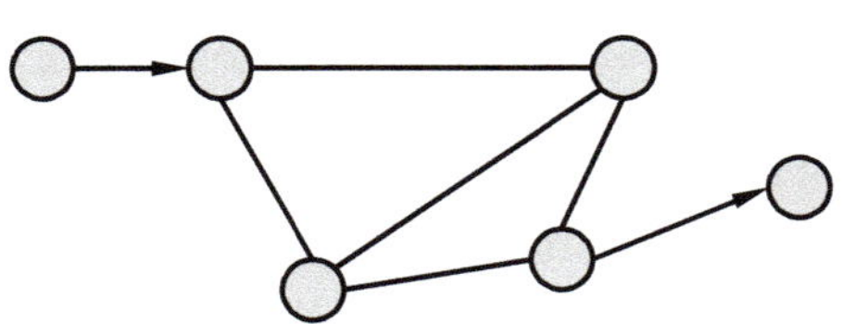

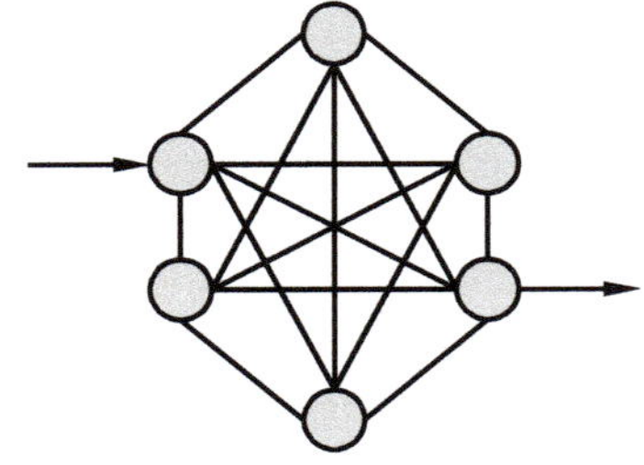

Abb. 6.14: Teilweise und vollständig vermaschtes Netz nach [104]

Gl. 6.45 stellt einen Sonderfall für vollständig vermaschte Netze dar. Generell gilt für vermaschte Netze (einschließlich nicht vollständig vermaschter Netze) die Gl. 6.46 bzw. für die Anzahl der Maschen Gl. 6.47.

$$n > k - 1 \tag{6.46}$$

$$m = n - (k - 1) \tag{6.47}$$

Bezugnehmend auf die Gl. 6.46 und Gl. 6.47 sind damit x Gleichungen für x Unbekannte vorhanden, wobei als Unbekannte die Volumenströme und die Druckverluste in den Teilstrecken auftreten können. Die Druckbedingungen und die sich hieraus ergebenden Volumenströme in einem vermaschten Netz können mittels der Kirschhoffschen Gesetze[42] sowie des Widerstandsgesetzes bestimmt werden. Diese lauten:

$$\sum \dot{V}_i = 0 \tag{6.48}$$

$$\sum \Delta p_i = 0 \tag{6.49}$$

$$\Delta p = f(\dot{V}) \tag{6.50}$$

Gl. 6.48 beschreibt das 1. Kirchhoffsche Gesetz und besagt, dass die Summe aller Zuflüsse und Abflüsse an einem Knoten gleich null ist, d. h. keine Masse gespeichert wird. Das 2. Kirchhoffsche Gesetz (Gl. 6.49) besagt, dass die Summe aller Druckverluste entlang einer Masche sich zu null ergeben müssen. Ergänzt werden beide Gesetze durch den Zusammenhang nach Gl. 6.50, der die schon in den vorangegangenen Abschnitten beschriebene Druckverlustberechnung charakterisiert. Zur Auslegung eines Wärmenetzes müssen alle Knotengleichungen und Maschengleichungen aufgestellt werden. Das so entstehende Gleichungssystem kann jedoch nur iterativ gelöst werden.

42 nach Gustav Robert Kirchhoff (1824 – 1887)

6.4 Thermische Rohrberechnung

Die thermische Berechnung von Wärmenetzen wird maßgeblich durch die Rohrwärmeverluste bestimmt. Grundlegende Arbeiten liegen hierzu von [39, 49] sowie [58] vor, sodass nachfolgend nur eine kurze Übersicht gegeben werden soll.

Wesentlich für die Wärmeabgabe von Rohrleitungen ist die Wärmeleitung. Unter stationären Zuständen kann für ein Rohr die allgemeine Bestimmungsgleichung für die Wärmeabgabe formuliert werden:

$$\dot{Q} = k \cdot A \cdot (\vartheta_i - \vartheta_a) \tag{6.51}$$

Im Vergleich zu einer ebenen Wand, bei der die wärmeübertragende Fläche unverändert ist, besteht beim Rohr ein Unterschied zwischen innerem und äußerem Rohrdurchmesser (vgl. Abb. 6.15). Hierdurch ist es notwendig, einen eindeutigen Bezug für den Wärmestrom festzulegen. Der Wärmestrom kann hierbei auf den Innendurchmesser und den Außendurchmesser bezogen werden. Letztlich signifikant ist der Bezug auf den Außendurchmesser. Die nachfolgenden Gleichungen zeigen die entsprechenden stationären mathematischen Zusammenhänge.

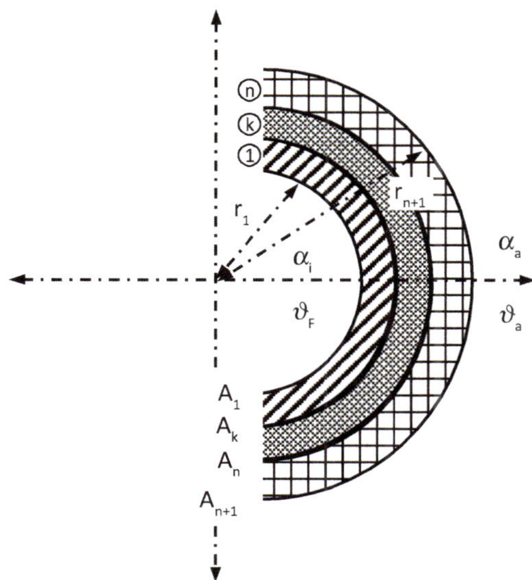

Abb. 6.15: Wärmedurchgang an der gekrümmten Zylinderwand

Bezug auf Innenfläche (A_1):

$$k_1 = \frac{1}{\frac{1}{\alpha_i} + \sum_{k=1}^{n} \left(\frac{d_1}{2 \cdot \lambda_{m,k}} \cdot \ln \frac{d_{k+1}}{d_k} \right) + \frac{d_1}{d_{n+1} \cdot \alpha_a}} \tag{6.52}$$

Bezug auf Außenfläche (A_{n+1}):

$$k_{n+1} = \frac{1}{\frac{d_{n+1}}{d_1 \cdot \alpha_i} + \sum_{k=1}^{n} \left(\frac{d_{n+1}}{2 \cdot \lambda_{m,k}} \cdot ln \frac{d_{k+1}}{d_k} \right) + \frac{1}{\alpha_a}} \tag{6.53}$$

Wichtig hierbei ist, dass $\lambda = f(\vartheta)$ ist. Aus Gründen der Vereinfachung kann innerhalb der Schicht mit einem mittleren Wert gerechnet werden. Gl. 6.54 zeigt den entsprechenden mathematischen Zusammenhang ($\lambda_k(\vartheta_k)$ – Wärmeleitfähigkeit der Schicht k bei der Temperatur ϑ_k).

$$\lambda_{m,k} = \frac{\lambda_k(\vartheta_k) + \lambda_k(\vartheta_{k+1})}{2} \tag{6.54}$$

Mit Bezug auf die genannten Gleichungen stellen die Wärmeübergangskoeffizienten wichtige Parameter der Berechnung dar. Der innere Wärmeübergangskoeffizient ist durch die turbulente Rohrströmung oftmals sehr groß, wodurch sich kein signifikanter innerer Widerstand ergibt. Auf der Außenseite des Rohres kann der Wärmeübergangskoeffizient als Summe aus konvektiven und strahlungsorientierten Wärmeübergangskoeffizienten interpretiert werden (vgl. Gl. 6.55).

$$\alpha_a = \alpha_k + \alpha_s \tag{6.55}$$

Für den konvektiven Wärmeübergangskoeffizienten muss man zwischen freier und erzwungener Konvektion unterscheiden. Mit Bezug auf die Oberflächentemperatur auf der Außenseite der Rohrleitung können folgende Beziehungen verwendet werden (vgl. Gl. 6.56/ Gl. 6.57)[43]:

$$\alpha_{a,k,f} = 1{,}66 \ldots 2{,}38 \cdot (\vartheta_{OF} - \vartheta_L)^{0{,}25} \tag{6.56}$$

$$\alpha_{a,k,f} = 1{,}86 \cdot (\vartheta_{OF} - \vartheta_L)^{0{,}24} \tag{6.57}$$

Für den konvektiven Wärmeübergang bei erzwungener Konvektion können die beiden nachfolgenden Gleichungen zur Anwendung kommen.

$$\alpha_{a,k,e} = 12{,}1 \ldots 15{,}6 \cdot \sqrt{w_L} \tag{6.58}$$

$$\alpha_{a,k,e} = 4{,}17 \cdot \frac{w^{0{,}8}}{d_a^{0{,}2}} \tag{6.59}$$

Für den Strahlungswärmeübergangskoeffizienten gilt die Beziehung nach Gl. 6.60.

$$\alpha_s = 4{,}65 \cdot \frac{\left(\frac{T_{OF}}{100}\right)^4 - \left(\frac{\overline{T}_U}{100}\right)^4}{\left(T_{OF} - \overline{T}_U\right)} \tag{6.60}$$

Die Oberflächentemperatur (T_{OF}) und die mittlere Umgebungstemperatur ($\overline{T}_U$) sind hierbei absolute Temperaturen und in K zu verwenden.

[43] Die Angaben sind [125] sowie [98] entnommen.

7 Verteilung – Gasnetze

7.1 Einleitung

Systeme zur Gasfortleitung können nach Art ihres Systemdruckes eingeteilt werden. Grundsätzlich unterscheidet man zwischen dem Niederdruckbereich (ND), dem Mitteldruck- (MD) und dem Hochdruckbereich (HD) bei der Gasfortleitung. Je höher der Druck gewählt wird, desto wirtschaftlicher ist die Gasfortleitung. Tab. 7.1 zeigt die entsprechende Einteilung der Druckbereiche. Abb. 7.1 zeigt die Struktur der Gasverteilung.

Tab. 7.1: Druckstufen der öffentlichen Gasversorgung

Druckstufe	Druck in mbar		
	1932	**1958**	**ab 1972**
Niederdruck (ND)	0… ≤ 50	0… ≤ 50	0… ≤ 100
Mitteldruck (MD)	> 50… ≤ 500	> 50… ≤ 1000	> 100… ≤ 1000
Hochdruck (HD)	> 500	> 1000	> 1000

In der Praxis sind für den Hochdruckbereich typische Werte zwischen $p = 67{,}5\ldots80$ bar. Im Offshore-Bereich werden bis zu p = 130 bar erreicht. Je nach Alter der Ferngasleitungen können jedoch erhebliche Schwankungen auftreten. Ältere Leitungen werden oftmals nur mit einem Druck von $p = 20\ldots40$ bar betrieben. Als Richtwert für den Druckabfall kann ein Wert von Δp = 0,1 bar/km angenommen werden, wodurch alle $l = 80\ldots150$ km eine zusätzliche Station zur Druckerhöhung notwendig ist.

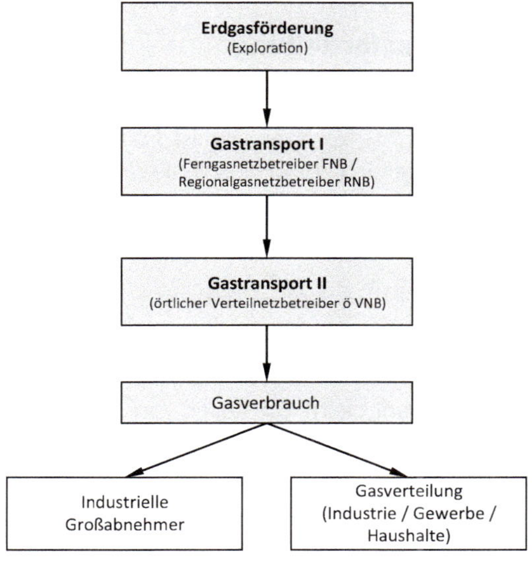

Abb. 7.1: Gastransport und Gasverteilung

Im Niederdruckbereich sind typische Werte von bis zu $p = 45$ mbar zu verzeichnen, wobei der Hausbereich bis zu $p = 30$ mbar aufweist. In den nachfolgenden Abschnitten soll die Berechnung des Druckverlustes bei den unterschiedlichen Druckbereichen näher erläutert werden.

7.2 Gasfortleitung

Die Gasfortleitung vom Punkt A zum Punkt B in einer Rohrleitung kann grundsätzlich mit einer *raumbeständigen* und einer *raumveränderlichen* Berechnung erfolgen. Bei der raumbeständigen Gasfortleitung wird vorausgesetzt, dass die Geschwindigkeit konstant bleibt und der Druck sinkt, wohingegen bei der raumveränderlichen Gasfortleitung davon ausgegangen wird, dass die Geschwindigkeit aufgrund des Druckverlustes ansteigt. Abb. 7.2 zeigt die Annahmen beider Berechnungsverfahren in schematischer Weise.

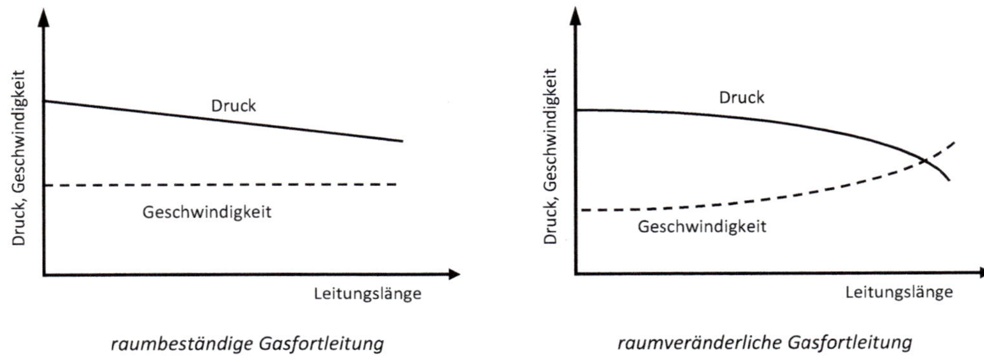

Abb. 7.2: Prinzipielle Darstellung der raumbeständigen und raumveränderlichen Gasfortleitung

7.2.1 Raumbeständige Gasfortleitung

Bei der raumbeständigen Gasfortleitung wird eine stationäre Strömung angenommen. Weiterhin wird unterstellt, dass das Medium inkompressibel ist. Das letztgenannte Kriterium trifft weitestgehend auf den Niederdruckbereich zu, wodurch die raumbeständige Gasfortleitung hier dominierend ist. Ausgangspunkt der Druckverlustberechnung bildet die Bernoulli[44]-Gleichung entsprechend der nachfolgenden Schreibweise.

$$m \cdot g \cdot h + m \cdot \frac{p}{\varrho} + m \cdot \frac{w^2}{2} = konst. \tag{7.1}$$

Sie kann als Gesamtenergie bestehend aus Lageenergie, Druckenergie und Bewegungsenergie interpretiert werden, welche konstant bleibt. Umstellen von Gl. 7.1 liefert (Division durch m und Multiplikation mit ϱ):

[44] Daniel Bernoulli, Mathematiker und Physiker (1700 – 1782)

$$\varrho \cdot g \cdot h + p + \frac{\varrho}{2} \cdot w^2 = konst. \tag{7.2}$$

Mit Bezug auf Gl. 7.2 stellt das erste Glied den Schweredruck (Auftrieb) dar. Das zweite Glied ist der innere Druck (Überdruck) und das dritte Glied der kinetische Druck, der als Bewegungsenergie interpretiert werden kann. Der in Gl. 7.1 getroffene Ansatz $\frac{\varrho}{2} \cdot w^2$ ist eine idealisierte Annahme. In der Realität tritt keine reibungsfreie Strömung auf, wodurch der Druckverlust mittels Gl. 7.3 zu bestimmen ist.

$$\Delta p_R = \lambda \cdot \frac{l}{d} \cdot \frac{\varrho}{2} \cdot w^2 \tag{7.3}$$

Der Rohrreibungskoeffizient λ ist stark von der Strömungsform im Rohr abhängig (vgl. Abb. 7.3). Man unterscheidet prinzipiell in

- laminare Strömung,
- turbulente Strömung sowie
- Strömung im Übergangsbereich.

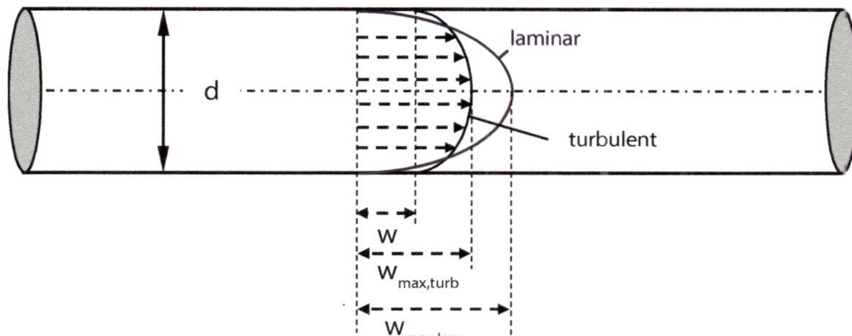

Abb. 7.3: Prinzipielle Geschwindigkeitsverteilung in einem Rohr bei laminarer und turbulenter Strömung

Zur Bestimmung der Strömungsform wird die *Re*-Zahl[45] verwendet, die eine dimensionslose Kennzahl darstellt. Sie ist entsprechend der Gl. 7.4 definiert.

$$Re = \frac{w \cdot d}{v} \tag{7.4}$$

mit

w	– Strömungsgeschwindigkeit in m/s
d	– Rohrinnendurchmesser in m
v	– kinematische Viskosität in m²/s

Für $Re < 2320$ liegt laminare Strömung vor. Der Übergangsbereich zwischen laminarer und turbulenter Strömung liegt in einem Bereich von $2320 \leq Re \leq 3000$. Bei Werten von $Re > 3000$ kann von turbulenter Strömung ausgegangen werden.

[45] Osborne Reynolds, britischer Physiker (1842 – 1912)

Aus den vorliegenden Zusammenhängen können unterschiedliche Rohrströmungen abgeleitet werden. Es handelt sich um die laminare und turbulente Strömung im hydraulisch rauen und hydraulisch glatten Rohr sowie um die Rohrströmung, die in ihrer Wirkung zwischen den beiden genannten Rohreigenschaften liegt. Bei laminarer Strömung ist λ unabhängig von der Rauigkeit der Rohrwandung und lediglich eine Funktion der Reynoldszahl (vgl. [149]). Es gilt der Zusammenhang

$$\lambda = \frac{64}{Re} \tag{7.5}$$

Bei turbulenter Strömung muss unterschieden werden in hydraulisch glatte Rohre, hydraulisch raue Rohre sowie Rohre mit Strömungsverhältnissen im Übergangsbereich. Sind die Rauigkeiten so gering, dass sie die laminare Unterschicht nicht überschreiten, so spricht man vom hydraulisch glatten Rohr. In diesem Falle ist der Rohrreibungskoeffizient λ nur von der *Re*-Zahl abhängig. Gl. 7.6 und Gl. 7.7 liefern entsprechende Berechnungsansätze, wobei der Gültigkeitsbereich von Gl. 7.6 von $2320 \leq Re \leq 10^5$ und Gl. 7.7 von $Re > 10^6$ besteht.

$$\lambda = 0{,}3164 \cdot Re^{-0{,}25} \tag{7.6}$$

$$\frac{1}{\sqrt{\lambda}} = 2 \cdot lg\left(\sqrt{\lambda} \cdot Re\right) - 0{,}8 \tag{7.7}$$

In dem Falle, dass die Rauigkeiten der Rohrwand die laminare Unterschicht überragen, liegt eine ausgebildete raue Rohrströmung vor. Hier kann mit Gl. 7.8 bzw. Gl. 7.9 der Rohrreibungskoeffizient bestimmt werden.

$$\frac{1}{\sqrt{\lambda}} = 1{,}14 - 2 \cdot lg\left(\frac{k}{d}\right) \qquad Re > 200 \cdot d/\left(\sqrt{\lambda} \cdot k\right) \tag{7.8}$$

$$\lambda = \left[-2 \cdot log\left(2{,}7 \cdot \frac{\left(log\left(Re\right)\right)^{1{,}2}}{Re}\right) + \frac{k}{3{,}71 \cdot d}\right]^{-2} \qquad Re > 2320 \tag{7.9}$$

Für den Übergangsbereich zwischen hydraulisch glatt und hydraulisch rau kann mit Gl. 7.10 gerechnet werden. Das Gültigkeitskriterium lautet $Re < 200 \cdot d/\left(\sqrt{\lambda} \cdot k\right)$[46].

$$\frac{1}{\sqrt{\lambda}} = -2 \cdot log\left(\frac{2{,}51}{Re \cdot \sqrt{\lambda}} + \frac{k}{d} \cdot 0{,}269\right) \tag{7.10}$$

In den Gl. 7.8, 7.9 sowie Gl. 7.10 wird als Eingangsparameter die Oberflächenrauigkeit des verwendeten Rohres benötigt. Die entsprechenden Angaben hierzu sind Tab. 7.2 zu entnehmen. In der Praxis werden oftmals nicht die vorstehend beschriebenen Gleichungen direkt verwendet, sondern die Rohrreibungszahl mittels eines Diagramms bestimmt. Eine mögliche Form ist Abb. 7.4 zu entnehmen.

[46] Gl. 7.10, die auch als Prandtl-Colebrooksche Gleichung bezeichnet wird, ist für die Berechnung des Übergangsbereiches zwischen hydraulisch glatten und hydraulisch rauen Rohren bekannt. Sie kann jedoch nicht nur für diesen Übergangsbereich angewendet werden, sondern gilt für den gesamten Bereich glatter und rauer Rohre, bei dem eine turbulente Strömung auftritt.

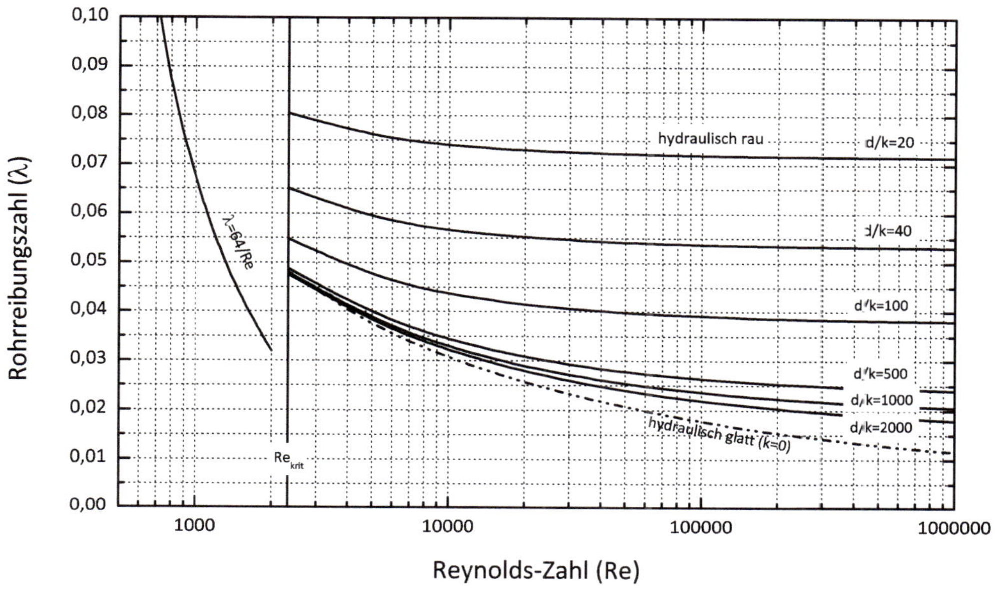

Abb. 7.4: Rohrreibungszahl in Abhängigkeit der Reynolds-Zahl

Tab. 7.2: Rauigkeitskennwerte für unterschiedliche Rohre / Schläuche

Rohrart	*k* in mm
Stahlrohr (wenn keine anderen Angaben vorhanden)	0,5
Stahlrohr (nahtlos, neu)	0,03…0,06
Stahlrohr, geschweißt, neu	0,04…0,1
Gussrohr, neu	0,1…0,15
Kupferrohr	0,002
Kunststoffrohr	0,007
flexible Schläuche	0,6…2,0

Neben dem Druckverlust in den Rohrleitungen treten bei der Gasfortleitung speziell in den Verbindungsstücken sowie Armaturen zusätzlich zur Wandreibung Druckverluste durch Stromumlenkung, Stromverwirbelung sowie Stromablösung auf. Eine Ermittlung dieser Druckverluste kann nur in Ausnahmefällen analytisch erfolgen. Alternativ hierzu werden messtechnische Analysen vorgenommen. Der Druckverlust von Formstücken ergibt sich zu

$$\Delta p_F = \sum \zeta \cdot \frac{\varrho}{2} \cdot w^2 \tag{7.11}$$

Für typische Verbindungen und Armaturen sind durchschnittliche ζ-Werte der Tab. 7.3 zu entnehmen. Berechnungsgleichungen für Einzelwiderstände für häufig in der Praxis auftretende Form- und Verbindungsstücke können [25] sowie [124] entnommen werden.

Tab. 7.3: Widerstandsbeiwerte für Form- und Verbindungsstücke und Armaturen

	Bezeichnung	ζ
1	Reduzierung	0,5
2	Etagenbogen	0,5
3	Winkel 90°	1,5
4	Winkel 45°	0,7
5	Bogen 90°	0,4
6	Bogen 45°	0,3
7	T-Stück 90° (Stromtrennung / Durchgang)	0,0
8	T-Stück 90° (Stromtrennung / Abzweig)	1,5
9	Reinigungs-T-Stück 90°	1,5
10	T-Stück 90° (Gegenlauf)	3,0
11	Bogen-T (Stromtrennung / Durchgang)	0,0
12	Bogen-T (Stromtrennung / Abzweig)	1,3
13	Reinigungsbogen-T	1,3
14	Bogen-T (Gegenlauf)	1,5
15	Kreuzstück 90° (Stromtrennung / Durchgang)	0,0
16	Kreuzstück 90° (Stromtrennung / Abzweig)	1,5
17	Reinigungskreuzstück 90° (Stromtrennung / Durchgang)	0,0
18	Reinigungskreuzstück 90° (Stromtrennung / Abzweig)	1,5
19	Absperrhahn (Kegel-) Durchgangsform	2,0
20	Absperrhahn (Kegel-) Eckform	5,0
21	Absperrhahn (Kugel)	0,2
22	Absperrschieber	0,5
23	Absperrklappe	0,2
24	Sicherheitsanschlussarmatur	3,0
25	Thermisch auslösende Absperreinrichtung (TAE)	2,0
26	Gasströmungswächter (GS) in Hausanschlussleitungen	5…10

Da der Druckabfall in geraden Rohrleitungen und in Rohrleitungseinbauten jeweils proportional $\varrho/2 \cdot w^2$ ist, kann man den Druckverlust in Form- und Verbindungsstücken sowie Armaturen durch den gleichen Reibungsverlust eines äquivalenten geraden Rohrleitungsstückes ausdrücken. Es gilt:

$$l' = \frac{\zeta}{\lambda} \cdot d \qquad (7.12)$$

Als drittes Glied bei der Druckverlustberechnung ist der in nicht waagerechten Rohrleitungen aufgrund des Dichteunterschiedes zwischen Luft und Erdgas entstehende Auftrieb zu berücksichtigen. Gl. 7.13 liefert die entsprechende mathematische Beziehung.

$$\Delta p_A = (\varrho_L - \varrho_G) \cdot (h_1 - h_2) \cdot g \tag{7.13}$$

Für den Fall $\varrho_G < \varrho_L$ ist in steigenden Leitungen ein Druckgewinn und in fallenden Leitungen ein zusätzlicher Druckverlust zu berücksichtigen. Anders verhält es sich im Fall $\varrho_G > \varrho_L$, hier ist in steigenden Leitungen ein zusätzlicher Druckverlust und in fallenden Leitungen Druckgewinn in der Druckverlustberechnung zu beachten. Um den Berechnungsaufwand in der Praxis zu minimieren, wird vereinfacht davon ausgegangen, dass für den beschriebenen Fall 1 ($\varrho_G < \varrho_L$) der Druckgewinn durch Auftrieb dem Reibungsdruckverlust in dem entsprechenden Teilstück entspricht, d. h., in der Druckverlustberechnung ist $\Delta p = 0$ mbar zu berücksichtigen.

Für den Gesamtdruckverlust ergibt sich folgender Zusammenhang:

$$\Delta p_{ges} = \Delta p_R + \Delta p_F + \Delta p_A = \left(\lambda \cdot \frac{l}{d} + \sum \zeta \right) \cdot \frac{\varrho}{2} \cdot w^2 + (\varrho_L - \varrho_G) \cdot (h_1 - h_2) \cdot g \tag{7.14}$$

Hinsichtlich der Rohrnetzberechnung sollte dabei so vorgegangen werden, dass eine minimale Strömungsgeschwindigkeit im Rohr aufrechterhalten bleibt. Dies ist notwendig, um Partikel mitzubewegen, sodass keine Ablagerungen im Rohr auftreten können. Tab. 7.4 liefert hierzu entsprechende Anhaltswerte.

Tab. 7.4: Anhaltswerte für die Strömungsgeschwindigkeit

	Einheit	Niederdruck		Mitteldruck	Hochdruck	
Überdruck	bar	$p_e \leq 0{,}03$	$p_e > 0{,}03\ldots0{,}1$	$p_e > 0{,}1\ldots1$	$p_e > 1\ldots16$	$40 \leq p_e \leq 70$
Strömungsgeschwindigkeit	m/s	$w = 0{,}5\ldots3{,}5$	$w = 1\ldots10$	$w = 7\ldots18$	$w \leq 20$	$w \leq 20$

Die dokumentierte Druckverlustberechnung kann zur Anwendung kommen, wenn der Druckverlust klein ist und einen Fehlerwert von $f = 5\ \%$ nicht überschreitet. Es gilt:

$$f = 50\% \cdot \frac{p_1 - p_2}{p_1} \tag{7.15}$$

7.2.2 Raumveränderliche Gasfortleitung

Die Annahme, dass die Dichte des Gases konstant ist, ist nur annäherungsweise richtig. Je weiter man vom Ausgangspunkt entfernt ist, desto geringer wird der Druck (Druckverlust) und somit wird die Dichte geringer. Die Folge ist, dass sich bei gleichem Rohrquerschnitt Volumenstrom und Geschwindigkeit erhöhen. Weiterhin zu berücksichtigen ist, dass die eingesetzten Gase sich bei höheren Drücken nicht wie ideale Gase verhalten. Ist der Fehler nach Gl. 7.15 größer als $f > 5\ \%$, so können die Änderungen von Dichte und Druck nicht mehr unberücksichtigt bleiben. Eine raumveränderliche Berechnung der Gasfortleitung ist anzuwenden (Berücksichtigung der Kompressibilität). Ausgangspunkt einer raumveränderlichen Gasfortleitung bildet die mathematische Beziehung entsprechend Gl. 7.16.

$$dp = -\lambda \cdot \frac{1}{d} \cdot \frac{\varrho}{2} \cdot w^2 dl \tag{7.16}$$

Das negative Vorzeichen berücksichtigt, dass der Druck mit zunehmender Länge abfällt. Bei höheren Drücken verhält sich Erdgas nicht mehr wie ein ideales Gas. Die Gasdichte kann daher nicht mehr mit der Idealgasgleichung berechnet werden[47].

Bei Drücken von bis zu $p = 80$ bar und Gastemperaturen von ca. $\vartheta = 10\ °C$ kann die Kompressibilitätszahl von Erdgas mit ausreichender Genauigkeit wie folgt berechnet werden (vgl. Arbeitsblatt GW 303-1 [42]):

$$K \approx 1 - \frac{p}{450\ \text{bar}} \tag{7.17}$$

Berücksichtigt man zusätzlich die Kompressibilität (vgl. Gl. 7.17), so ergibt sich der Zusammenhang nach Gl. 7.19, wobei der Index *r* für reales Gas und *i* für ideales Gas steht.

$$\varrho_r = \frac{\varrho_i}{K}, \quad w_r = w_i \cdot K; \quad K = \frac{Z}{Z_0} \tag{7.18}$$

$$dp = -\lambda \cdot \frac{1}{d} \cdot \frac{\varrho_r}{2} \cdot w_r^2 dl = -\lambda \cdot \frac{1}{d} \cdot \frac{\varrho_i}{2} \cdot w_i^2 \cdot K\, dl \tag{7.19}$$

Verwendet man die Kontinuitätsgleichung in der nachfolgenden Form

$$w_1 \cdot \varrho_1 = w_2 \cdot \varrho_2 = w \cdot \varrho = konst. \tag{7.20}$$

und setzt eine isotherme Zustandsänderung bei der Entspannung (Gesetz von Boyle-Mariotte) voraus,

$$\frac{p_1}{\varrho_1} = \frac{p_2}{\varrho_2} = \frac{p}{\varrho} = konst. \tag{7.21}$$

$$w_1 \cdot p_1 = w_2 \cdot p_2 = w \cdot p = konst. \tag{7.22}$$

so erhält man den mathematischen Ausdruck nach Gl. 7.23.

$$w = \frac{w_1 \cdot p_1}{p} = \frac{w_2 \cdot p_2}{p} \quad \text{bzw.} \quad \varrho = \frac{\varrho_1 \cdot p}{p_1} = \frac{\varrho_2 \cdot p}{p_2} \tag{7.23}$$

Unter Verwendung eines Anfangszustandes (1) oder eines Endzustandes (2) ergeben sich die nachfolgenden Gleichungen:

$$\Delta p = -\lambda \cdot \frac{1}{d} \cdot \frac{\varrho_{1,i} \cdot p}{2 \cdot p_1} \cdot w_{1,i}^2 \cdot \frac{p_1^2}{p^2} \cdot K\, dl \tag{7.24}$$

[47] Dies gilt sowohl für die kompressible als auch für die inkompressible Fortleitung. Entscheidend ist allein der absolute Gasdruck!

$$\frac{1}{p_1}\int_{p_1}^{p_2} p\,dp = -\lambda \cdot \frac{1}{d} \cdot \frac{\varrho_{1,i}}{2} \cdot w_{1,i}^2 \int_0^l K\,dl \tag{7.25}$$

oder bei bekanntem Endzustand:

$$\frac{1}{p_2}\int_{p_1}^{p_2} p\,dp = -\lambda \cdot \frac{1}{d} \cdot \frac{\varrho_{2,i}}{2} \cdot w_{2,i}^2 \int_0^l K\,dl \tag{7.26}$$

Da K auch druckabhängig ist, wird oftmals ein mittlerer Wert K_m verwendet. Eine Integration ergibt:

$$\frac{1}{2 \cdot p_1} \cdot \left(p_1^2 - p_2^2\right) = \lambda \cdot \frac{l}{d} \cdot \frac{\varrho_{1,i}}{2} \cdot w_{1,i}^2 \cdot K_m \tag{7.27}$$

bzw.

$$\frac{1}{2 \cdot p_2} \cdot \left(p_1^2 - p_2^2\right) = \lambda \cdot \frac{l}{d} \cdot \frac{\varrho_{2,i}}{2} \cdot w_{2,i}^2 \cdot K_m \tag{7.28}$$

Umstellen mit Bezug auf den Anfangszustand (1) ergibt:

$$p_1^2 - p_2^2 = \lambda \cdot \frac{l}{d} \cdot \varrho_{1,i} \cdot w_{1,i}^2 \cdot K_m \cdot p_1 \tag{7.29}$$

bzw. mit Bezug auf den Endzustand

$$p_1^2 - p_2^2 = \lambda \cdot \frac{l}{d} \cdot \varrho_{2,i} \cdot w_{2,i}^2 \cdot K_m \cdot p_2 \tag{7.30}$$

Oftmals erfolgt eine andere Schreibweise von Gl. 7.29 bzw. 7.30, wobei die Druckdifferenz mit Gl. 7.31/7.32 ausgedrückt wird.

$$p_1^2 - p_2^2 = \left(p_1 - p_2\right)\left(p_1 + p_2\right) = \Delta p \cdot \left(p_1 + p_2\right) \tag{7.31}$$

$$\frac{p_1 + p_2}{2} = p_{m,arit} \tag{7.32}$$

$$p_1^2 - p_2^2 = \Delta p \cdot \left(p_1 + p_2\right) = \lambda \cdot \frac{l}{d} \cdot \varrho_{1,i} \cdot w_{1,i}^2 \cdot K_m \cdot p_1 \tag{7.33}$$

Einsetzen von $p_1 + p_2 = 2 \cdot p_{m,arit}$ in Gl. 7.33 liefert:

$$\Delta p = \lambda \cdot \frac{l}{d} \cdot \frac{\varrho_{1,i}}{2} \cdot w_{1,i}^2 \cdot K_m \cdot \frac{p_1}{p_{m,arit}} \tag{7.34}$$

Weitere Zusammenhänge bezogen auf die Grundgleichungen 7.29 bzw. 7.30 sind:

$$p_2 = p_1 \cdot \sqrt{1 - \lambda \cdot \frac{l}{d} \cdot \frac{\varrho_{1,i}}{p_1} \cdot w_{1,i}^2 \cdot K_m} \quad (7.35)$$

und

$$\Delta p = p_1 \left(1 - \sqrt{1 - \lambda \cdot \frac{l}{d} \cdot \frac{\varrho_{1,i}}{p_1} \cdot w_{1,i}^2 \cdot K_m} \right) \quad (7.36)$$

Der Kennwert K_m kann mittels Gl. 7.37 bestimmt werden[48].

$$K_m = 1 - \frac{2}{3} \cdot \frac{p_1^3 - p_2^3}{p_1^2 - p_2^2} \cdot \frac{1}{450\ \text{bar}} \quad (7.37)$$

Die vorstehend aufgeführten Gl. 7.29/7.30 bzw. Gl. 7.35 können nicht geschlossen gelöst werden, sondern setzen eine Iteration voraus. Zweckmäßig ist es, bei der Lösung der genannten Gleichungen zunächst von einem Schätzwert für λ auszugehen und diesen am Ende der Berechnung zu überprüfen.

[48] Bei Gasen der 2. Gasfamilie kann die Kompressibilität im Niederdruckbereich vernachlässigt werden. → $K_m = 1$

8 Gebäude / Quartiere

In Hinblick auf die Definition des zellularen Energiesystems gibt es, wie schon ausgeführt, unterschiedliche räumliche Bezugsgrößen. Die relevanteste kleinste Bezugsgröße im Sinne des Energiesystems stellt das Gebäude dar. Im nachfolgenden Kapitel sollen spezifische Aspekte der Integration in ein zellulares Energiesystem diskutiert werden.

8.1 Vernetzungsmöglichkeiten

Die Gebäudeenergietechnik ist einem starken Wandel unterlegen. Grundlegend ist die Tendenz zur Elektrifizierung der Gebäudeenergietechnik zu erkennen, welche sich in der Integration von Wärmepumpen, elektrischen Direktheizungen und stärkerer Integration von PV-Anlagen ausdrückt (vgl. Abb. 8.1).

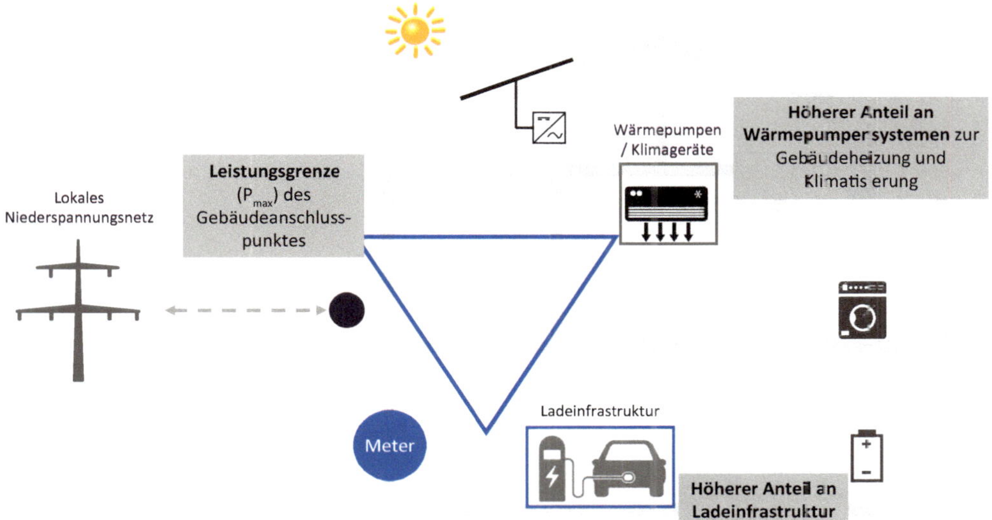

Abb. 8.1: Herausforderungen für die Gebäudeenergietechnik

Zusätzlich ist zu erkennen, dass der Anteil an Ladeinfrastruktur durch die verstärkte Nutzung von E-Fahrzeugen deutlich ansteigen wird. Vor diesem Hintergrund kommt der Interaktion zum Niederspannungsnetz für die Gebäudeenergietechnik eine verstärkte Bedeutung zu. Aus regelungstechnischer Sicht müssen die lokalen *Energy Management Systems (EMS)* in Interaktion mit dem elektrischen Netz treten. Dies kann über ein separates Gateway erfolgen. Das Gateway stellt hierbei ein zentrales Steuerelement dar, welches das gesamte Gebäude gegenüber dem Niederspannungsnetz repräsentiert. Innerhalb des Gebäudes sind alle relevanten Geräte (Verbraucher/ Erzeuger) an das EMS angebunden. Besonders kritisch wird in Zukunft hierbei die Klasse der Mehrfamilienhäuser sein, da durch eine verstärkte Nutzung von E-Fahrzeugen bei gleichzeitiger Ladung die Leistungsgrenzen des Netzanschlusspunktes überschritten werden können. Das EMS muss hierbei über das Gateway regelnd eingreifen und im Gebäude die Last reduzieren. Abb. 8.2 zeigt eine entsprechend schematische Grafik.

Vorstellbar ist auch, dass der Verteilnetzbetreiber variabel einen maximalen Leistungsbezug für Gebäude in Abhängigkeit der Leistungsfähigkeit des elektrischen Verteilnetzes vorgibt. Die Energy Management Systeme müssen wiederum hierauf reagieren können.

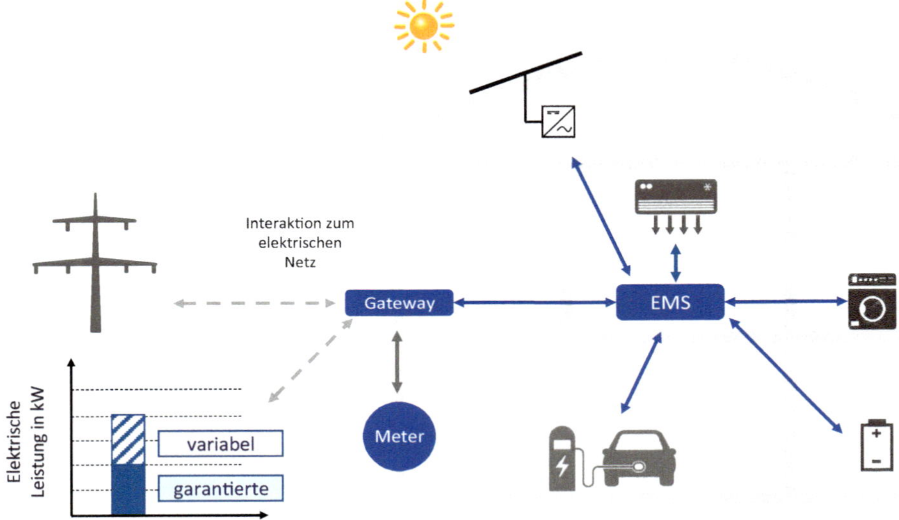

Abb. 8.2: Komponenten der Gebäudeenergietechnik

Hinsichtlich des Funktionsumfanges des Gateway-Systems können unterschiedliche technische Leistungsstufen vorliegen. Traditionell kann auf dem Gateway ein lokaler Service laufen, der eine Optimierung der Energieflüsse im Gebäude vornimmt (vgl. Abs. 11.1). Eine Alternative stellt eine Anbindung an ein Cloud-System dar (vgl. Kap. 3), welches Servicedienstleistungen erbringt. Kritisch ist zum heutigen Zeitpunkt die IT-Anbindung zu sehen, da es im Gebäudebereich viele proprietäre Feldbussysteme, wie z.B. KNX-Bus, BACnet, EIB und LON-Bus, gibt. Diese Systeme müssen mit der IT-Infrastruktur der elektrischen Verteilnetzbetreiber sowie der IT-Infrastruktur der Ladesystembetreiber kompatibel sein (vgl. Kap. 3 / Abb. 8.3).

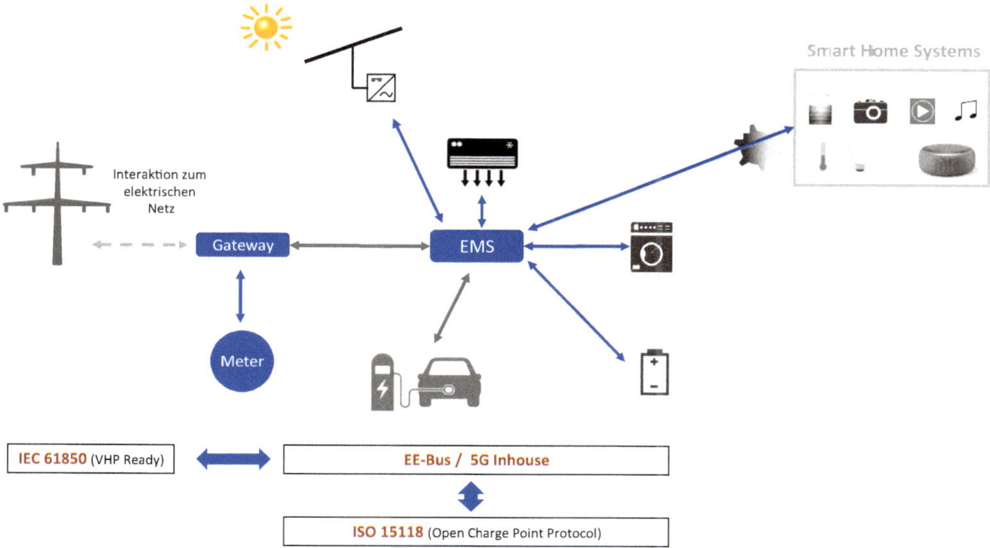

Abb. 8.3: Kombination von EMS und Smart Home Systemen

Zusätzlich muss innerhalb des Gebäudes eine IT-Schnittstelle zur Ladeinfrastruktur vorhanden sein. Moderne Energiemanagementsysteme bieten diese Schnittstellen und ermöglichen über die ISO 15118 [32, 33] eine integrale Verknüpfung der Komponenten.

Die vielfältigen proprietären Feldbussysteme stellen ein Hindernis bei der Vernetzung von Komponenten im Gebäudebereich dar. Auf Initiative der führenden Heizgerätehersteller wurde daher ein EEBUS-System entwickelt, welches den in Abb. 8.4 beschriebenen Aufbau besitzt.

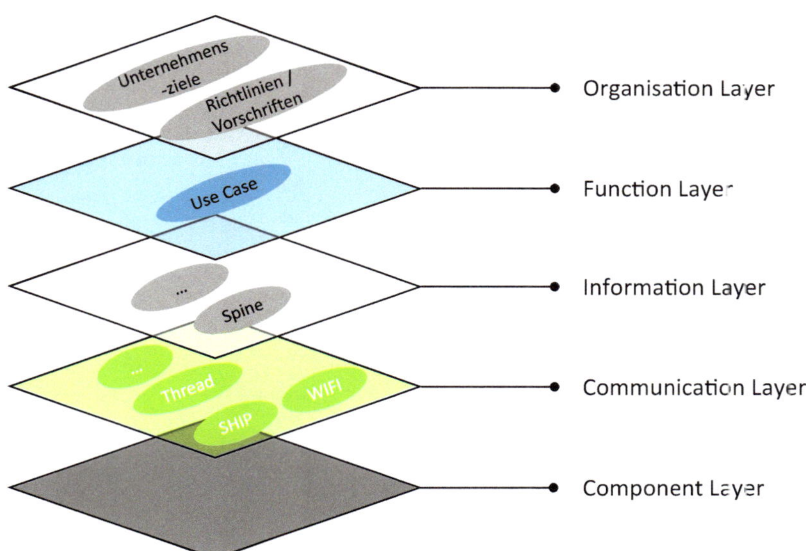

Abb. 8.4: EEBUS-System in der Gebäudeenergietechnik

Der EEBUS ist eine Kommunikationsschnittstelle [48], die basierend auf Standards und Normen jedes Gerät und jede technische Plattform frei verwenden kann. Ziel ist es, einen Datenaustausch zwischen den Anwendungen im Gebäudebereich und den Anwendungen von Energieversorgungsunternehmen zu ermöglichen und somit Flexibilität in der Fahrweise der Systeme und eine Erhöhung der Energieeffizienz insgesamt zu erreichen. Den Kernbestandteil des EEBUSes (vgl. Abb. 8.4) bildet die technische Spezifikation *SPINE (Smart Premises Interoperable Neutral-Message Exchange)*. SPINE beschreibt definierte Anwendungsszenarien in Form von Datensätzen, die mit unterschiedlichen Protokollen und Übertragungsmechanismen (WLAN, Thread, KNX-Bus ...) kompatibel sind. Somit wird eine Interoperabilität mit Smart-Home- und Smart-Grid-Technologien ermöglicht. Kennzeichnend für das System ist, dass ein bidirektionaler Datenaustausch realisierbar ist. Die direkte Verwendung ist mit TCP/IP-Protokoll SHIP (Smart Home IP) oder mit anderen IP-basierten Transportprotokollen (z.B. Thread) möglich. Für weitere Übertragungsstandards ist ein Datenmapping notwendig (z.B. KNX, Modbus, ZigBee). Der EEBUS wird durch die EEBUS Initiative e.V. ständig weiterentwickelt.

8.2 Energiemanagement – Gebäude

Energiemanagement, *Smart Home-Lösungen* und *Gebäudeautomation* sind Begriffe, die technische Verfahren beschreiben, welche der Erhöhung der Wohn- und Lebensqualität, der effizienten Nutzung eingesetzter Energien sowie der Erhöhung des Schutzes von Eigentum Rechnung tragen. Im Rahmen des vorliegenden Buches sollen nur energetische Fragestellungen betrachtet werden. Für den Gebäudeenergiebereich sind Verfahren

- zur individuellen Raumtemperaturregelung,
- zum optimierten Anheizen,
- zur tagesabhängigen Steuerung von Verschattungseinrichtungen,
- zum vernetzten Betrieb von Systemkomponenten

von besonderer Bedeutung. Erste umfassende Analysen können hierzu den Arbeiten in [80, 121] sowie zur Systemintegration [126] entnommen werden.

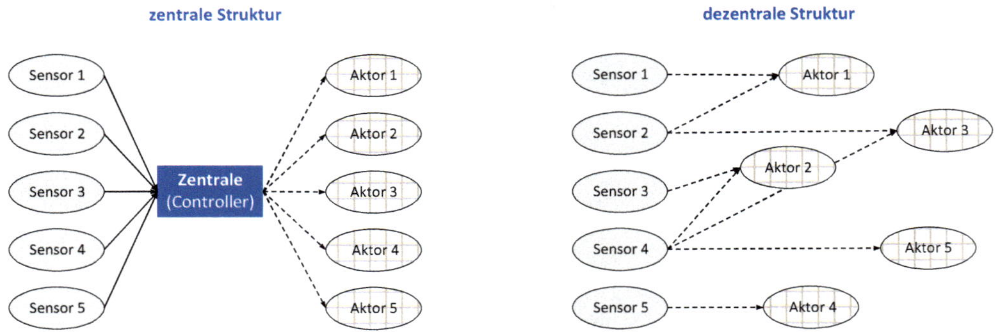

Abb. 8.5: Zentrale und dezentrale Struktur von Sensor- und Aktortechnik

Für das Energiemanagement im Gebäude und im Quartier ist die Verknüpfung der Sensor- und Aktortechnik von besonderer Bedeutung. Abb. 8.5 zeigt zwei grundsätzliche Möglichkeiten hierzu. Bei der *zentralen Struktur* besteht keine direkte Kommunikation der Systeme untereinander. In der Zentrale werden die Daten ausgewertet und Befehle ausgesendet. Vorteil dieser Variante ist, dass die Zentrale logische Funktionen verarbeiten kann (z.B. Zeitpläne). Nachteilig ist, dass bei einem Ausfall der Zentrale eine Kommunikation nicht mehr möglich ist (Totalausfall). Das *dezentrale* System ist durch eine gewisse Intelligenz in jeder Komponente geprägt. Die Aktoren empfangen Signale der Sensoren über Bussysteme (KNX-Bus, EEBUS…). Großer Vorteil des Systems ist die hohe Redundanz – ein Totalausfall ist nicht möglich. Nachteilig gestalten sich die höheren Kosten im Vergleich zum zentralen System und ein höherer Entwicklungsaufwand (Programmierung).

8.2.1 Verfahren mit Zeitsteuerung

Für das lokale Energiemanagement stellt eine wichtige Funktionalität die bedarfsgerechte Regelung der Raumtemperatur dar. Grundsätzlich muss bei der Raumtemperatur hierbei die Kombination aus Lufttemperatur ϑ_L und Strahlungstemperatur ϑ_U betrachtet werden. Sie wird als operative Raumtemperatur ϑ_{op} bezeichnet und bildet eine Indikationsgröße für die thermische Behaglichkeit im Raum (vgl. [36, 57, 59] sowie [125]). Gl. 8.1 liefert einen vereinfachten Berechnungsansatz, der für praktische Gegebenheiten hinreichend genau ist.

$$\vartheta_{op} = a \cdot \vartheta_L + (1-a) \cdot \vartheta_U \tag{8.1}$$

Der Parameter *a*, in Gl. 8.1, beschreibt die Wichtung zwischen konvektiven und strahlungstechnischen Einflüssen. Für vereinfachte Betrachtungen kann mit $a = 0{,}5$ die operative Raumtemperatur bestimmt werden. Die energetischen Versorgungssysteme im Gebäudebereich (Heiz-Kühlzwecke) müssen die Einhaltung der gewählten operativen Raumtemperaturen während der Nutzungszeit gewährleisten.

8.2.2 Verfahren mit Temperatursteuerung

Gängige Verfahren zum Energiemanagement sind Systeme, bei denen zeitvariabel die operative Raumtemperatur gewählt werden kann. Hintergrund zu diesen Systemen ist, dass durch eine Absenkung der operativen Raumtemperatur in der Nichtnutzungszeit signifikant Energie eingespart werden kann. [80] und [121] zeigen, in Hinblick auf eine intermittierende Betriebsweise, die energetischen Einsparpotentiale auf.

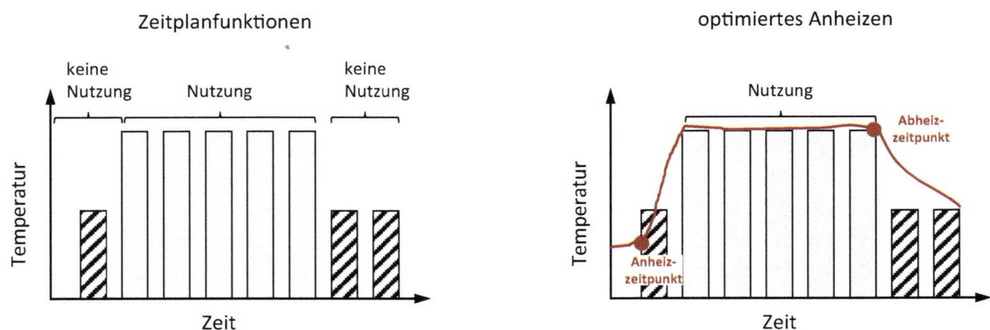

Abb. 8.6: Nutzungs- und Nichtnutzungsphase – Raumtemperaturregelung

Ein typischer Tagesrhythmus für einen Raum ist der Abb. 8.6 zu entnehmen und ist durch eine Nichtnutzungsphase in der Nacht mit abgesenkten Raumtemperaturen und eine Nutzungsphase am Tag mit operativen Raumtemperaturen auf Basis der ISO 7730 [36] und DIN EN 16798-1 [38] geprägt. Oftmals erfolgt die Anheizphase in der Praxis mit Nutzungsbeginn, wodurch unbehagliche Zustände entstehen. In [80] sowie in [89] ist ein Gradientenverfahren hinterlegt, welches einen optimierten Anheizvorgang beschreibt. Ausgangspunkt bildet ein sich an der Außentemperatur orientierendes Gradientenfeld für den Wiederaufheizvorgang (vgl. Abb. 8.7).

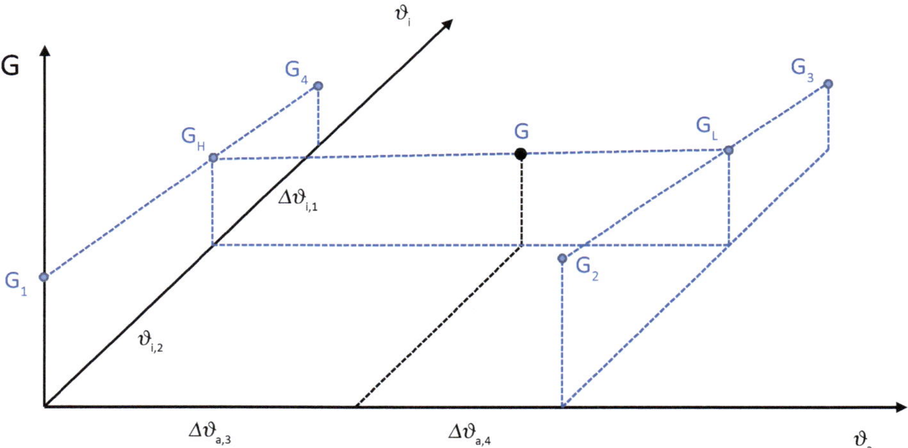

Abb. 8.7: Gradientenfeld zum Anheizvorgang

Der Gradient zum Anheizvorgang G bestimmt sich wie folgt:

$$G = G_H + \frac{G_L - G_H}{\Delta\vartheta_{a,3} + \Delta\vartheta_{a,4}} \cdot \Delta\vartheta_{a,3} \quad (8.2)$$

Mit Bezug auf Gl. 8.2 können die Gradienten G_H und G_L wie folgt bestimmt werden:

$$G_H = G_4 + \frac{G_1 - G_4}{\Delta\vartheta_{i,1} + \Delta\vartheta_{i,2}} \cdot \Delta\vartheta_{i,1} \tag{8.3}$$

$$G_L = G_3 + \frac{G_2 - G_3}{\Delta\vartheta_{i,1} + \Delta\vartheta_{i,2}} \cdot \Delta\vartheta_{i,1} \tag{8.4}$$

Mit dem Gradienten G und dem tatsächlichen Innentemperaturabfall in der Nichtnutzungszeit ($\Delta\vartheta_i = \vartheta_{op,soll} - \Delta\vartheta_{op,0}$) kann die Aufheizzeit $\Delta\tau_{WA}$ bestimmt werden. Es gilt:

$$\Delta\tau_{WA} = \tau_1 - \tau_0 = \frac{\Delta\vartheta_i}{G} \tag{8.5}$$

Vereinfacht dargestellt ist der Zusammenhang auch in Abb. 8.8.

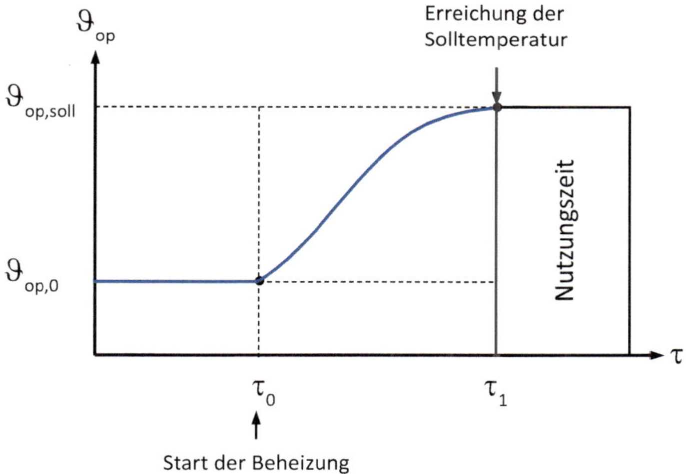

Abb. 8.8: Gradientenfeld zum Anheizvorgang

Der tatsächliche kann vom berechneten Anheizvorgang abweichen. Um dies im Verfahren fortlaufend zu berücksichtigen, ist es notwendig Korrekturen einzuführen, die bei der Bestimmung der Stützstellen Berücksichtigung finden. Der im Anheizvorgang realisierte Gradient ergibt sich wie folgt:

$$G_r = \frac{\Delta\tau_{WA,r}}{\Delta\vartheta_i} \tag{8.6}$$

Der Fehlerfaktor lässt sich bestimmen zu:

$$F = \frac{G_r - G}{G_r} \tag{8.7}$$

Für die Stützstellen ergeben sich die Korrekturfaktoren K_i und neuen Gradienten entsprechend der Gl. 8.8 und 8.9.

$$K_1 = \frac{\Delta\vartheta_{i,1}}{\Delta\vartheta_{i,1} + \Delta\vartheta_{i,2}} \cdot \frac{\Delta\vartheta_{a,4}}{\Delta\vartheta_{a,3} + \Delta\vartheta_{a,4}} \quad K_2, K_3, K_4 \text{ analog} \tag{8.8}$$

$$G_i = F \cdot K_i \cdot G_i + G_i \tag{8.9}$$

In [80] ist zusätzlich zum beschriebenen Verfahren eine Modifizierung des Gradientenverfahrens dokumentiert mit dem Ziel, die Adaptionsgeschwindigkeit zu erhöhen. Dieses soll hier jedoch nicht nochmals dokumentiert werden.

8.2.3 Verfahren mit adaptiver Systemtemperatur

Die zeitliche Optimierung der Raumtemperaturen und die Gestaltung der Anheizphase sind einfache Maßnahmen zum Energiemanagement im Gebäudebereich. Technisch aufwendiger sind Verfahren zur Vorlauftemperaturadaption, wie sie in [6, 7, 121] beschrieben sind. Grundsätzlich unterscheiden kann man die Verfahren zur Vorlauftemperaturadaption in Verfahren, die jeden Raum im Gebäude berücksichtigen und eine Art *Schlechtpunktregelung* umsetzen, und solche Verfahren, die mittlere, thermische Verhältnisse des gesamten Gebäudes (*Gebäudeversorgungszustand*) als Grundlage zur Adaption verwenden[49]. Verfahren eins ist hierbei typischer für kleine Liegenschaften und Verfahren zwei für große Wohnliegenschaften, mit stark unterschiedlichem Nutzerverhalten.

Das Verfahren eins wird auch als *Hub-Verfahren* bezeichnet, da es die örtliche Regeleinrichtung und hier speziell den Hub der Ventile auswertet. Ziel des Verfahrens ist, durch Absenkung der Vorlauftemperatur den Hub des ungünstigsten Raumes (Verbrauchers) bei 70 bis 90 % des maximalen Hubbereiches zu realisieren. Algorithmisch werden die nachfolgenden Gleichungen verwendet:

$$H_{\text{max,i}} = \max\left(H_{\text{V},1}, H_{\text{V},2}, H_{\text{V},3} \ldots\right) \tag{8.10}$$

$$0{,}7 \leq H_{\text{max,i}} \leq 0{,}9 \rightarrow \vartheta_{\text{V}} = f\left(H_{\text{max,i}}\right) \tag{8.11}$$

Vorteilhaft kann es sein, nicht den größten Ventilhub zu verwenden, sondern einen mittleren Ventilhub ($H_{\text{max,i}} \rightarrow \overline{H}_{\text{max}}$), da hierdurch die Stabilität der Vorlauftemperaturadaption erhöht wird. Der durchschnittliche Ventilhub lässt sich bestimmen zu:

$$\overline{H}_{\text{max}} = \frac{\sum_{i=1}^{n} H_{\text{max,i}}}{n} \tag{8.12}$$

Abb. 8.9 zeigt das Ergebnis des Adaptionsverfahrens exemplarisch.

49 keine Schlechtpunktregelung

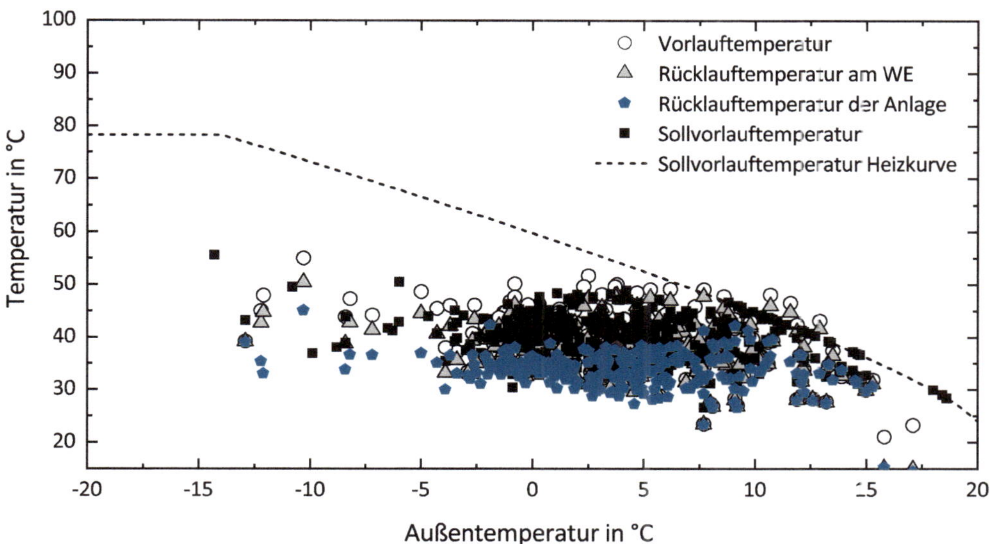

Abb. 8.9: Adaption der Vorlauftemperatur – Hubverfahren

Beim Verfahren der indirekten Leistungsregelung (Oberflächentemperaturverfahren) werden die Oberflächentemperaturen sowie die raumseitigen Temperaturen messtechnisch erfasst und mit deren Hilfe die aktuelle Wärmeabgabe des Heizkörpers bestimmt. Diese aktuelle Leistung des Heizkörpers kann wiederum mit der sich nach der Heizkurve ergebenden aktuellen theoretischen Leistung in Beziehung gesetzt werden, wobei der ermittelte Quotient als Istwert für einen nachgeschalteten Regelkreis fungiert. Mathematisch beschrieben werden kann dieses Verfahren mit den nachfolgenden Formeln:

$$\dot{Q}_{\mathrm{HK,akt,th}} = \left[\frac{\Delta\vartheta_{\mathrm{m,akt}}}{\Delta\vartheta_{\mathrm{m,N}}}\right]^{1+m} \cdot \dot{Q}_{\mathrm{HK,N}} \tag{8.13}$$

$$BLV = \frac{\dot{Q}_{\mathrm{HK,akt}}}{\dot{Q}_{\mathrm{HK,akt,th}}} \tag{8.14}$$

Mit dem so ermittelten Betriebsleistungsverhältnis jedes Heizkörpers wird ein Versorgungszustand [142] der Heizfläche gebildet. Abb. 8.10 zeigt exemplarisch einige Funktionen zur Bewertung des Heizkörperversorgungszustands. Ausführlich beschrieben wurde das Verfahren in [76], sodass an dieser Stelle nicht alle Einzelheiten dokumentiert werden sollen. Eingesetzt wird dieses Oberflächentemperaturverfahren in Kombination mit einer *Fuzzy-Logik* (vgl. Abb. 8.11).

Ohne detailliert auf den konkreten Algorithmus einzugehen, werden dabei die einzelnen Heizkörperversorgungszustände zu einem Versorgungszustand für das Gebäude zusammengefasst, wobei die Bewertung unter Zuhilfenahme linguistischer Funktionen erfolgt.

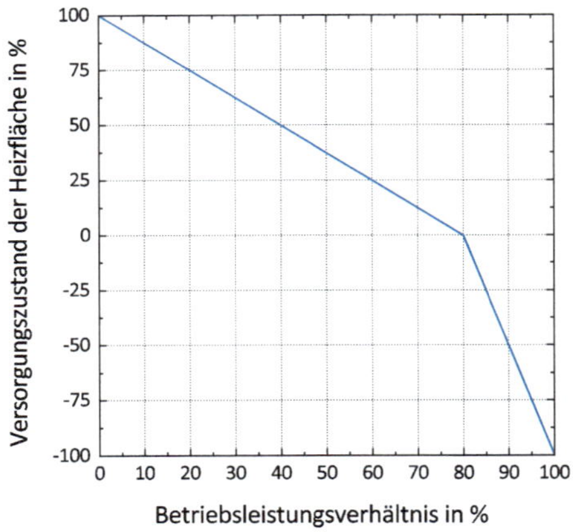

Abb. 8.10: Betriebsleistungsverhältnis/ Heizflächenversorgungszustand nach [76]

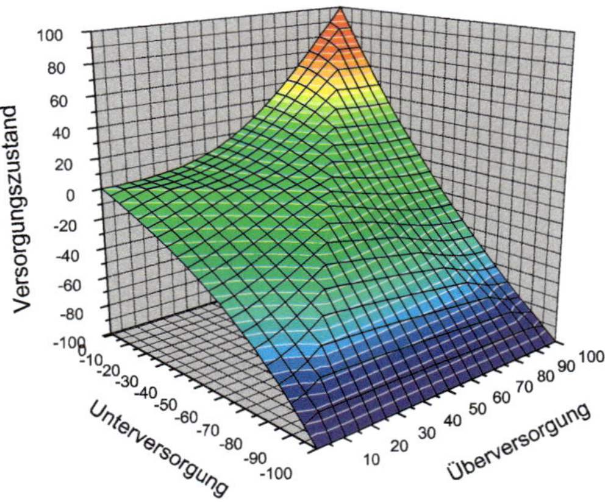

Abb. 8.11: Mittels Fuzzy-Logik bewerteter Versorgungszustand der Anlage nach [76]

In Abb. 8.11 ist das resultierende Reglersignal, welches in Kombination mit einer internen Umrechnung eine Adaption in einem Bereich von $\Delta\vartheta_V = 8$ K ermöglicht, prinzipiell dargestellt. Ziel des im System implementierten Regelalgorithmus ist es, ein aktuelles Betriebsleistungsverhältnis von 80 % zu erreichen, wodurch eine ausreichende Leistungsreserve realisiert werden kann. Im Algorithmus kommt dieser Zielgröße die Bedeutung eines Sollwerts zu.

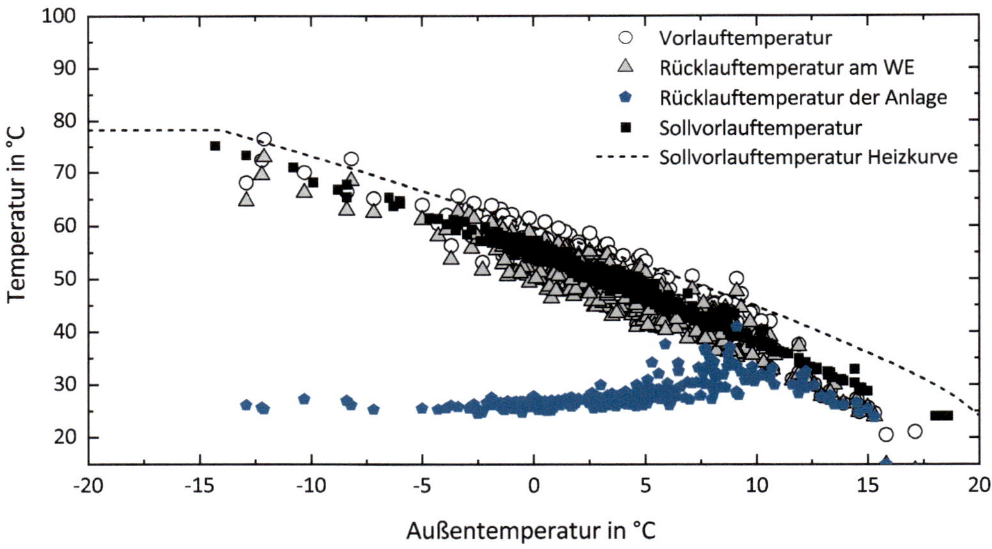

Abb. 8.12: Adaption der Vorlauftemperatur – Oberflächentemperaturverfahren

Abb. 8.12 zeigt das Adaptionsergebnis für das Oberflächentemperaturverfahren. Die resultierenden Vorlauftemperaturen liegen deutlich näher an der originalen Heizkurve – das Adaptionspotential ist gering. Durch die Berücksichtigung durchschnittlicher Verhältnisse mittels des Gebäudeversorgungszustandes wird bei höheren Außentemperaturen die Heizkurve unterschritten, was zu einem thermischen Komfortverlust führen kann.

8.2.4 Lichtsteuerung

Im Sinne von Smart Home-Konzepten spielt zunehmend die Lichtsteuerung eine wesentliche Rolle. Neben den Aufwendungen für Heizung und Klimatisierung sind die energetischen Aufwendungen für die Beleuchtung wesentlich. Die Beleuchtungssteuerung sollte hierbei einen hohen Anteil an Tageslicht verwenden. Dies steht jedoch besonders im Sommerbereich in Kongruenz mit dem Eintrag an thermischen Lasten, die wiederum zu einer Erhöhung der Kühlaufwendungen führen. Geeignete Verschattungseinrichtungen an der Fassade des Gebäudes sind hierzu gefragt, die möglichst thermische Lasten für das Gebäude minimieren und gleichfalls die Anforderungen an die Lichtqualität aufrechterhalten. In Abhängigkeit des Sonnenstandes sind geeignete Stellungen der Verschattungseinrichtungen für den Sommer und Winter den Abb. 8.13 und 8.14 zu entnehmen.

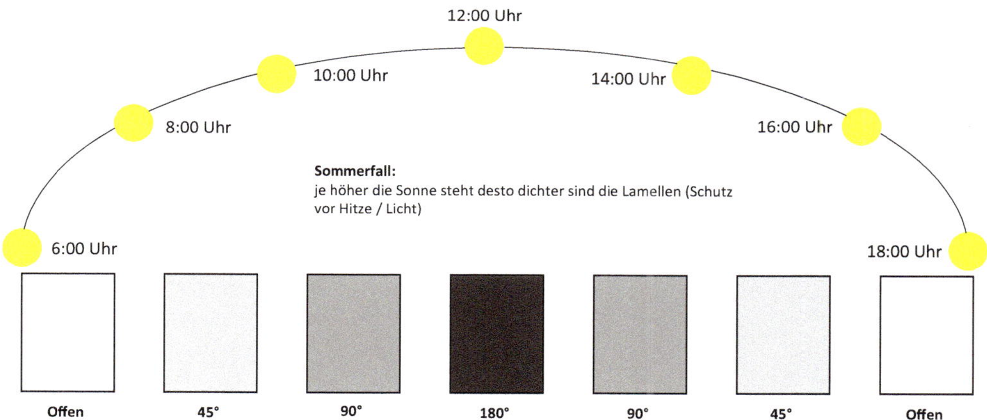

Abb. 8.13: Steuerung der Verschattungseinrichtungen – Sommer

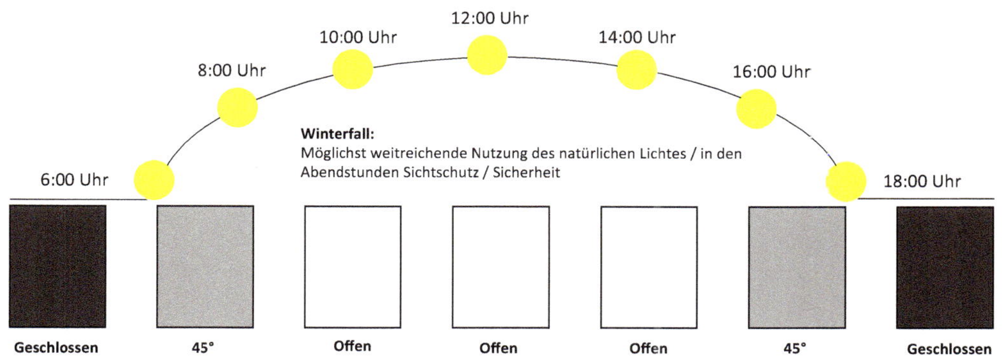

Abb. 8.14: Steuerung der Verschattungseinrichtungen – Winter

Vorgaben für die Lichtqualität sind der Tab. 8.1 auf Basis der Angaben in [37, 38] zu entnehmen[50].

Tab. 8.1: Kennwerte für Lichtqualitäten in Räumen

Raumart	E_v in lx	*UGR*	U_0	R_a
Büro / Konferenzräume	500...1000	19	0,60	80
Bildungseinrichtungen	500...1000	19	0,60	80
Sport- und Turnhallen, Schwimmbäder	300...500	22	0,60	80

[50] E_v – flächenbezogener Lichtstrom (Beleuchtungsstärke); *UGR* – Unified Glare Rating (vereinheitlichte Blendungsbewertung); U_0 – Gleichmäßigkeit der Beleuchtung $U_0 = E_{v,min} / \overline{E}_v$; R_a – Farbwiedergabeindex (= Colour Rendering Index, CRI)

9 Überregionale und regionale Energiemärkte

9.1 Elektroenergie

Zellulare Energiesysteme stehen in Interaktion mit den Energiemärkten über Verträge. Für den Strombereich zeigt dies Abb. 9.1.

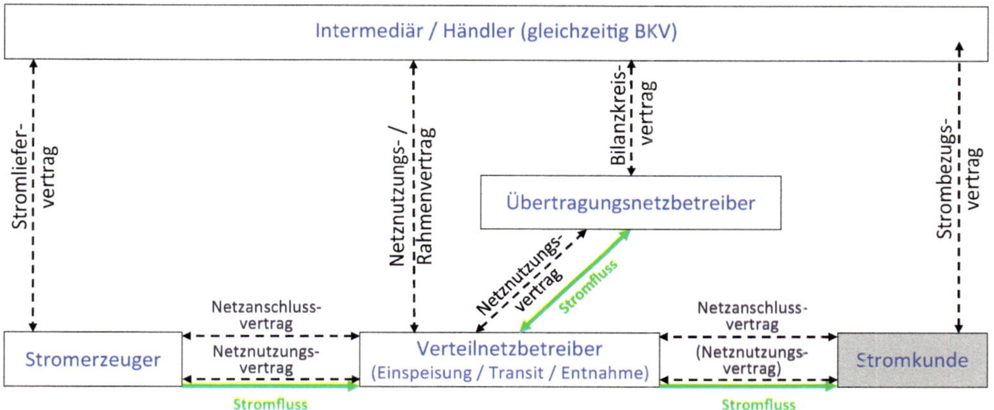

Abb. 9.1: Vertragsbeziehungen zwischen Stromerzeugern / Stromkunden / Verteilnetzbetreibern und Händlern

Der *Stromliefervertrag*[51] regelt die Rechtsbeziehung zwischen Stromlieferanten und Kunden, wobei die wesentlichen Inhalte der Preis sowie die Vertragsdauer sind. Es ist hierbei üblich, dass die Lieferanten nur den Energiepreis garantieren, Netznutzungsentgelte, gesetzliche Abgaben und Umlagen werden in der jeweils gültigen Höhe weitergegeben. Als Kunde können Netzbetreiber, Energiehändler, Versorgungsunternehmen und private Endverbraucher auftreten. Der *Strombezugsvertrag* regelt die Rechtsbeziehung zwischen Endkunde und Händler, wobei die Inhalte Preis und Vertragsdauer umfassen. Der *Netzanschlussvertrag* regelt die Rechtsbeziehung zwischen Anschlussnehmer[52] und dem Netzbetreiber. Er beinhaltet Angaben zu Metadaten, zum Eigentum, zur Spannungsebene und zur Benutzung des Grundstückes (Zutrittsrechte) sowie die bereitgestellte Anschlusskapazität. Der *Netznutzungsvertrag/Lieferantenrahmenvertrag* ordnet die Rechtsbeziehung zwischen Netzbetreiber und Netznutzer. Der Netzbetreiber verpflichtet sich, dem Netznutzer gegen ein Entgelt diskriminierungsfrei das Netz für Entnahmen oder Einspeisung von Elektroenergie zur Verfügung zu stellen. Netznutzer ist in der Regel der Lieferant. Bei großen elektrischen Endverbrauchern (i.d.R. Industrie)[53] kann dieser ebenfalls Netznutzer sein.

[51] Stromliefervertrag ist ein Überbegriff für Verträge zur Bereitstellung und Abnahme von elektrischer Energie.

[52] In der Regel ist dies der Eigentümer des Grundstückes / der Liegenschaft.

[53] Haushaltskunden schließen Energielieferverträge, die die Kosten für die Netznutzung enthalten (sog. All-inclusive-Vertragsverhältnis). Ein eigener Netznutzungsvertrag zwischen Haushaltskunden und Netzbetreiber wird nicht geschlossen.

Neben den vertraglichen Gegebenheiten ist die Bildung des Bilanzkreises wichtig. Der Bilanzkreis ist ein virtuelles Konstrukt und wird innerhalb einer Regelzone[54] von einem oder mehreren Netznutzern gebildet. Er besteht aus mindestens einem Einspeise- oder einer Entnahmestelle. Bilanzkreise können auch aus mehreren Unterbilanzkreisen bestehen. Grundsätzliches Anliegen des Bilanzkreises ist es, dass die Leistungsbilanzen ausgeglichen sind. D.h., Einspeisung und Entnahme von Energie müssen identisch sein. Der Bilanzkreisverantwortliche sorgt dafür, dass im Abrechnungszeitraum ($\tau = 15$ min) die Energiebilanz im Bilanzkreis erfüllt ist. Er ermittelt die Energiehändler, welche für die Abweichung innerhalb des Bilanzkreises verantwortlich waren und nimmt diese finanziell in die Pflicht. Der Bilanzkreisverantwortliche erstellt die gesamte Lastprognose basierend auf den Angaben der Energiehändler in dem Bilanzkreis. Die Energiehändler erstellen den prognostizierten Lastgang für ihre RLM-Kunden[55] eigenständig und für die Tarifkunden basierend auf den Standardlastprofilen der Bilanzkreisverantwortlichen. Der Bilanzkreisverantwortliche überprüft, ob der Energiehändler entsprechend seiner Lastprognose eingespeist hat und ob die Lastprognose der RLM-Kunden korrekt war. Eventuelle Abweichungen muss der Energiehändler dem Bilanzkreisverantwortlichen vergüten. Darüber hinausgehende Abweichungen in der Energiebilanz muss der Bilanzkreisverantwortliche selbst bezahlen. In diesem Fall hat er z.B. falsche Vorgaben für die Lastprofile gemacht.

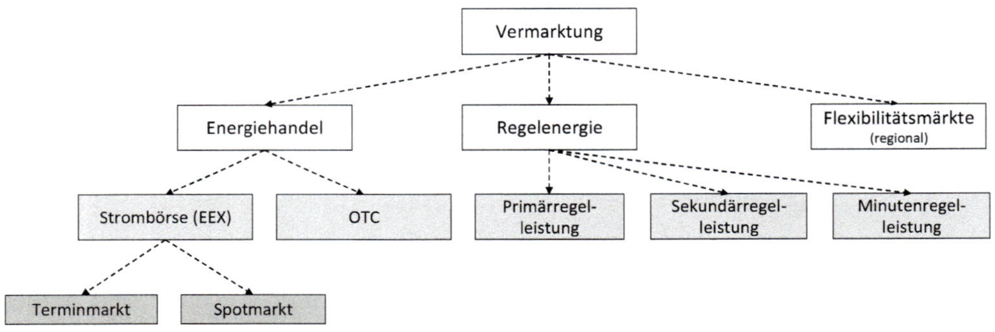

Abb. 9.2: Märkte – Elektroenergie

Für die Vermarktung (Handel) stehen unterschiedliche Märkte zur Verfügung. Abb. 9.2 zeigt eine Übersicht hierzu.

[54] Der Regelzonenverantwortliche sorgt im ms-Bereich dafür, dass die Bilanz von Erzeugung und Verbrauch erfüllt ist → technische Anforderung = Ausgleich durch angeschlossene Kraftwerke bzw. mit Handelsgeschäften. Innerhalb einer Regelzonenkooperation (5oHertz / TenneT / Amprion / TransnetBW) gibt es zahlreiche einzelne Bilanzkreise, die in der Verantwortung der Verteilnetzbetreiber (z.B. der Sachsenenergie) liegen.

[55] RLM – registrierte Leistungsmessung bei Kunden mit Jahresenergieverbrauch von $W = 100.000$ kWh oder wenn vorhandene Messtechnik es erlaubt (intelligentes Messsystem)

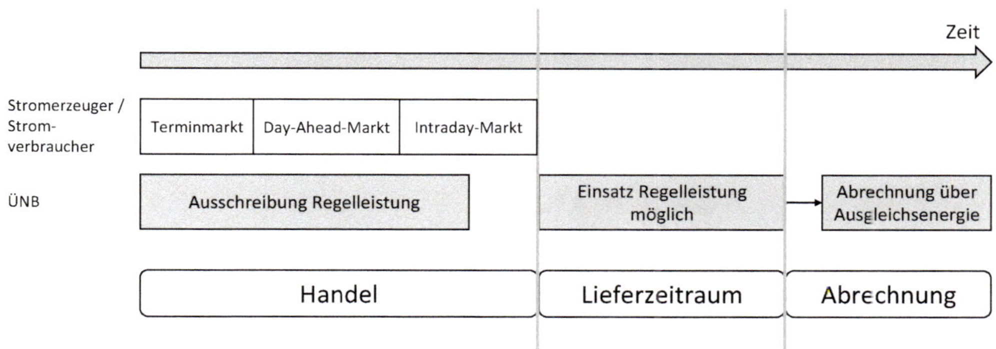

Abb. 9.3: Übersicht zu den Strommärkten – Handel / Lieferzeitraum / Abrechnung

Einteilen kann man die Märkte einmal in den Energiehandel, welcher über die EEX[56] (den börslichen Handel) sowie den außerbörslichen Handel (OTC – Over the Counter) realisiert wird. Der zweite wesentliche Handelsplatz betrifft die Regelleistungsprodukte. Für zellulare Energiesysteme von besonderer Bedeutung sind jedoch die regionalen Felxibilitätsmärkte. Die einzelnen Strommärkte können zeitlich in den reinen Handel, den Liefer- und den Abrechnungszeitraum eingeteilt werden (vgl. Abb. 9.3).

9.1.1 Börslicher und außerbörslicher Energiehandel

An den Strommärkten (börslich) werden *Arbeit* und *Leistung* gehandelt. An der Strombörse existieren verschiedene Handelsprodukte mit unterschiedlichen Vorlaufzeiten vom Kauf bis zur tatsächlichen Lieferung. Hintergrund hierfür ist die Planungssicherheit bzw. die Prognosesicherheit für die Käufer bzw. die Erzeuger. Man unterscheidet in den Terminmarkt, welcher den Langfristhandel bis zu 6 Jahren adressiert, den Spot-Day-Ahead-Markt (Handel für den Folgetag bis 13 Uhr) sowie den Spot-Intraday-Markt, der den Handel für die nächste Viertelstunde, bis $\tau = 5$ min vor tatsächlicher Lieferung adressiert.

9.1.2 Regelleistungsmärkte

Die Regelleistungsmärkte haben eine andere Zielsetzung als die börslichen Märkte und dienen vornehmlich der Frequenzstabilisierung bzw. der dauerhaften Sicherstellung der Frequenz im elektrischen Energiesystem. Man unterscheidet in die[57]

- Primärregelleistung,
- Sekundärregelleistung und
- Tertiärregelleistung.

Typische Handelsparameter für die einzelnen Leistungsarten sind der Tab. 9.1 zu entnehmen.

[56] European Energy Exchange

[57] Alternative Bezeichnungen sind: Primärregelleistung – FCR (Frequency Containment Reserve); Sekundärregelleistung – aFRR (automatic Frequency Restoration Reserve); Minutenleistungsreserve – mFRR (manual Frequency Restoration Reserve)

Tab. 9.1: Vergleich unterschiedlicher Regelleistungsprodukte

	Primärregelleistung	Sekundärregelleistung	Tertiärregelleistung
Mindesthandelsgröße	+/– 1 MW	+/– 5 MW(1 MW*)	+/– 5 MW(1 MW*)
Angebotszeitraum	1 Tag	4 h Blöcke	4 h Blöcke
Ausschreibung	werktäglich, D-2	täglich	täglich
			* nur bei Abgabe eines Einzelgebotes in der Regelzone

Die *Primärregelleistung (PL)* stellt die Regelleistung dar, die aktuell im Kraftwerk direkt ausgeführt wird. Sie wird über eine dezentrale Frequenzregelung automatisch bei Frequenz-Sollwertabweichung realisiert. Die Anlagen müssen dabei innerhalb einer Regelzone angeordnet sein, bei der die Frequenzabweichung auftritt. Eine Poolansteuerung ist nicht zulässig. Weitere technische Kenngrößen sind der Tab. 9.2 zu entnehmen.

Tab. 9.2: Primärregelleistung – technische Kenngrößen

	Anforderung
Aktivierungsgeschwindigkeit	sofort, vollständige Erbringung innerhalb von $\tau = 30$ s
Gradient Abruf / Deaktivierung	Abruf muss gleichmäßig erfolgen, schnellere Aktivierung möglich / Deaktivierung in weniger als $\tau = 30$ s
Übererfüllung / Untererfüllung	dauerhafte Übererfüllung möglich bis zu 20 % / Untererfüllung nicht zulässig
Genauigkeit der Messung	max. Messungenauigkeit 2 %, max. zeitliche Auflösung $\tau = 2$ s
Zeitverfügbarkeit im Angebotszeitraum	100 %

Tab. 9.3: Sekundärregelleistung – technische Kenngrößen

	Anforderung
Aktivierungsgeschwindigkeit	SL-Erbringung innerhalb von $\tau = 30$ s (zul. Totzeit), vollständige Erbringung innerhalb von $\tau = 5$ min
Gradient Abruf / Deaktivierung	durch Pooling ist mittlerer Gradient zu gewährleisten, Anbieter benennt für Pool konstanten Gradienten oder übermittelt Online-Messwert eines veränderlichen Gradienten (Abstimmung mit ÜNB) / Deaktivierung in weniger als $\tau = 5$ min
Übererfüllung / Untererfüllung	Dauerhafte Übererfüllung ist möglich bis zu 10 % (gültig ab Abweichung zum Sollwert von mindestens 5 MW) / Untererfüllung nicht zulässig
Genauigkeit der Messung	Anforderungen nicht spezifiziert
Zeitverfügbarkeit im Angebotszeitraum	95 %

Die zweite Regelleistung, die sich an die Primärregelleistung anschließt, ist die *Sekundärregelleistung (SL)*. Bei ihr wird automatisch und zentral ein SL-Leistungssollwert durch Leistungs-Frequenzregelung durch den Übertragungsnetzbetreiber vorgegeben. Ein Pooling von Anlagen ist zulässig, wobei alle Anlagen innerhalb der Regelzone angeordnet sein müssen (Poolansteuerung möglich). Tab. 9.3 dokumentiert weitere Kenngrößen für die Sekundärregelleistung.

Die dritte Regelleistungsart ist die *Tertiärregelleistung (TL)*, die auch als Minutenreserveleistung (ML) bezeichnet wird. Der Sollwert für die ML wird durch den Anschluss-Übertragungsnetzbetreiber vorgegeben. Tab. 9.4 dokumentiert weitere wichtige Kenngrößen. Die zeitliche Abfolge der einzelnen Regelenergien ist in Abb. 9.4 zusammenfassend dargestellt.

Tab. 9.4: Tertiärregelleistung – technische Kenngrößen

	Anforderung
Aktivierungsgeschwindigkeit	vollständiges Erbringen innerhalb von $\tau = 15$ min
Gradient Abruf / Deaktivierung	keine Beschränkungen zum einzuhaltenden Gradienten / Deaktivierung in $\tau = 15$ min
Übererfüllung / Untererfüllung	dauerhafte Übererfüllung ist möglich bis zu 20 % / Untererfüllung ist nicht zulässig
Genauigkeit der Messung	nicht spezifiziert, zeitliche Auflösung $\tau = 1$ min, Messungenauigkeiten gehen zu Lasten des Anbieters
Zeitverfügbarkeit im Angebotszeitraum	100 %

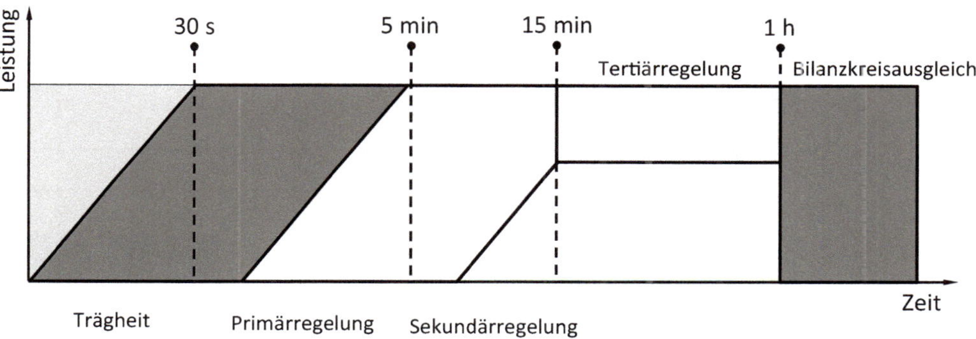

Abb. 9.4: Schema des zeitlichen Einsatzes der unterschiedlichen Regelleistungsarten

Die Regelleistungsbereitstellung ist in die zentralen Energiemärkte einzuordnen und folgt dem Prinzip des *Gleichgewichtes* zwischen Angebot und Nachfrage. Die Bilanzgrenze stellt hierbei die jeweilige Regelzone dar.

9.1.3 Flexibilitätsmärkte (regional)

Flexibilitätsmärkte mit regionalem Ansatz stellen die konsequente Umsetzung des Konzepts des zellularen Energiesystems dar. Hierbei wird über Signale (z.B. Preissignale) an die Anbieter von energetischer Flexibilität die Bereitstellung bzw. die Aufnahme von Energie realisiert. Die Bereitstellung kann mittels aktiver technischer Einheiten, z.B. KWK-Systeme und Elektrobatterien, erfolgen. Auf der anderen Seite zeichnen sich regionale Flexibilitätsmärkte ebenfalls dadurch aus, dass Teilnehmer auch Energie aufnehmen können, um stabilisierend auf das elektrische Netz zu wirken. Wichtigstes Element hierbei ist, dass eine technische Flexibilität vorliegt. Speicher und ein hoher Regelungsbereich (Teillastverhalten) von technischen Einheiten sind hierfür die

Grundvoraussetzung. In der Literatur werden unterschiedliche Pilotprojekte zur Umsetzung von regionalen Flexibilitätsmärkten beschrieben. Zu nennen sind die Veröffentlichungen in [128], [130].

Regulatorisch bestehen für die regionalen Flexibilitätsmärkte aktuell noch erhebliche Hemmnisse. In [66] sind einige ausgewählte Vorschläge dokumentiert, wie diese verringert werden können.

9.2 Gasmärkte

Beim Gasmarkt liegen ähnliche Strukturen wie beim Elektroenergiemarkt vor. Abb. 9.5 zeigt eine Übersichtsgrafik zu den wesentlichen Akteuren und deren Rolle[58].

Durch die gesetzgeberischen und regulatorischen Vorgaben der Bundesnetzagentur haben sich in der Gaswirtschaft folgende Marktrollen etabliert:

- Bilanzkreisverantwortlicher
- Letztverbraucher
- Lieferant
- Messdienstleister
- Messstellenbetreiber
- Netzbetreiber
- Speicherbetreiber

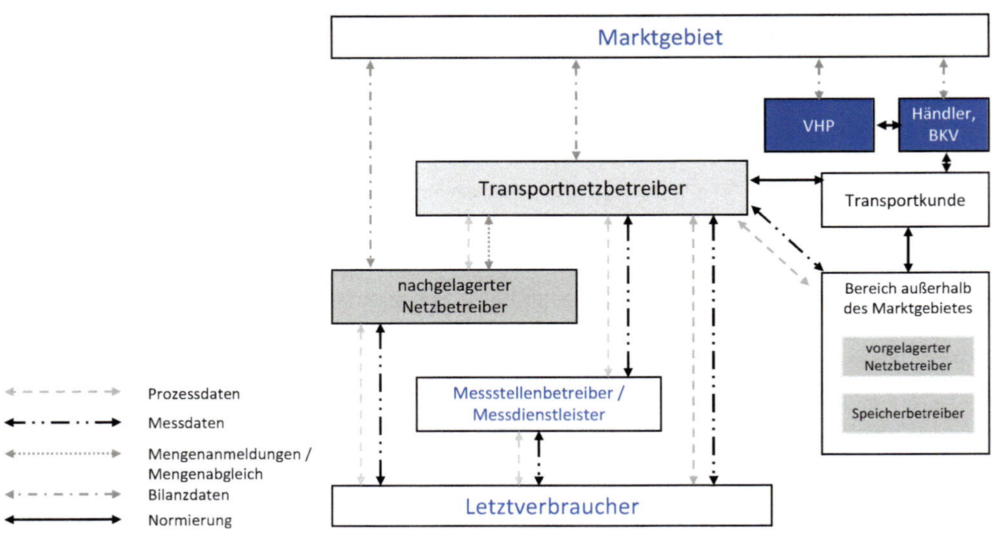

Abb. 9.5: Gasmarkt mit den wichtigsten Teilnehmern und Akteuren

Der Netzbetreiber nimmt in diesem Zusammenhang eine zentrale Rolle ein, da er einen offenen Markt unter wirtschaftlichen Bedingungen und unter gebührender Beachtung des Umwelt-

[58] VHP – virtueller Handelsplatz; BKV – Bilanzkreisverantwortlicher

schutzes sicherstellen muss. Hauptelement zur Umsetzung dieser Forderung sind hierbei sichere, zuverlässige und leistungsfähige Netze. Der Netzbetreiber muss anderen Netzbetreibern sowie Speicherbetreibern Informationen zur Auslastung und den Transportkapazitäten zur Verfügung stellen. Er selbst hat keinen Zugang zum Gas selbst, sondern ist ausschließlich für die Verteilung (Lieferkette) zuständig. Dieser Vorgang wird auch als „Dispatching" bezeichnet[59]. Der Informationsfluss zur Realisierung der Gasverteilung kann Abb. 9.6 entnommen werden.

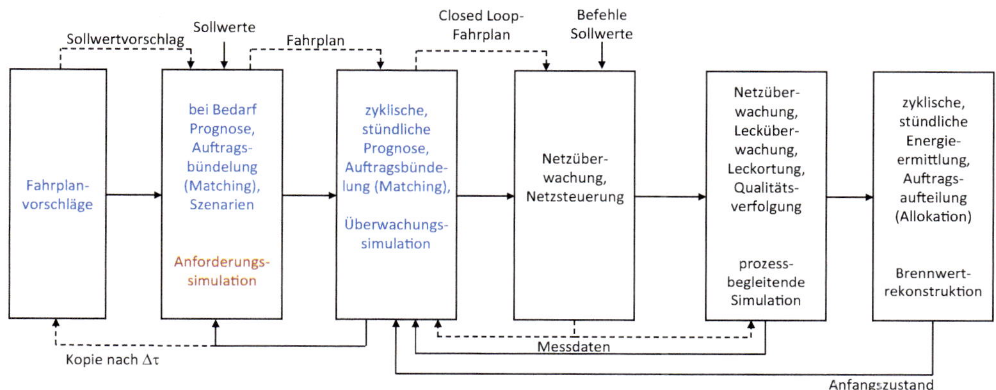

Abb. 9.6: Zusammenspiel unterschiedlicher Informationsbearbeitungsmodelle beim Gastransport

Wesentliche Bestandteile der Gasverteilung sind hierbei die Anforderungssimulation sowie die Überwachungssimulation für den Gastransport. Ausgehend von diesen und den ursprünglichen Fahrplanvorschlägen erfolgt die Gasverteilung, d.h. die Umsetzung des Fahrplans. Überprüft wird der Fahrplan durch eine Online-Überwachung. Die Elemente der Fahrplangestaltung und der zyklischen Überprüfung sind in der Gastechnik identisch zu denen der Elektrotechnik.

9.3 Wärmemärkte

Der Wärmemarkt ist im Gegensatz zum Strom und zum Gasmarkt sehr regional geprägt und weist keine Marktstrukturen, die in Handel und Netze aufgeteilt sind, auf. Im urbanen Raum bei größeren Städten wird der Wärmemarkt stark von den regionalen Energieversorgungsunternehmen beherrscht, die oftmals eine monopolistische Stellung haben. Im suburbanen Raum sowie im ländlichen Raum erfolgt die Bereitstellung von Wärme mittels dezentraler Einzelanlagen, die im Besitz der einzelnen Gebäudeeigentümer oder von Contractoren sind.

[59] Dispatching: optimierter Einsatz der zur Verfügung stehenden Mittel zur Erfüllung der Versorgungsaufgabe

10 Gesetze / Verordnungen / Resilienz

10.1 Gesetze / Verordnungen

Zellulare Energiesysteme unterliegen, wie alle energetischen Systeme, regulatorischen Randbedingungen, die durch Gesetze und Verordnungen bestimmt werden. Gesetze beschreiben dabei das Schutzziel, wohingegen Verordnungen die praktische Durchführung regeln. Ergänzt werden die Gesetze und Verordnungen durch technische Regeln und innerbetriebliche Anweisungen entsprechend Abb. 10.1.

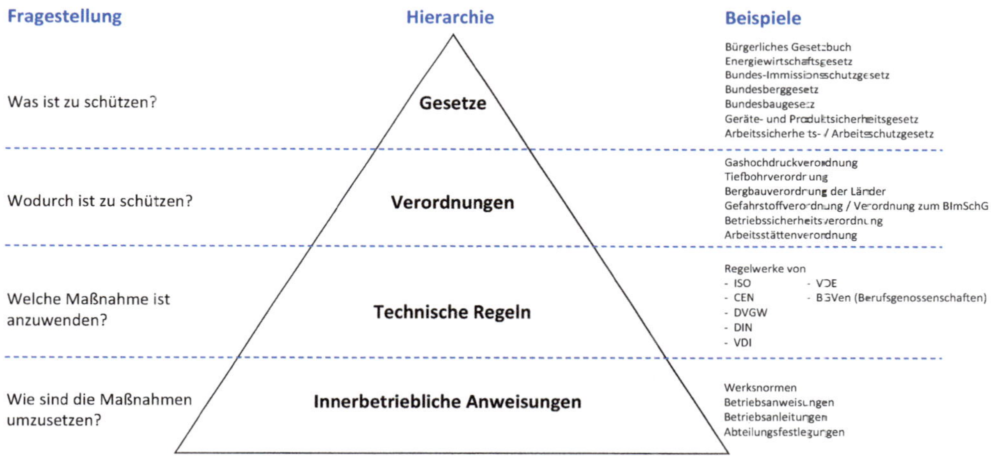

Abb. 10.1: Gesetze / Verordnungen / technische Richtlinien und innerbetriebliche Anweisungen

Für zellulare Energiesysteme haben folgende Gesetze und Verordnungen eine große Bedeutung:

- Energiewirtschaftsgesetz (EnWG) [51]
- Gesetz zur Digitalisierung der Energiewende (GDEW) [56]
- BSI-Gesetz bzw. BSI-KritisV [15] / [14]
- Kapazitätsreserveverordnung [77]

Das *Energiewirtschaftsgesetz* [51] soll eine sichere, preisgünstigere, verbrauchsfreundliche, effiziente und umweltverträgliche leitungsgebundene Versorgung mit Elektrizität und Gas sicherstellen. Ziel des Gesetzes ist die Durchführung eines wirksamen und unverfälschten Wettbewerbs zwischen den beteiligten Akteuren, die Realisierung einer freien Preisbildung durch wettbewerbliche Marktmechanismen sowie der rationale Einsatz von Erzeugeranlagen und Speichern. Regulatorisch werden durch das Gesetz das Unbundling von Netzbetreibern und Energieversorgungsunternehmen, die Aufgaben des Netzbetreibers, die Verfahrensweise zur Netzentwicklungsplanung, die Rückstellung von Kapazitätsreserven sowie die Stilllegung von Kraftwerken (z.B. Braunkohlekraftwerken) geregelt. Weitere wichtige Punkte sind:

- die Nutzung von steuerbaren Energieanlagen in der Niederspannung im Rahmen netzdienlicher Maßnahmen (Vergütung durch reduzierte Netznutzungsentgelte)
- der diskriminierungsfreie Netzzugang
- Randbedingungen für die Netzentgelte (z.B. transparent, diskriminierungsfrei ...)
- die Befugnisse der Regulierungsbehörde, Sanktionen
- die Energielieferung an Letztverbraucher (Grundversorgungspflicht).

Das Gesetz zur *Digitalisierung der Energiewende* [56] soll die Ausstattung von Messstellen mit modernen Messeinrichtungen sicherstellen (inklusive der Festlegung von technischen Mindestanforderungen), eine Aufgabentrennung zwischen Messstellenbetrieb und Netzbetrieb sowie die energiewirtschaftliche Datenkommunikation und allgemeine Datenkommunikation mit Smart- Meter-Gateways realisieren. Das Gesetz regelt den Messstellenbetrieb, die Entgelte für den Messstellenbetrieb, die Nutzung des Verteilnetzes zur Datenübertragung durch Messstellenbetreiber sowie die Anforderungen an intelligente Messsysteme. Für intelligente Messsysteme wird als Mindestanforderung die zuverlässige Erhebung, Verarbeitung, Übermittlung, Protokollierung, Speicherung und Löschung von Messwerten festgelegt mit dem Ziel

- der Messwertverarbeitung zu Abrechnungszwecken,
- der Zählerstandsgangmessung für Letztverbraucher, EEG- und KWKG-Anlagen sowie Anlagen nach EnWG §14a,
- der Gewährleistung der Administration und Fernsteuerbarkeit der Anlagen nach EEG, KWKG, EnWG 14a,
- der Visualisierung des Verbrauchsverhaltens sowie
- der sicheren Datenübertragung in Kommunikationsnetzen.

Für Smart Meter-Gateways werden im Gesetz zur Digitalisierung der Energiewende Aspekte zur Sicherstellung von Datenschutz, Datensicherheit und Interoperabilität[60] geregelt.

Ein weiteres Gesetz, welches für zellulare Energiesysteme Relevanz hat, ist das *BSI-Gesetz* [15], welches die Sicherheit in der Informationstechnik regelt. Im speziellen Bezug zu der Thematik der zellularen Energiesysteme steht das BSI-Gesetz bzw. die BSI-KritisV [14], da hier Mindeststandards für die Datenübertragung und Anforderungen an Betreiber von kritischer Infrastruktur gestellt werden. Als kritische Infrastruktur werden mit Bezug zu diesem Buch Anlagen für Elektroenergie, Gasanlagen und Anlagen der Fernwärmetechnik angesehen. Kennwerte, ab wann die Systeme zur kritischen Infrastruktur gehören, sind in Tab. 10.1 dokumentiert.

Tab. 10.1: Schwellenwerte für Anlagen – kritische Infrastruktur

Anlagenkategorie	Schwellenwert	Bemerkung
Elektroenergie		
Erzeugungsanlagen	im Sinne §3 Nr. 18c EnWG auch Speicherung und dezentral im Sinne §3 Nr. 11 EnWG	P_{el} = 104 MW Netto-Nennleistung P_{el} = 0 MW Schwarzstart-Anlagen P_{el} = 36 MW Primärregelleistung

[60] Interoperabilität = Zusammenwirken von Teilsystemen

Anlagenkategorie	Schwellenwert	Bemerkung
Steuerung / Bündelung von elektrischer Leistung	im Sinne §3 Nr. 17 EEG	P_{el} = 104 MW Netto-Nennleistung P_{el} = 0 MW Schwarzstart-Anlagen P_{el} = 36 MW Primärregelleistung
Übertragungsnetz	im Sinne §3 Nr. 32 EnWG	W_{el} = 3700 GWh/a
Stromverteilnetz	im Sinne §3 Nr. 37 EnWG	W_{el} = 3700 GWh/a
Stromhandel	Anlagen/ Handelssysteme für Spothandel, Terminhandel deutsches Marktgebiet	W_{el} = 3700 GWh/a
Gasversorgung		
Gasförderanlagen	Förderung von Erdgas	Q_G = 5190 GWh/a gefördertes Gas
Standortübergreifende Steuerung	Steuerung / Überwachung anderer Anlagen standortübergreifend	Q_G = 5190 GWh/a gefördertes Gas
Fernleitungsnetz	im Sinne §3 Nr. 19 EnWG	Q_G = 5190 GWh/a entnommene Arbeit
Gasgrenzübergabestelle	—	Q_G = 5190 GWh/a entnommene Arbeit
Gasspeicher	im Sinne §3 Nr. 31 EnWG	Q_G = 5190 GWh/a entnommene Arbeit
Gashandel	Anlage / Handelssystem für Gashandel	Q_G = 5190 GWh/a Handelsvolumen
Fernwärmeversorgung		
Heizwerk	Erzeugung von Wärme zur Belieferung von Endkunden	Q_{FW} = 2300 GWh/a Wärme
Heizkraftwerk	Erzeugung von elektrischer Energie und Nutzenergie nach §2 Nr. 14 KWKG	Q_{FW} = 2300 GWh/a Wärme
Fernwärmenetz	Versorgung der Allgemeinheit mit Wärme	250 Tsd angeschlossene Haushalte
Standortübergreifende Steuerung	Steuerung / Überwachung anderer Anlagen standortübergreifend	250 Tsd angeschlossene Haushalte + Q_{FW} = 2300 GWh/a Wärme
Wasser- Trinkwasser		
Gewinnungsanlagen	gewonnene Wassermenge	$V_W = 22 \cdot 10^6\ m^3/a$
Aufbereitungsanlagen (Wasserwerk)	aufbereitete Trinkwassermenge	$V_W = 22 \cdot 10^6\ m^3/a$
Wasserverteilung	verteilte Wassermenge	$V_W = 22 \cdot 10^6\ m^3/a$
Leitzentrale	von gesteuerten und überwachten Anlagen gewonnen/aufbereitetes Wasser	$V_W = 22 \cdot 10^6\ m^3/a$
Abwasser		
Abwasserbeseitigung	Kanäle / Kläranlagen / Leitzentrale (angeschlossene Einwohnerzahl)	500.000

Die *Kapazitätsreserveverordnung* [77] dient dazu, Kraftwerke vorzuhalten, die in Extremsituationen den Strommarkt ausgleichen. Kann die Nachfrage nach Elektroenergie nicht gedeckt werden, so werden die Kraftwerke aus der Kapazitätsreserve aktiviert, um kurzfristig ausreichend Energie zur Verfügung zu stellen. Im Normalfall stehen diese Kraftwerke still und sind nicht aktiv. Technisch besteht die Voraussetzung, dass die Inbetriebnahme in weniger als $\tau = 12$ h erfolgen kann[61]. Die Kapazitätsreserve dient nicht dem Ausgleich von Lastspitzen, sondern lediglich einem Ausgleich von Angebotsschwankungen.

[61] Kohlekraftwerke haben Inbetriebnahmezeiten von $\tau > 12$ h

10.2 Resilienz von Energiesystemen

Unter dem Begriff der *Resilienz* wird die Fähigkeit eines Systems verstanden, sich schnell auf veränderte Randbedingungen anzupassen. Im Zusammenhang mit zellularen Energiesystemen ist die Frage zu beantworten, ob zellulare Strukturen in der Energieversorgung eine *höhere* oder eine *niedrigere* Resilienz als zentrale Energiesysteme aufweisen und wie dies zu ermitteln ist. Der Begriff Resilienz bezieht sich nicht ausnahmslos auf eine physikalische Größe, sondern beschreibt einen Fortschritt, Systeme so zu gestalten, dass möglichst flexible Reaktionen auf Störungen möglich sind. Das primäre Ziel von Resilienz ist es, ein System in einem funktionsfähigen Zustand zu halten und die Erfüllung seiner Versorgungsaufgabe zu gewährleisten. Im Allgemeinen setzt die Resilienz eines technischen Systems die

- Widerstandsfähigkeit,
- Anpassungsfähigkeit und Lernfähigkeit sowie die
- Regenerationsfähigkeit

voraus. Umfängliche grundlegende Definitionen sind in [2, 101, 112] zu finden.

Zu unterscheiden ist zwischen Engineering Resilience (Funktionseffizienz) und Ecosystem Resilience (Funktionserhalt) [70]. Engineering Resilience bedeutet Stabilität im Sinne von Effizienz, Beständigkeit und Vorhersagbarkeit. In Bezug auf die energetischen Systeme erfordert Resilienz die mögliche Realisierung eines Gleichgewichtszustandes. Dynamisch ist der Begriff der Resilienz jedoch weiter zu fassen und umfasst laut der genannten Definition auch die Fähigkeit, sich flexibel an neue Bedingungen anzupassen. In diesem Zusammenhang ist das Ausmaß der Störungen, die absorbiert werden können, ohne das System zu verändern, ein Maß für die Resilienz. Kenngrößen, die zur Bewertung der Resilienz im Sinne eines zellularen Energiesystems herangezogen werden können, sind in Tab. 10.2 für die thermische und elektrische Energietechnik dokumentiert.

Tab. 10.2: Elektrische und thermische Kenngrößen für komplexe Energiesysteme

Beschreibung	**Kenngröße Elektroenergiesystem**	**Kenngröße thermisches Energiesystem**
Zustandsgröße	Spannung U in V Strom I in A	Druck p in Pa Volumen V in m^3 Temperatur ϑ in °C Heiz- / Brennwert H_i/H_s in kJ/kg
Prozessgröße	Arbeit W in kWh Leistung P in W	Wärme Q in kWh Wärmestrom $\dot{Q}$ in W Massestrom $\dot{m}$ in kg/s / Volumenstrom $\dot{V}$ in m^3/s

Mit Bezug auf Tab. 10.2 stellen Prozessgrößen physikalische Kennzahlen dar, die nur bei Änderungen des Systemzustandes auftreten und den Veränderungsprozess beschreiben. Prozessgrößen sind abhängig von der Art der Systemveränderung. Zustandsgrößen sind messbare Kennzahlen, die den Zustand eines Systems zu einem bestimmten Zeitpunkt beschreiben. Im Falle eines offenen Systems sind Zustandsgrößen diejenigen Kenngrößen, die Input und Output beschreiben [5, 39].

In Bezug auf Energiesysteme sind Versorgungssicherheit und Zuverlässigkeit eng mit dem Begriff Resilienz verbunden. Physikalische Größen beschreiben die Prozesse der Umwandlung, der Speicherung und des Transports sowie die energetische Übergabe. Versorgungssicherheit setzt voraus, dass Energiebedarf und -angebot stets im Gleichgewicht sind. Die Thermodynamik unterscheidet bei der Berechnung von Energiebilanzen zwischen geschlossenen, undurchlässigen Systemen und offenen, durchlässigen Systemen mit dem direkten Stoffaustausch als Unterscheidungsmerkmal, vgl. Abb. 10.2. Nach dieser Einteilung sind elektrische und thermische Energiesysteme geschlossene Systeme, in denen Energie übertragen wird, und chemische Energiesysteme sind offene Systeme, in denen nur Gas übertragen wird (z.B. Erdgas / Wasserstoff). Energiebilanzen können also beide Arten von Systemen beschreiben und Störungen treten als Unterbrechungen des Energietransportes auf (Gleichgewichtsstörung). Speicherkapazitäten bestimmen maßgeblich die Widerstandsfähigkeit der Energiesysteme gegenüber Störungen der Energiebilanz und müssen bei der Bewertung eines Energiesystems Berücksichtigung finden.

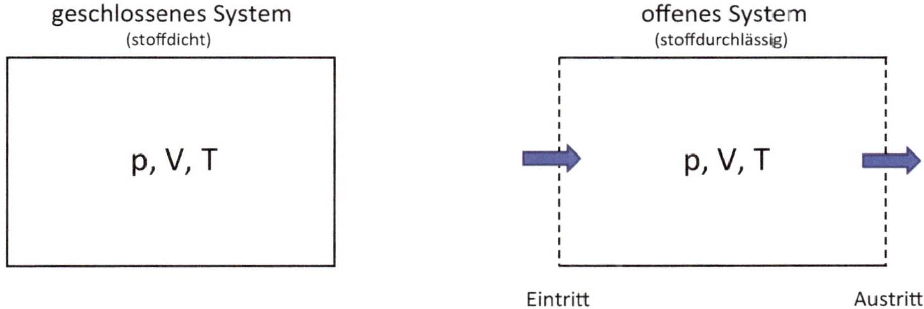

Abb. 10.2: Schematische Darstellung der Zustandsgrößen für die Energiebilanz, Unterteilung in geschlossenes und offenes System

Für die Bewertung der Resilienz eines Energiesystems unterscheidet man in Kennzahlen, die sich auf ein Qualitätskriterium (Zustandsgröße) und ein Mengenkriterium (Prozessgröße) beziehen. Das Qualitätskriterium stellt den Sollwert einer Qualitätskennzahl dar, die für das Versorgungsgut kennzeichnend ist. Das Mengenkriterium ist der Zielwert der Liefermenge, die zur Verfügung stehen soll. Für die thermische und elektrische Energietechnik sind die wesentlichen Kenngrößen der Tab. 10.3 zu entnehmen.

Tab. 10.3: Bewertungsparameter, unterteilt in qualitative und quantitative Kriterien für elektrische und thermische Energieversorgungssysteme

Sektor	Qualitatives Bewertungskriterium	Quantitatives Bewertungskriterium	Kennzahl
Elektrisches Energiesystem	Frequenz und Amplitude der Netzspannung	Leistungsfluss / Energie Volumen V in m^3	über die Dauer der ununterbrochenen Versorgung (vgl. Tab. 10.4: SAIFI, SAIDI, CAIDI)
	Überlagerung von harmonischen Strom- und Spannungskomponenten	–	Flickerwert P_{st}, P_{lt} Oberschwingungsstrompegel
	Ausgleichsleistung	Energie	jährlich abgenommene Energie eingesetzte Regelleistung

Sektor	Qualitatives Bewertungskriterium	Quantitatives Bewertungskriterium	Kennzahl
Thermisches Energiesystem	ch. Gaszusammensetzung (Mindest-) Druck Temperatur / Nutzungsgrad, Brennwert min./max. Leistung	Volumen- / Massestrom Energie / Wärme Mindestgasspeicherstand (20 %-Grenze für die Abschaltung unkritischer Verbraucher	erforderliche Mindestdrücke für Druckbereiche (Nieder-/Mittel-/Hochdruck)

Störgrößen und ihre Auswirkungen auf die Verfügbarkeit eines energetischen Systems lassen sich nur schwer formalisiert beschreiben. Daher wird in der klassischen Risikobewertung häufig die Eintrittswahrscheinlichkeit eines Ereignisses mit dem Schadensausmaß kombiniert und in Risikokategorien eingeteilt. Ein Beispiel für die Charakterisierung der Widerstandsfähigkeit eines komplexen Systems wird z.B. in [100] und [13] vorgestellt. Die hier definierten Kriterien sind:

- Versagenswahrscheinlichkeiten der Komponenten,
- die Abmilderung der Folgen nach einem Versagen, insbesondere im Hinblick auf die Zahl der Todesopfer, die entstandenen Schäden und die wirtschaftlichen und gesellschaftlichen Auswirkungen, sowie
- kurze Wiederherstellungszeiten.

Aus diesen Anforderungen werden quantitative Maße abgeleitet, die sich auf Wahrscheinlichkeiten und Zeitintervalle beziehen. Abb. 10.3 zeigt eine Visualisierung der Beziehung.

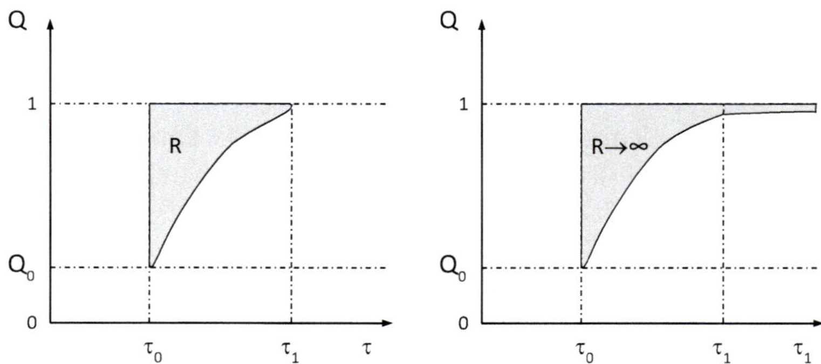

Abb. 10.3: Schematische Darstellung der Resilienzmaßnahme

Darüber hinaus muss die Bewertung eines Systems in Form von Metriken und Belastbarkeitsmaßen in einem mehrdimensionalen Ansatz erfolgen. Ein normiertes Maß für die Qualität eines Systems wird mit $Q(\tau) \in [0, 1]$ bezeichnet, dieses Maß ist zeitvariabel und bleibt im Idealzustand, wenn ein System eine unendliche Robustheit in Bezug auf dieses Qualitätsmaß aufweist. Das eingeführte Qualitätsmaß bezieht sich auf Parameter gemäß Tab. 10.3 und die in Tab. 10.2 vorgestellten Kenngrößen. Die Verringerung der Qualität wirkt sich negativ auf die nachfolgenden Prozesse aus. Die Wiederherstellung des Ausgangszustandes kann nach der Zeit τ_1 erreicht werden. Dieser Zusammenhang ist in der linken Hälfte von Abb. 10.3 dokumentiert. Die Verringerung der Zustandsgröße Q stellt ein Maß für die Belastbarkeit dar. Mathematisch gesehen ist dies die Fläche zwischen dem Normalzustand und dem zeitlichen Verlauf des Qualitätszuwachses bis zum Erreichen des Endzustandes zum Zeitpunkt τ_1. Der entsprechende mathematische Zusammenhang lautet:

$$R = \int_{\tau_0}^{\tau_1} 1 - Q(\tau)\, d\tau \qquad (10.1)$$

Dieses Maß R kann als Ausfallwahrscheinlichkeit interpretiert werden. Im Sinne einer effektiven Resilienzstrategie muss diese Wahrscheinlichkeit minimiert werden. In der Folge wird ein Resilienzmaß $\tilde{R}$ wie folgt gebildet:

$$\tilde{R} = \frac{1}{R} \qquad (10.2)$$

Kann der Ausgangszustand nicht mehr erreicht werden (rechtes Bild – Abb. 10.3), dann existiert auch das Integral nicht mehr. Es gibt kein gültiges Resilienzmaß mehr. Idealerweise werden Systeme daher so weit ergänzt, dass der Bereich R endlich und minimal ist. Analog zur Qualität eines Systems ergibt sich die Resilienz aus dem Zusammenspiel der einzelnen Resilienzmaße.

In der elektrischen Energietechnik werden die Zustandsgrößen Spannung und Strom zur Erfassung der Qualitätskriterien verwendet. Die europäische Norm DIN EN 50160 [35] beschreibt und definiert diesbezüglich die Eigenschaften der Versorgungsspannung u.a. hinsichtlich Kurvenform, Pegel, Symmetrie und Frequenz ($f_{soll} = 50$ Hz). Neben der europäischen Norm sind auch die technischen Richtlinien der Netzbetreiber zu nennen, die ähnliche Kriterien für den Netzbetrieb definieren [151], [141]. Abweichungen von den Sollwerten in definierten Toleranzbändern und mit einer gewissen Häufigkeit sind hier durchaus akzeptabel, da das Gesamtsystem einen stochastischen Charakter hat. Die Einhaltung ist insofern wichtig, als die angeschlossenen Verbraucher- und Erzeugungsanlagen in der Regel nur für eine bestimmte Ausprägung der Versorgungsspannung ausgelegt sind und sich außerhalb dieses Bereichs aus Gründen des Eigenschutzes vom Netz trennen können oder nicht mehr bestimmungsgemäß funktionieren. Um die Toleranzbänder einzuhalten, werden von den Netzbetreibern betriebliche Anpassungen und ggf. sicherheitstechnische Eingriffe vorgenommen. Dabei ist zu beachten, dass die Frequenz grundsätzlich eine interregionale Streuung, die Spannungsebene eine regionale Streuung und die Wellenform eine lokale Streuung aufweist. Dementsprechend sind die Zuständigkeiten und Koordinierungsstrategien (inter)national und regional verteilt. Zu dieser kleinräumigen Kategorie gehören die verschiedenen Metriken von Versorgungsunterbrechungen nach IEEE Std 1366 [74], die in dem heute verwendeten Umfang in Tab. 10.4 auszugsweise aufgeführt sind. Diese können beginnend mit der kleinsten Einheit eines Versorgungsgebietes bis zum Gesamtsystem kumuliert werden.

Tab. 10.4: Bewertungsparameter für Versorgungsunterbrechungen

Index	Beschreibung	Berechnungsgleichung	Einheit
SAIFI	System Average Interruption Frequency Index	$\frac{X}{\psi}$	–
SAIDI	System Average Interruption Duration Index	$\frac{X \cdot \Delta\tau_X}{\psi}$	min
CAIDI	Customer Average Interruption Duration Index	$\frac{X \cdot \Delta\tau_X}{X}$	min

Mit Bezug auf Tab. 10.4 gelten folgende Bezeichnungen:

X – Summe der unterbrochenen Verbraucher

Ψ – Gesamtanzahl der Verbraucher

$\Delta\tau_X$ – Zeitdauer der Versorgungsunterbrechung in s

Die Ursachen für eine Versorgungsunterbrechung können entweder ein physikalischer Defekt an einem Betriebsmittel oder eine ausreichend lange Verletzung der Toleranzbereiche der Qualitätsparameter der Spannung sein, vgl. [35]. Die vorgestellten Indizes ergeben sich aus einem mehrdimensionalen Qualitätsvektor und können als Resilienzmaß interpretiert werden. Es lohnt sich daher zu prüfen, ob bestehende branchenspezifische Bewertungsgrößen weiterentwickelt werden können, um eine höhere resilienzspezifische Aussagekraft zu erhalten. Als Beispiel wird die Anpassung des Unterbrechungsindex SAIDI des Stromnetzes vorgeschlagen. Anstatt Unterbrechungen gleich zu gewichten, sind solche bis zu einer halben Stunde unkritisch und sollten geringer gewichtet werden.

In der thermischen Energietechnik sind die messbaren Zustandsgrößen, die die Qualität der Versorgung beschreiben, vor allem die Temperatur sowie der Volumenstrom und der Druck. Dabei hat das Temperaturniveau den größten Einfluss auf die Qualität, da Wärme immer in Bezug auf ein systembedingtes Temperaturniveau übertragen werden muss. Die Temperaturtoleranzen sind stark von der Anwendung abhängig. Betrachtet man z.B. die Versorgungssituation der Warmwasserbereitung, so sind hier aufgrund der Legionellengefahr Temperaturbedingungen von $\vartheta \geq 60$ °C zwingend erforderlich. Bei reiner Wärmeversorgung werden die Temperaturniveaus in Abhängigkeit von der Wärmeumwandlungsanlage festgelegt. Im Sinne der Versorgungsqualität kann hier ein Temperaturbereich von $\vartheta \approx 3$ K als sicher angenommen werden. Neben der Temperatur spielt auch der Massenstrom bzw. bei Raumluft- und Gasanlagen der Volumenstrom eine wesentliche Rolle. Auch hierfür gibt es in der Praxis Qualitätskriterien im Sinne von Schwankungsbreiten, die stark vom jeweiligen Anwendungsfall abhängig sind und nicht pauschal angegeben werden können. Der Volumenstrom zur Sicherstellung einer zu übertragenden Mindestleistung kann jedoch in einem Bereich von ±2 % angenommen werden.

Im Bereich der chemischen Energietechnik ist auch die Qualität (Zusammensetzung) eines Gases entscheidend. Diese Zustandsgröße wird durch den Brennwert eines Gases beschrieben. Da Erdgas als Naturprodukt natürlichen Schwankungen unterliegt, ist es für die Versorgungssicherheit und den ordnungsgemäßen Betrieb einer Anlage notwendig, eine zulässige Schwankungsbreite innerhalb der einzelnen Gasfamilien zu definieren, z.B. liegt der Brennwert für Erdgas H im Normzustand im Bereich von $H_s = 10{,}1\ldots 13{,}1$ kWh/m^3 [41], [34]. Hinsichtlich der Resilienzbewertung können die Kriterien der Tab. 10.4 auch in der thermischen und chemischen Energietechnik angewendet werden.

11 Praxisbeispiele zellularer Energiesysteme

In den nachfolgenden Abschnitten sollen einige Beispiele von zellularen Energiesystemen aus den Projekten der Autoren vorgestellt werden. Es sei an dieser Stelle ausdrücklich darauf verwiesen, dass die umgesetzten Forschungsprojekte hierbei nicht alle Aspekte eines vollständigen zellularen Energiesystems beinhalten.

11.1 Projekt – Regionales, Virtuelles Kraftwerk TUD/EWE

In den Jahren 2015 – 2017 wurde an der TU Dresden das Forschungsprojekt „Praxiserprobung des Regionalen, Virtuellen Kraftwerks (RVK)" in Kooperation mit der EWE-Oldenburg[62] durchgeführt [128]/[130]. Ziel des Forschungsvorhabens war die Erprobung eines Virtuellen Kraftwerks als Vorstufe zu einem zellularen Energiesystem. Untersuchungsgegenstand war im Besonderen die kleinste zur Verfügung stehende KWK-Leistungsklasse (P_{el} = 1,0 kW), um den Betrieb des Systems im Wohngebäudebereich (Ein-/Mehrfamilienhäuser) zu untersuchen und notwendige Erkenntnisse in Bezug auf Regelung und Übertragbarkeit auf andere Erzeugungssysteme zu gewinnen. Hierzu wurden unterschiedliche Maßnahmen realisiert. Insgesamt wurden 17 Liegenschaften mit einer einheitlichen Anlagentechnik ausgestattet und informationstechnisch verknüpft. Weiterhin wurden die Anlagen mittels eines im Projekt entwickelten Gateway-Systems (vgl. Abb. 11.6) an ein zentrales Backend angeschlossen und anschließend gezielt gesteuert. In den nachfolgenden Abschnitten sollen die hardwareseitigen, softwareseitigen und algorithmischen Erkenntnisse aus dem Projekt zusammengefasst werden.

11.1.1 Gebäude / Anlage

Das *regionale, virtuelle Kraftwerk* wurde als Demonstrationsvorhaben von der TU Dresden und der EWE AG geplant, aufgebaut und umgesetzt. Angeordnet war es in der Region um Oldenburg und bestand aus Ein- und Zweifamilienhäusern sowie Gewerbeliegenschaften, welche einen unterschiedlichen Wärmebedarf aufweisen. Abb. 11.1 zeigt die Anordnung der Liegenschaften um Oldenburg und exemplarische Gebäude.

[62] EWE (ehemals Energieversorgung Weser-Ems) Aktiengesellschaft

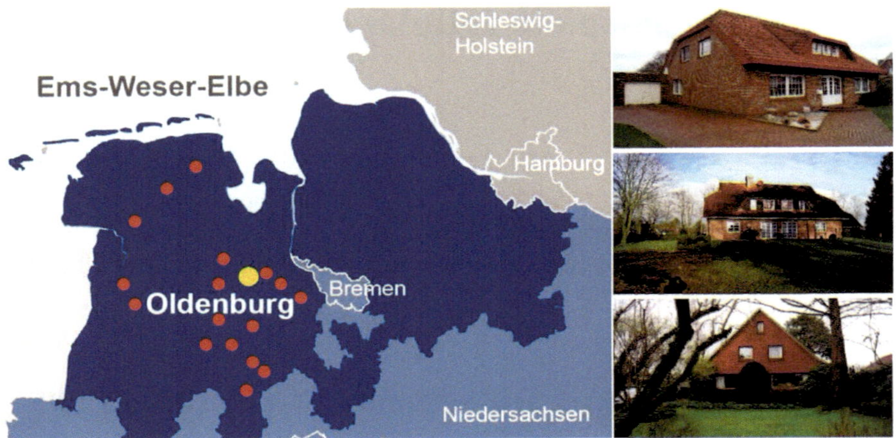

Abb. 11.1: Regionales, virtuelles Kraftwerk TUD / EWE AG

Gegenstand war eine einheitliche Anlagentechnik, die aus folgenden Komponenten bestand:

- Mikro-KWK-Anlagen oder Brennstoffzelle
- Gas-Brennwertgerät
- thermischer Speicher inkl. Heizstab

Alle Komponenten wurden vollständig mit Messtechnik[63] erfasst, um Fehler zu detektieren bzw. Systembilanzen erstellen zu können. Abb. 11.2 zeigt die umgesetzte hydraulische Schaltung des Systems. In Abb. 11.3 ist exemplarisch eine Anlage des RVK-Feldtests dokumentiert.

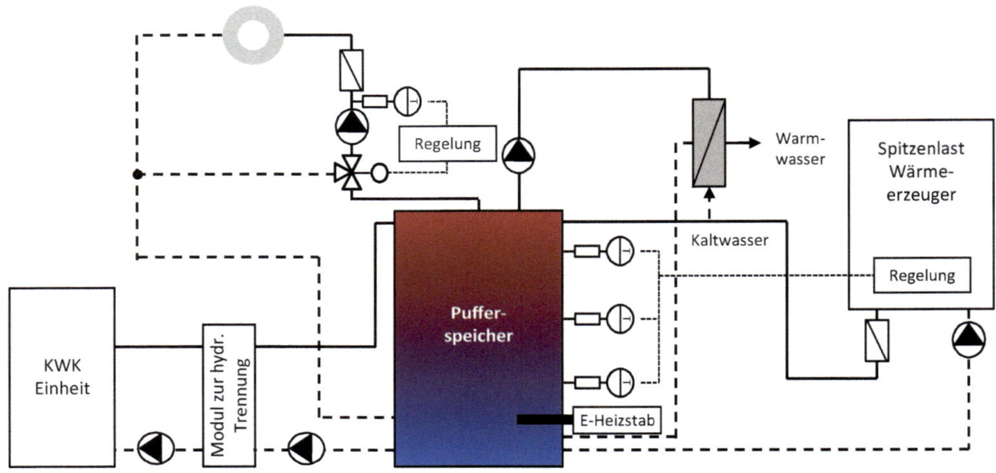

Abb. 11.2: Hydraulische Schaltung der RVK-Anlage

63 Temperatursensoren, Volumenstromsensoren, Sensoren zur elektrischen Leistungsaufnahme und -abgabe

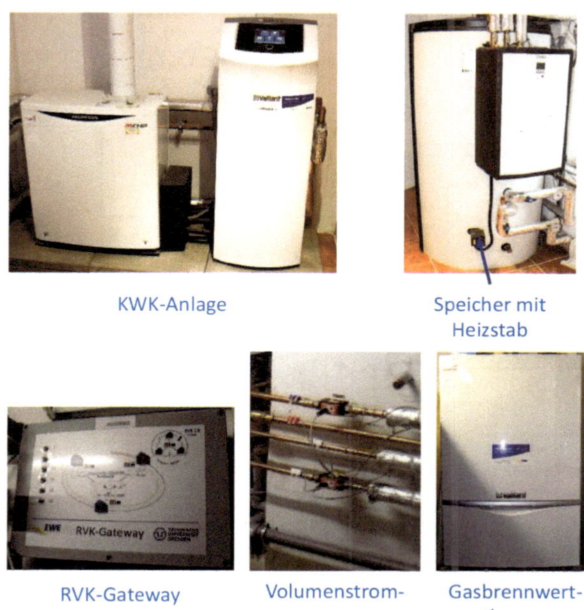

Abb. 11.3: Eingebaute Komponenten der RVK-Anlage

Hydraulisch wurde das KWK-Gerät mittels eines internen hydraulischen Kopplungsmoduls mit dem Pufferspeicher verbunden. Dies ermöglicht den Betrieb des KWK-Gerätes in einem möglichst konstanten Betriebspunkt in Bezug auf die Rücklauftemperatur. Der Pufferspeicher wurde als Parallelpufferspeicher ausgeführt, wodurch geringe Rücklauftemperaturen zu den Wandlungseinheiten realisiert werden konnten. Je nach Liegenschaft betrug das Volumen des Speichers zwischen $V = 300\ldots800$ l. Die Einbindung des Spitzenlastkessels erfolgte analog dem des KWK- Gerätes, jedoch ohne Kopplungsmodul. Zusätzlich wurde eine Rückschlagklappe eingebunden. Der Pufferspeicher wurde messtechnisch mit einer großen Anzahl an Temperatursensoren ausgestattet, die an der Außenwand des Speichers unter der Dämmung in einem Abstand von $l = 10$ cm angebracht wurden (vgl. Abb. 4.4). Mit der hohen Auflösung der Speichertemperaturen war es möglich, den Energieinhalt des Speichers sehr genau zu bestimmen.

11.1.2 Steuerung / Software

In Bezug auf die Datenstruktur wurde bei dem RVK-System ein hierarchischer Ansatz zur Datenübertragung, Datenaggregation und Steuerung umgesetzt. Die Grundkonzeption des Systems kann der Abb. 11.4 entnommen werden [120]. Durch diesen Ansatz war es möglich, unterschiedliche Optimierungsaufgaben in verschiedenen Betrachtungsebenen bzw. zu einzelnen Restriktionen zu untersuchen sowie zu kombinieren.

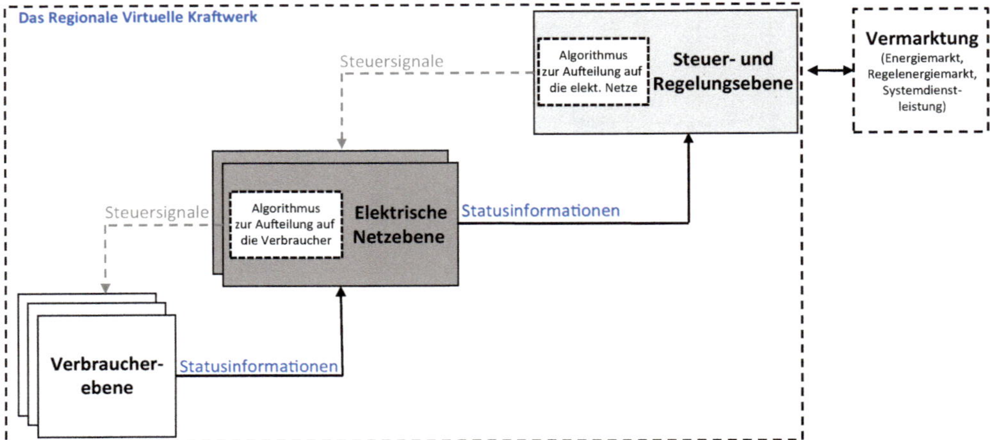

Abb. 11.4: Hierarchischer Ansatz des RVK-Systems

Ausgangspunkt der Betrachtungen war die thermische und elektrische Zustandserkennung beim Verbraucher. Diese Daten wurden zu Kenngrößen, welche den Systemversorgungszustand sowie das Flexibilitätspotential darstellen, aggregiert und an die virtuelle elektrische Netzebene übergeben. Innerhalb der Netzebene wurden Begrenzungsparameter verwendet und anschließend ein Summenfahrplan des Netzgebietes an die RVK-Zentrale weitergeleitet. In der RVK-Zentrale erfolgte in einem Control-Center die Erstellung des Gesamtfahrplans aller Anlagen und anschließend eine Vermarktung an den jeweilig ausgewählten Energiemärkten. Mit der Vermarktung und der damit einhergehenden vertraglichen Verbindung wurde der Gesamtfahrplan wieder auf die einzelnen Energiewandlungseinheiten aufgeteilt. Dies erfolgte so, dass bei einer gekoppelten Wärme- und Stromproduktion die thermischen Randbedingungen für den Letztverbraucher (zu versorgendes Gebäude) eingehalten werden mussten. Der beschriebene hierarchische Ansatz wurde jedoch nicht vollständig umgesetzt, da die elektrischen Netzgebiete nicht eindeutig ausgewählt werden konnten. Aus diesem Grunde wurden Restriktionen des elektrischen Netzes direkt als Randbedingung im Control-Center implementiert. Abb. 11.5 zeigt die umgesetzte Struktur mit Bezug auf das Control-Center.

Die Erstellung eines Gesamtfahrplans stellt eine besondere Herausforderung dar, da Gleichzeitigkeiten und unerwartete, nicht prognostizierbare Ereignisse auf der Ebene der Letzverbraucher mitberücksichtigt werden müssen. Im vorliegenden Fall des RVK-Systems der TUD/EWE wurden daher nur 80 % der möglichen RVK-Anlagen zur Fahrplangestaltung herangezogen. Die verbleibenden 20 % dienten der Reserve für den Eintritt von nicht prognostizierbaren Ereignissen.

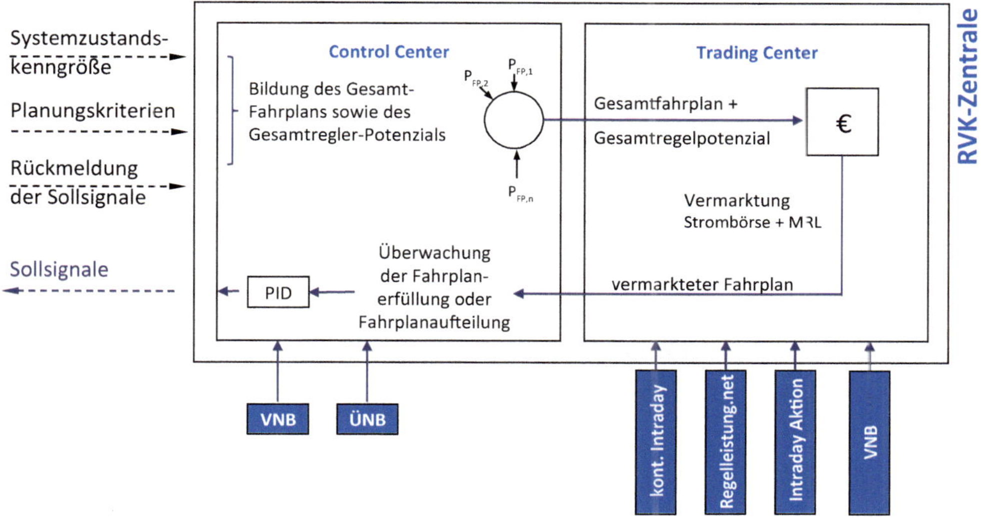

Abb. 11.5: Detailansicht des Control- und des Trading-Centers

Grundlage der Gesamtfahrplanerstellung bildete jeweils die lokale thermische Prognose, an die wiederum die elektrische Prognose gekoppelt war. Als Grundlage für die thermische Prognose sind von [120] verschiedene Verfahren analysiert worden. Zum Einsatz im Kontext des RVK-Projektes kam letztlich ein Trendverfahren auf der Basis eines gleitenden Mittelwertes bezogen auf ein zurückliegendes Intervall. Als günstig hat sich hierbei ein Intervall von 7 Tagen herausgestellt. Die Prognose wurde hierbei nur an die Außentemperatur gekoppelt. Die relevanten Formeln zur Berechnung des zu erwartenden thermischen Bedarfes für zukünftige Tage lautet:

$$m = \frac{\sum_{i=1}^{n} \left(\vartheta_{a,i} - \overline{\vartheta}_{a}\right) \cdot \left(Q_{i} - \overline{Q}\right)}{\sum_{i=1}^{n} \left(\vartheta_{a,i} - \overline{\vartheta}_{a}\right)^{2}} \tag{11.1}$$

$$\tilde{Q} = \overline{Q} + m \cdot \overline{\vartheta}_{a} \tag{11.2}$$

$$Q_{d+1} = m \cdot \overline{\vartheta}_{a,d+1} + \tilde{Q} \tag{11.3}$$

Notwendig für die Anwendung des beschriebenen Trendverfahrens ist die Kenntnis der Energieverbräuche der zurückliegenden Tage sowie die Kenntnis der zu erwartenden Außentemperatur in der prognostizierten Zukunft. Die Kenntnis der Außentemperatur wurde von einem Anbieter von Wetterdaten für jede Liegenschaft örtlich genau abgefragt[64]. Hinsichtlich der Kenntnis der Verbrauchsdaten wurde der thermische und elektrische Bedarf beim jeweiligen Letztverbraucher erfasst und ausgewertet. Die gesamte Berechnung der Energiebedarfe für den prognostizierten Zeitraum von max. $\tau = 72$ h wurde auf einem lokalen Gateway-System

64 In [130] wurden die Wetterdaten von OpenWeatherMap (https://openweathermap.org/) verwendet.

realisiert. Die algorithmische Beschreibung der Prognose wird nachfolgend um die technische Beschreibung des RVK-Gateways ergänzt. Technisch wurde hierfür eine Platinenentwicklung realisiert, an die ein Raspberry Pi (Model 3) als lokale Recheneinheit angeschlossen war. Eine Darstellung des RVK- Gateways liefert Abb. 11.6.

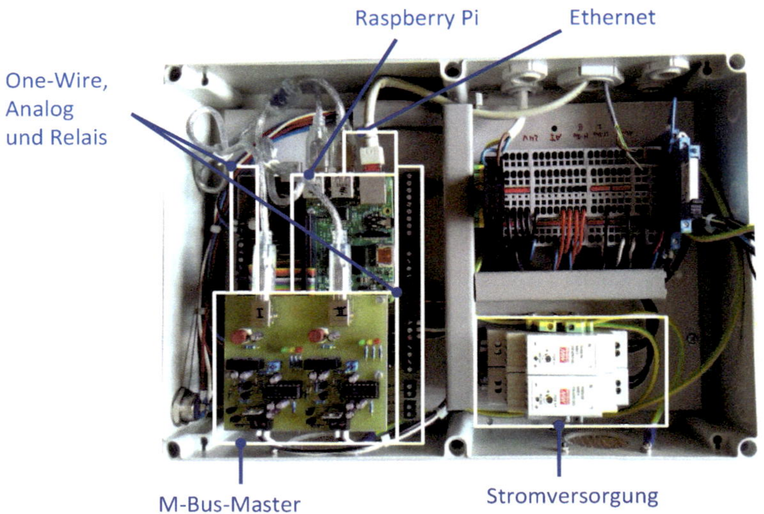

Abb. 11.6: Ansicht des RVK-Gateways nach [130]

Kennzeichnend für das RVK-Gateway ist neben der zentralen Recheneinheit eine große Anzahl an Datenschnittstellen. Umgesetzt sind eine Ethernet-Schnittstelle, eine M-Bus-Schnittstelle sowie Klemmstellen für One-Wire-Bus-Sensoren. Zusätzlich wurde direkt im Gerät eine Spannungsversorgung implementiert. Das RVK-Gateway wurde für eine Wandinstallation außerhalb des elektrischen Schaltschrankes konzipiert. Softwaretechnisch wurden im RVK-Gateway ebenfalls unterschiedliche Prozesse zur Datenerfassung, -speicherung und -aggregation realisiert. Abb. 11.7 zeigt hierzu eine Übersicht.

Das Softwarepaket des RVK-Gateways umfasste im Feldtest die Schnittstellen zu den Geräten, eine Datenbank sowie interne Berechnungsprozesse. Zu nennen sind der *RVK-Worker*, der für die Auswahl der Sensoren, die internen Berechnungen physikalischer Größen sowie die Speicherung von Messdaten und berechneten Daten in Zeitreihen verantwortlich ist. Der *Zeitplanmanager* realisiert die Umsetzung der Fahrpläne aus der RVK-Zentrale und gibt die Sollwerte für die Anlagen vor. Zusätzlich wurden die bereits beschriebenen Prognoseverfahren für die thermisch und elektrisch zu erwartenden Bedarfskennwerte in einer eigenen Softwarestruktur implementiert (*Prognose thermischer Bedarf / Prognose elektrischer Bedarf*). Als weiterer softwaretechnischer Baustein ist das *IEC 60870-5-104* [73] – Interface zu nennen, welches die Kommunikation zum Control- und Trading-Center realisiert. Da die exakte Umsetzung des genannten Protokolls einen erheblichen zeitlichen Aufwand bedeutet hätte, wurde hier auf eine kommerzielle Lösung zurückgegriffen. Zusätzlich wurde ein Softwaremodul zur *Fahrplanerzeugung* umgesetzt, wodurch im Wesentlichen die Flexibilität des Gesamtsystems erzeugt wird. Das Modul berechnet das Energietrendband und legt den Fahrplan innerhalb dieses Energietrendbandes fest. Detailliert sind alle Module des Softwarepaketes in [130] beschrieben.

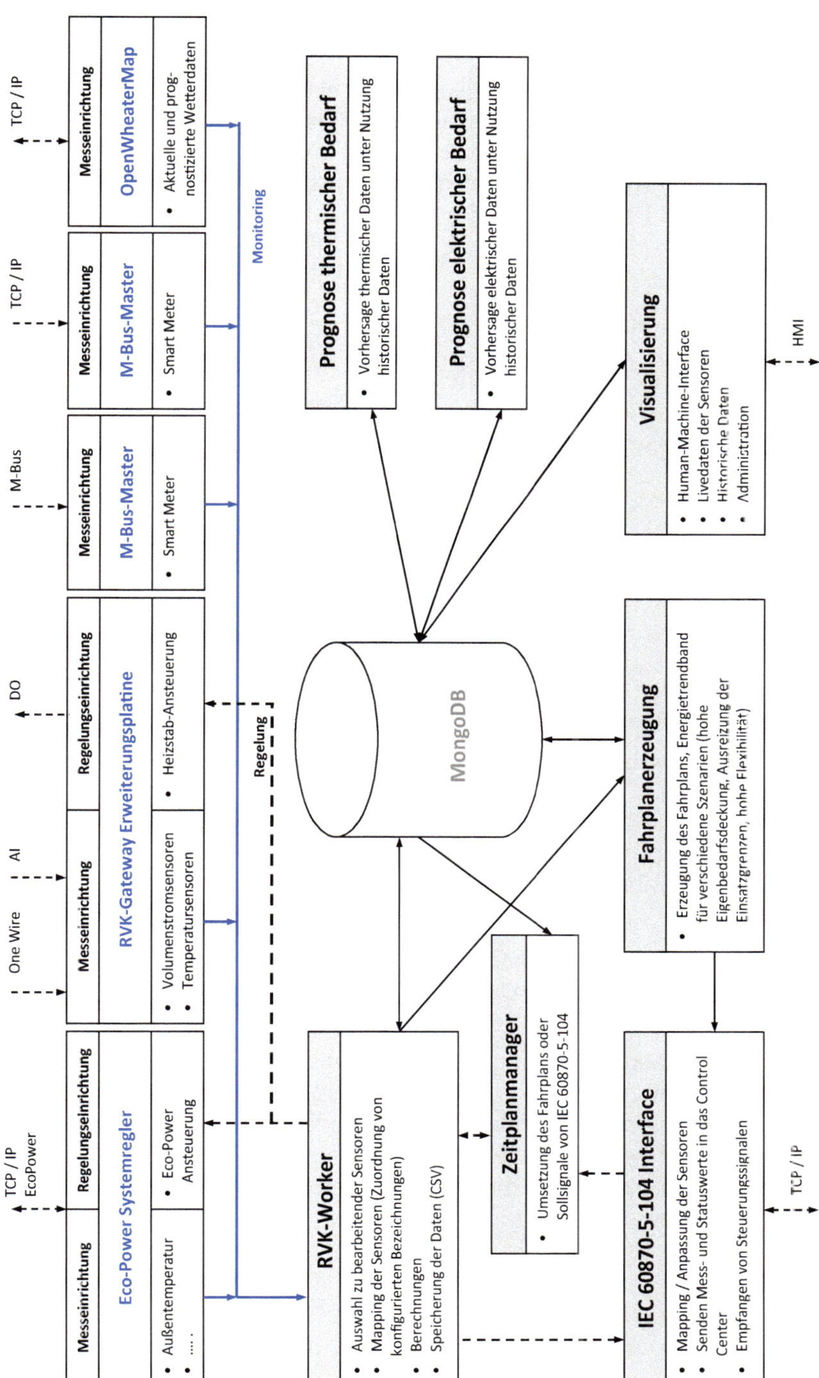

Abb. 11.7: Schnittstellen und Datenverarbeitung softwareseitig – RVK-Gateway nach [130]

11.1.3 Feldtestergebnisse

Das Regionale Virtuelle Kraftwerk TUD/EWE wurde über einen Zeitraum von drei Jahren betrieben. Während dieses Testbetriebs konnte erstmals ein Pooling von Kleinstanlagen realisiert werden. Abb. 11.8 zeigt dies exemplarisch. Das Pooling wurde innerhalb der Betriebssoftware der EWE durchgeführt. Unterteilt wurde in drei Netzgebiete entsprechend Abb. 11.8. Das Kriterium des Poolings wurde hierbei frei gewählt und orientierte sich nicht an der Leistungsfähigkeit des elektrischen Netzes.

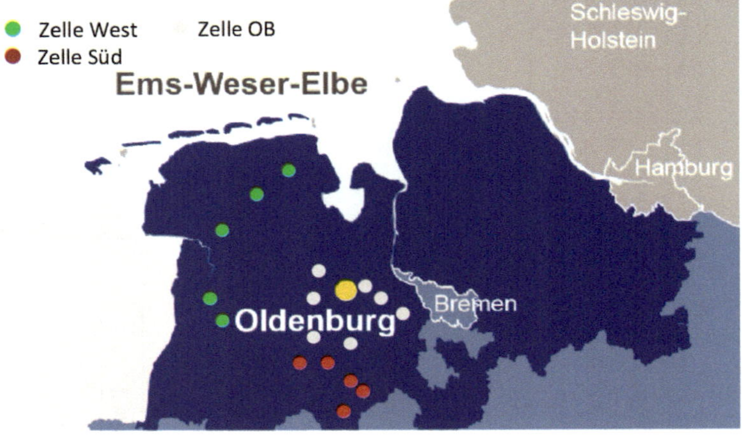

Abb. 11.8: Pooling der RVK-Anlagen zu einem „virtuellen Netzgebiet"

Für das RVK-System wurden unterschiedliche Fahrweisen analysiert. Neben einer klassischen, wärmegeführten Betriebsweise wurden eine stromoptimierte Betriebsweise und eine Verbund-Fahrweise erprobt. Die Fahrweisen können wie folgt charakterisiert werden:

wärmegeführter Betrieb:	– Fahrweise ohne Bezug auf den elektrischen Bedarf
stromoptimierter Betrieb:	– Fahrweise gegen den elektrischen Bedarf der Liegenschaft
RVK-Betrieb:	– lokaler Wärmebedarf ist eine Nebenbedingung / Fahrweise orientiert sich an Vorgaben des elektrischen Netzes

Alle drei Fahrweisen haben Auswirkung auf die energetische Effizienz der Systeme und müssen in einer Gesamtbetrachtung berücksichtigt werden. Als Kriterium für die Effizienz der Energieumwandlung wurden die nachfolgenden Nutzungsgrade definiert (bezogen auf den Heizwert). Diese beziehen sich zum einen auf die zwei Geräte Brennwerttherme und KWK-Anlage sowie zum anderen auf das ganze System mit den jeweiligen Verbrauchswerten für das Heizsystem (HS) und das Trinkwarmwasser (TWE).

$$\beta_{\mathrm{el,i,KWK}} = \frac{\int_{\tau_0}^{\tau_1} P_{\mathrm{el}} \, d\tau}{\int_{\tau_0}^{\tau_1} \dot{V}_{\mathrm{BG,KWK}} \cdot H_{\mathrm{i}} \, d\tau} \tag{11.4}$$

$$\beta_{ges,i,KWK} = \frac{\int_{\tau_0}^{\tau_1} P_{el} + Q_{th,KWK} \, d\tau}{\int_{\tau_0}^{\tau_1} \dot{V}_{BG,KWK} \cdot H_i \, d\tau} \tag{11.5}$$

$$\beta_{th,i,BW} = \frac{\int_{\tau_0}^{\tau_1} Q_{th,BW} \, d\tau}{\int_{\tau_0}^{\tau_1} \dot{V}_{BG,BW} \cdot H_i \, d\tau} \tag{11.6}$$

$$\beta_{sys,i} = \frac{\int_{\tau_0}^{\tau_1} P_{el} + Q_{th,HS} + Q_{th,TWE} \, d\tau}{\int_{\tau_0}^{\tau_1} \dot{V}_{BG,KWK+BW} \cdot H_i \, d\tau} \tag{11.7}$$

Tab. 11.1: Nutzungsgrade für unterschiedliche Betriebsweisen des RVK-Feldtests

Anlage	Symbol	wärmegeführter Betrieb	stromoptimierter Betrieb	RVK-Betrieb
KWK	$\beta_{el,i,KWK}$ in %	23,0	22,6	22,3
	$\beta_{ges,i,KWK}$ in %	79,0	74,9	74,3
Brennwertgerät	$\beta_{th,i,BW}$ in %	77,7	76,2	74,5
System (lokales RVK-System)	$\beta_{sys,i}$ in %	73,3	69,0	63,0

Betrachtet man die Ergebnisse der Tab. 11.1, so wird deutlich, dass der wärmegeführte Betrieb im Gesamtnutzungsgrad die größten Kennwerte aufweist. Beim stromoptimierten Betrieb sind gegenüber dem wärmegeführten Betrieb kleinere Nutzungsgrade zu detektieren, was auf die häufige Taktung des Systems zurückzuführen ist. Nochmals niedriger liegen die Kennwerte beim RVK- Betrieb, da hier einerseits nochmals ein gesteigertes An- und Abfahren der Geräte zu verzeichnen ist sowie andererseits der Pufferspeicher im Mittel auf einem höheren Temperaturniveau betrieben wurde[65]. In einer wirtschaftlichen Gesamtbetrachtung müssen diese Effekte der Betriebsweisen mit berücksichtigt werden.

65 Das Temperaturniveau und die damit verbundenen Vor- und Rücklauftemperaturen zu den Geräten haben einen hohen Einfluss auf die Effizienz der Energiewandlungseinheiten.

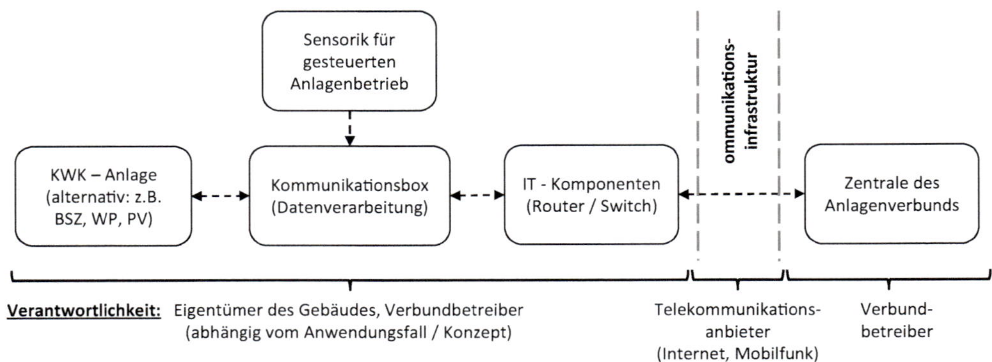

Abb. 11.9: Exemplarische Darstellung der Anlagen- und Kommunikationskomponenten inkl. entsprechender Verantwortlichkeit in Bezug auf die Verfügbarkeit [120]

In diesem Zusammenhang ist als ein wesentlicher Einflussfaktor auf den fehlerfreien RVK-Betrieb zusätzlich die Daten- sowie Anlagenverfügbarkeit zu nennen. Im Gegensatz zum reinen lokalen wärmegeführten Betrieb ist diese im Systemverbund von weiteren externen Komponenten abhängig. Dies umfasst die zusätzlich erforderliche Messtechnik und die notwendige Kommunikation zwischen den einzelnen Komponenten. Die Verfügbarkeit des RVK-Verbundes unterteilt sich somit in die drei Bereiche der Anlagenverfügbarkeit (lokale technische Betriebsbereitschaft), die Datenverfügbarkeit (Vollständigkeit notwendiger Datenpunkte) und die Kommunikationsverfügbarkeit (Kommunikationsverbindung). Je nach Betreibermodell und Installationsort können hierfür unterschiedliche Verantwortlichkeiten genannt werden. Dies sind im Wesentlichen der Gebäude- bzw. Anlageneigentümer, der Verbundbetreiber und der Telekommunikationsanbieter, vgl. Abb. 11.9. In Bezug auf diese Einteilung wurden die Verfügbarkeiten der jeweiligen Komponenten über den Zeitraum eines Jahres ermittelt (vgl. Tab. 11.2).

Tab. 11.2: Angaben zur Daten- und Anlagenverfügbarkeit

	Verfügbarkeit	Ausfalldauer		
		τ_{min}	τ_{max}	Median
KWK-Anlage	97,3 %	1,0 h	400,0 h	26,5 h
Kommunikationsbox	83,2 %[66]	1,0 min	4005,0 h	2,8 min
Datenverfügbarkeit	80,9 %	10,0 s	4005,0 h	15,0 s

Die verwendeten KWK-Anlagen erreichten eine Betriebsbereitschaft von 97, 3 %. Je nach Störungsumfang konnten diese direkt online, mittels Fernwartung oder durch einen Fachhandwerker vor Ort beseitigt werden. Auftretende Störungen an der Anlage konnten jeweils mindestens nach $\tau = 1{,}0$ h sowie im Median nach $\tau = 26{,}5$ h behoben werden. Für das RVK-Gateway wurde eine mittlere Verfügbarkeit von 83, 2 % ermittelt. Im Median betrug die Verfügbarkeit des RVK- Gateways 88,1 % mit einer medianen Ausfallldauer von $\tau = 2{,}8$ min. Diese waren hauptsächlich auf Softwareneustarts zurückzuführen.

66 Die Verfügbarkeit des RVK-Gateways ohne die Betrachtung von Komplettausfällen über einen Zeitraum von $\tau > 1$ d betrug 95,1 %.

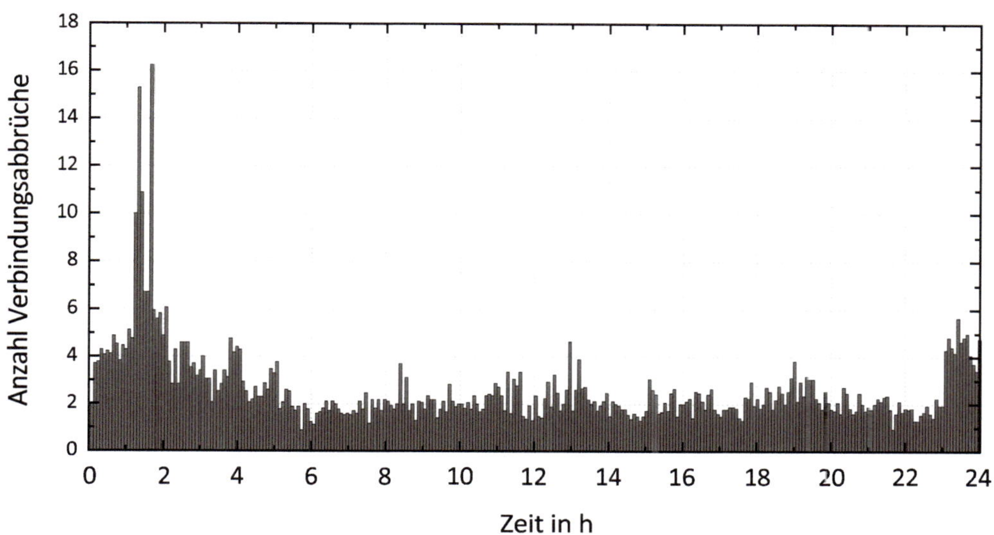

Abb. 11.10: Anzahl der Verbindungsunterbrechungen für einen Zeitraum von $\tau = 24$ h (gesamter RVK-Verbund)

Neben den energetischen Kennwerten wurde eine Auswertung der Datenverfügbarkeit vorgenommen. Diese bezieht sich auf die Verfügbarkeit der installierten Mess-Sensorik und ist abhängig von der dezentralen Datenverarbeitung, dem RVK-Gateway. Hierbei wird unter einer $\chi = \frac{\tau_{verf.}}{\tau_{ges}} = 100\,\%$ -Datenverfügbarkeit der Zustand definiert, dass alle Messpunkte zu jedem Zeitpunkt (Abfrageintervall) verfügbar sind und somit alle Kenngrößen des RVK-Verbundes bestimmt werden können. Grundsätzlich war bei den RVK-Instanzen eine hohe durchschnittliche Datenverfügbarkeit von im Mittel $\chi = 80,9\,\%$ zu detektieren. Interessant ist eine Analyse über alle Anlagen, wie lange die Datenverfügbarkeit nicht gegeben war. Abb. 11.10 gibt hierzu die entsprechenden Informationen.

Abb. 11.10 zeigt, dass sich die Verbindungsabbrüche in den frühen Morgenstunden und am Abend häufen. Analysiert man die Zeit der Verbindungsabbrüche (vgl. Tab. 11.3), so kann festgestellt werden, dass die prozentual höchste Anzahl kleiner als $\tau = 2$ min dauert und somit relativ gering waren. Dennoch muss festgestellt werden, dass die Kommunikationsverbindungen weiterentwickelt werden müssen, um eine Zuverlässigkeit wie bei der Elektroenergieversorgung zu erreichen. In Hinblick auf die Softwarearchitektur ist es daher weiterhin angeraten, lokal eine Datenhaltung vorzunehmen, wie es in Abb. 11.7 mit der lokalen Datenbank vorgenommen wurde.

Tab. 11.3: Häufigkeit der jeweils aufgetretenen Verbindungsunterbrechungen

Zeit	Verbindungsunterbrechungen in %
$\tau \leq 15$ s	26,2
15 s $\leq \tau \leq$ 30 s	6,6
30 s $< \tau \leq$ 1 min	9,6
1 min $< \tau \leq$ 2 min	42,7
2 min $< \tau \leq$ 5 min	7,2
5 min $< \tau \leq$ 30 min	4,3

Zeit	Verbindungsunterbrechungen in %
30 min < $\tau \leq$ 2 h	2,1
2 h < $\tau \leq$ 24 h	1,0
$\tau \leq$ 24 h	0,2

Ein wesentlicher Punkt der Analysen in [130] war der Nachweis, dass unterschiedliche RVK- Anlagen koordiniert betrieben werden können. Dies stellt die Grundvoraussetzung für die Umsetzung eines zellularen Energiesystems dar. Hierzu wurde ein „fiktiver" Regelleistungstest mit dem RVK-Verbund durchgeführt. Abb. 11.11 zeigt die Ergebnisse dieses Tests.

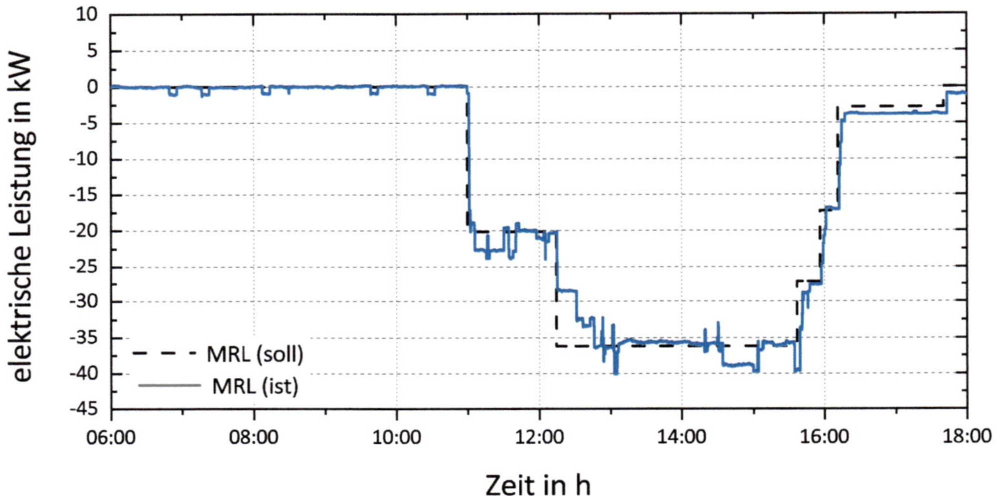

Abb. 11.11: Negativer Regelleistungstest für das RVK-System

Durchgeführt wurde ein negativer Regelleistungstest, d.h., die RVK-Teilnehmer mussten über den elektrischen Heizstab Elektroenergie in den thermischen Speicher einspeisen. Es wurde ein 2-stufiger Test durchgeführt. Wie aus Abb. 11.11 zu erkennen ist, wurde nach der ersten Stufe der vorgegebene Sollwert überschritten. Dies liegt an der Abstimmung zwischen thermischer und elektrischer Prognose des Systems. Im zweiten Schritt wurde der Regelleistungsabwurf nicht ganz erreicht. Hier lagen thermische Anforderungen in den Gebäuden vor, die als Nebenbedingungen immer erfüllt werden müssen. Betrachtet man jedoch den gesamten Verlauf und nimmt in Bezug, dass nur 17 Systeme im RVK zusammengefasst wurden, dann kann festgestellt werden, dass eine Fahrplanerfüllung gegeben ist. Bestätigt wurde dies durch eine detaillierte Betrachtung der Fahrplangüte[67] des Anlagenverbundes über den Zeitraum der Tests zum stromgeführten Verbundbetrieb (RVK-Betrieb). In der Tab. 11.4 sind hierzu die jeweils erreichten Kennzahlen zur Fahrplangüte dokumentiert. Damit die Fahrplangüte und die damit verbundenen Abweichungen (erzeugte Leistung) bewertet werden können, ist es notwendig, diese möglichst unabhängig

67 Die Fahrplangüte des Anlagenverbunds bezieht sich auf den prognostizierten Fahrplan vom Vortag (Zeithorizont von τ > 24 h DayAhead-Vermarktung).

von den äußeren Randbedingungen zu betrachten. Daher wurde zusätzlich die Fahrplangüte als Verhältnis der mittleren Abweichung der erzeugten elektrischen Leistung zur möglichen Gesamtleistung des Anlagenverbundes berechnet. Durch die zusätzliche Berücksichtigung von kurzfristigen Anlagenausfällen konnte die Fahrplangüte in diesem Feldtest um 4 % erhöht werden.

Tab. 11.4: Fahrplangüte mit und ohne Berücksichtigung von Anlagenausfällen

	Allgemein	unter Berücksichtigung von Anlagenausfällen
Fahrplangüte in Bezug zum Fahrplan	71,3 %	75,7 %
Fahrplangüte in Bezug zur Gesamtleistung des Verbundes	87,9 %	91,1 %

Insgesamt ist die Fahrplangüte geprägt durch kurzzeitige Anlagenausfälle, wodurch bei einem solchen Verbundbetrieb die Vorhaltung einer Anlagenreserve notwendig ist. Mit diesem Feldtest [130] wurde der Nachweis erbracht, dass auch Kleinanlagen koordiniert im Verbund betrieben werden können.

11.2 Virtueller WärmeStromPool

Die RheinEnergie Trading GmbH in Kooperation mit der Technischen Hochschule Köln analysierten einen *Virtuellen WärmeStromPool,* dessen Struktur Abb. 11.12 dokumentiert (vgl. [133]). Ziel des Systems war die Sektorkopplung zwischen Strom- und Wärmemarkt und damit die Teilnahme am Intraday Markt. Hiermit sollte ein Lastausgleich innerhalb des elektrischen Übertragungs- und Verteilnetzes erreicht werden. Nachteilig war der zu erwartende höhere kommunikationstechnische und messtechnische Aufwand. Auf der Stromseite erfolgte ein Pooling der Anlagen und damit eine Vermarktung. Aus dem Virtuellen Kraftwerk wurden Steuerbefehle über ein Gateway an lokal verbaute Nachtspeicherheizungen (NSH) übergeben, die zu einer Aufheizung der Speichermasse führt. Gemessen wurde die abgegebene elektrische Energie beim Teilnehmer, die bilanztechnisch mit dem Lastausgleich auf elektrischer Ebene identisch sein musste. Der *Virtuelle WärmeStromPool* wurde als Steuerungskonzept ausgeführt, d.h., Zustandsinformationen der Speichermasse auf lokaler Ebene wurden nicht verarbeitet.

Neben den reinen technischen Aspekten werden in [133] auch Aussagen zur thermischen Behaglichkeit mit Nachtspeicherheizungen sowie zu ökonomischen und ökologischen Aspekten gegeben.

Im Vergleich mit einer erdgasbasierten Heizung kann die elektrische Speicherheizung aktuell in Hinblick auf die CO_2-Emissionen nicht konkurrieren, da der deutsche Strommix noch deutliche CO_2-Emissionen aufweist. Mit einer erwarteten Steigerung der Anteile an erneuerbarer Energie im Strombereich werden die CO_2-Emissionen von NSH jedoch deutlich geringer, was ab 2030 – 2050 zu einem deutlichen Einsparpotential an CO_2-Emissionen im Vergleich zu einer Gasheizung führen wird. Aussagen zu umfangreichen Betriebserfahrungen werden in [133] jedoch nicht dokumentiert.

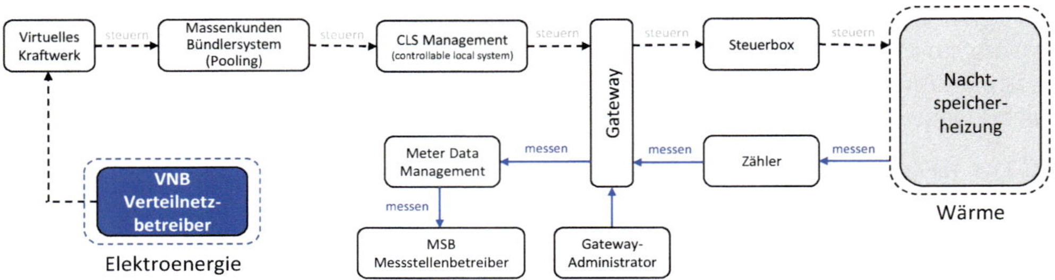

Abb. 11.12: Virtueller WärmeStromPool der RheinEnergie Trading GmbH

11.3 Projekt – Serving

Eine wesentliche Voraussetzung für den zuverlässigen Betrieb zellularer Energiesysteme ist die Berücksichtigung von technischen Restriktionen. In elektrischen Netzen bedeutet dies, dass einerseits die Verletzungen des Spannungsbandes und andererseits die Überlastungen von elektrischen Betriebsmitteln, wie Transformatoren, Freileitungen und Kabeln, verhindert werden müssen. Gerade in Verteilnetzen ist dies sehr problematisch, da praktisch keine Netzautomatisierung vorhanden ist. Dies bedeutet, dass keine Informationen über den aktuellen Netzzustand und die zu erwartenden Belastungen vorliegen. Im Rahmen des Forschungsprojektes Serving [85] hat man sich dieses Problems angenommen und als Ziel gesetzt, das elektrische Verteilnetz durch eine Service-Plattform intelligent zu betreiben. Dabei wurde angestrebt, die Netzinfrastruktur unter Berücksichtigung von dezentralen Energieerzeugungsanlagen und steuerbaren Lasten optimal zu betreiben. Einerseits sollen Überlastungen oder Verletzungen des Spannungsbandes verhindert werden und andererseits eine maximale Auslastung der verschiedenen Komponenten des Verteilnetzes ermöglicht werden. Die Service-Plattform unterstützt den kompletten Zyklus des Netzbetriebs, von der Erstellung eines Betriebsfahrplans bis hin zur Überwachung des aktuellen Netzzustandes. Serving stellt dabei Energiedienstleistern Flexibilitätspotentiale sowie die entsprechende Kommunikation zur Verfügung. Eine neuartige Lastallokation ermöglicht den kostenoptimalen Einsatz von flexiblen Verbrauchsanlagen unter Berücksichtigung von Netz- und Anlagenrestriktionen. Ein neu entwickelter Algorithmus zur Zustandserkennung des Verteilnetzes stellt sicher, dass alle Betriebsmittel innerhalb ihrer technischen Grenzen betrieben werden. Die folgenden Ausführen basieren auf der Veröffentlichung [86].

11.3.1 Idee / Ausgangslage

Die Grundidee des Projektes Serving ist die Entwicklung einer Service-Plattform, mit deren Hilfe die Netzbetreiber, Energiehändler und Stromkunden untereinander Informationen austauschen können. Innerhalb dieser Service-Plattform erfolgt sowohl eine Erzeugungs- und Lastprognose für die nächsten 24 Stunden als auch eine Berechnung der Energieflüsse im Niederspannungsnetz, um unzulässige Belastungen zu verhindern. Hierdurch konnten einerseits die Netzbetriebsmittel optimal ausgelastet werden und andererseits die Beschaffung der elektrischen Energie zu minimalen Preisen erfolgen. Gleichzeitig erfolgte eine Reduktion der CO_2-Emissionen. Das Projekt

Serving stellte damit eine Service-Plattform für ein zukunftsfähiges Niederspannungsnetz zur Verfügung. Durch die Zusammenarbeit von Vertretern aus Wissenschaft, Strombeschaffung und Stromnetzbetrieb konnte ein intelligentes Steuerungskonzept für flexibel einsetzbare Verbrauchsanlagen implementiert werden. Hierdurch wurde eine effiziente und maximierte Nutzung von dezentralen, erneuerbaren Energieanlagen (EE-Anlagen) ermöglicht und gleichzeitig ein optimaler Betrieb des Stromnetzes implementiert [85].

Mit einem neuartigen Ansatz zur Last- und Erzeugungsallokation wurde dem Energielieferanten ein Werkzeug zur preis-optimalen Beschaffung von elektrischer Energie zur Verfügung gestellt. Ziel war es neben der schon genannten Reduzierung der CO_2-Emissionen auch, die Kosten für den Netzausbau zu verringern. Mit Hilfe neuer mathematischer Verfahren soll, trotz weniger Messstellen im Netz, eine Netzzustandsidentifikation zur Überwachung der Netzbelastung ermöglicht werden. Dies ist die Grundlage für eine aktive Bewirtschaftung des Niederspannungsnetzes. Serving stellt neben den notwendigen Algorithmen die komplette Informations- und Kommunikationsstruktur zwischen Energievertrieb, Netzbetreiber und Verbrauchs- bzw. Erzeugungsanlagen bereit. In Niederspannungsnetzen befinden sich unzählige Erzeugungs- und Verbrauchsanlagen, die bisher unkoordiniert elektrische Energie in das Netz einspeisen bzw. aus diesem beziehen. Im Fall einer temporären und räumlich lokal begrenzten Reduzierung der Aufnahmefähigkeit des Netzes können Überlastungen auftreten. Insbesondere im Niederspannungsnetz werden diese durch die fehlende Netzüberwachung nicht erkannt und können zu erheblichen Folgefehlern mit entsprechenden Kosten führen. In Netzen mit ausreichender informationstechnischer Erschließung werden klassische Maßnahmen des Einspeisemanagements zur Abschaltung von EE-Anlagen führen und damit eine Reduzierung der CO_2-Emission verhindern. Eine zentrale Funktion der Service-Plattform ist die Bestimmung der aktuellen Belastung aller Betriebsmittel des Niederspannungsnetzes. Aus Kostengründen ist der Aufbau einer eigenständigen Mess- und Kommunikationsinfrastruktur im Niederspannungsnetz wirtschaftlich und technisch nicht sinnvoll. Vielmehr muss die Berechnung der aktuellen Auslastung mit Hilfe der übermittelten Zählerinformationen und weniger zusätzlicher Messstellen durch neue Berechnungsalgorithmen ermöglicht werden. Die automatisierte Bestimmung der minimalen Messkonfiguration und Entwicklung der benötigten Berechnungsalgorithmen waren ein Schwerpunkt der Forschung.

In vielen Haushalten befinden sich aktuell elektrisch betriebene Wärmespeicheranlagen (WSA) zur Gebäudebeheizung. Diese Anlagen bilden einen wichtigen Grundbaustein im Bereich der Sektorenkopplung zwischen Strom und Wärme [155]. Diese WSA werden jedoch aktuell nur über starre Freigabezeiten, zum Beispiel in der Nacht, nachgeladen. Die potentiellen Flexibilitäten beim Betrieb dieser Anlagen, zum Beispiel zur Nutzung des „Überschussstromes", werden nicht genutzt. Dabei ist zu beachten, dass die WSA aktuell den größten verfügbaren thermischen Speicher in Niederspannungsnetzen darstellen [20]. Weiterhin bieten Hochspeicher zur Trinkwasserversorgung ein hohes Potential zur flexiblen Nutzung der elektrischen Energie. Auch hier kann der „Überschussstrom" genutzt werden, um mit Hilfe elektrischer Pumpen die Trinkwasserspeicher wieder aufzufüllen. Voraussetzung ist eine möglichst exakte Prognose des Wasserbedarfs, welche die Basis der Flexibilisierung bildet. Die Service-Plattform wurde so designt, dass diese sowohl für die WSA als auch die Trinkwasserversorgung genutzt werden kann. Das Projekt Serving stellt somit einen Lösungsansatz zur bestmöglichen Integration erneuerbarer Energien zur Verfügung und leistet einen wichtigen Beitrag zur Entwicklung von intelligenten Niederspannungsnetzen.

11.3.2 Konzept

Das aktive Einbeziehen des Verteilnetzes bei der Steuerung von flexiblen Verbrauchern steigert das Potential des Lastmanagements, reduziert Netzverluste und erhöht die nutzbare Netzkapazität sowie die Aufnahmefähigkeit des Netzes für die Energie aus EE-Anlagen. Das Projekt zielt dabei im Wesentlichen auf die Nutzung der dezentralen Flexibilitätspotentiale von WSA und der energetisch optimierten Bewirtschaftung von Wasserversorgungsanlagen (WVA). Diese flexiblen Lasten sind dabei in hoher Anzahl im untersuchten Netzgebiet verfügbar und können hierdurch einen enormen Beitrag im Bereich der Sektorkopplung leisten. Wesentliche positive Resultate bei den WSA wurden in den Heizperioden erzielt und verifiziert. Für die WVA ließen sich vor allem Potentiale in den Spitzenverbrauchszeiten der Sommermonate darstellen.

Im Fokus des Projektes Serving stand die theoretische Entwicklung und praktische Erprobung eines nachhaltigen Betriebsführungskonzepts und einer Informationsplattform für den Verteilnetzbetreiber (VNB). Die Prognose und Detektion von kritischen Netzbetriebszuständen mittels State-Estimation im Verteilnetz bilden dabei die Grundlage der Optimierung der Betriebsführung. Durch Simulation des Gesamtsystems sowie einer Pilotimplementierung mit anschließendem Feldversuch wurden sowohl die Funktionalität als auch die Effektivität des entwickelten Konzeptes erfolgreich überprüft. Neben der funktionalen Entwicklung galt es, einen sicheren und effizienten Betrieb der Service-Plattform unter besonderer Berücksichtigung von Datensicherheits- und Datenschutzinteressen der Nutzer zu gewährleisten.

Aufbauend auf den definierten Anforderungen bzw. identifizierten Funktionalitäten galt es, die Kernfunktionen und Algorithmen zu entwickeln. Die Funktionsabfolge wurde dabei entlang des rollierenden Tagesablaufes durchgeführt (vgl. Abb. 11.13). Der „Serving-Tag" beginnt um 6:00 Uhr mit dem Datenabruf der Erzeugungs- und Verbrauchsprognose im betrachteten Netzgebiet für die nächsten $\tau = 24$ h. Die später detailliert beschriebene Funktionskette endet mit der Lastallokation und muss bis spätestens 14:00 Uhr durchlaufen sein. Nur dann kann rechtzeitig der Fahrplan für den Folgetag an die Erzeugungs- und flexiblen Verbrauchsanlagen übermittelt werden. Die Überwachung des Netzzustandes durch die State-Estimation ist ein kontinuierlicher Prozess und läuft während des gesamten Tages parallel zu den Planungsaktivitäten des nächsten Tages.

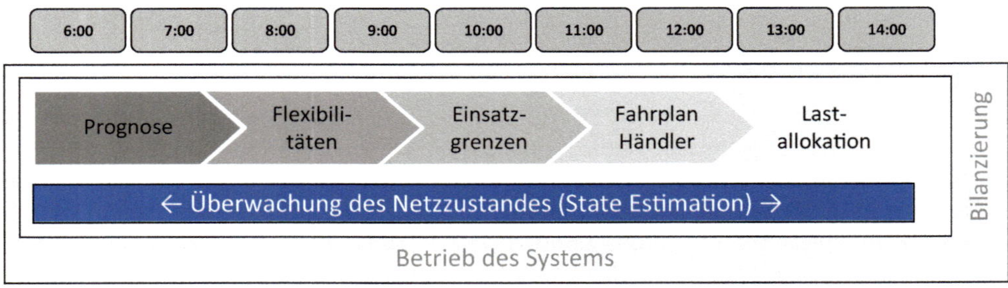

Abb. 11.13: „Serving-Tag" [85]

Im Mittelpunkt der Forschungsaktivitäten innerhalb des Projektes Serving standen eine neu zu entwickelnde Netzzustandsüberwachung und ein innovatives Verfahren zur Lastallokation. Beide Verfahren sind wichtige Werkzeuge für einen optimierten Betrieb von Verbrauchsanlagen durch den Energielieferanten unter Berücksichtigung von Restriktionen des Stromnetzes.

11.3.3 Flexibilisierung steuerbarer Lasten

Eine Kernfunktion von Serving besteht darin, Flexibilitäten steuerbarer Anlagen zu bestimmen und markt- sowie netzdienlich (elektrisch) einzusetzen. Im ersten Schritt galt es, hierbei Möglichkeiten zur Beschreibung von Flexibilitäten zu finden. Als Flexibilität wird eine zeitlich variable Steuerung des Energiebedarfs verstanden. Die intensive Zusammenarbeit mit dem Energiehändler sowie dem Netzbetreiber im Projekt zeigten, dass die Beschreibung von Flexibilitäten durch ein Energietrendband sowie Einsatzgrenzen eine praktikable Lösung sind. Das Energietrendband beschreibt dabei zeitabhängig minimale und maximale Energiewerte, um den Tagesenergiebedarf einer Verbrauchsanlage zu decken. Die Einsatzgrenzen werden durch die minimal und maximal abrufbare Leistung dargestellt. Mit dieser Beschreibung können sowohl Anlagen mit Speichereinrichtungen als auch WSA und andere zeitlich flexible einsetzbare Verbrauchs- und Erzeugungsanlagen abstrahiert und technologieunabhängig dargestellt werden.

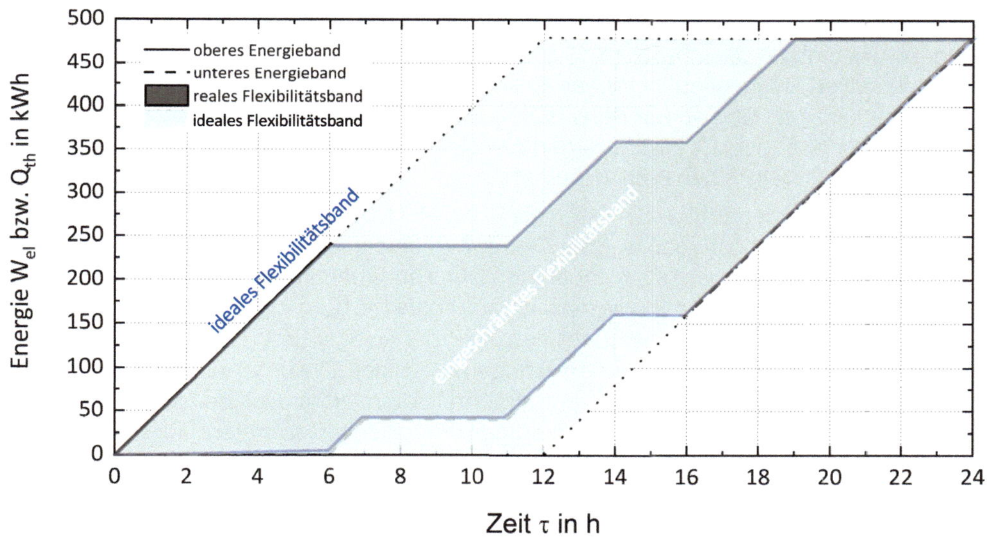

Abb. 11.14: Beispiel Energietrendband [85]

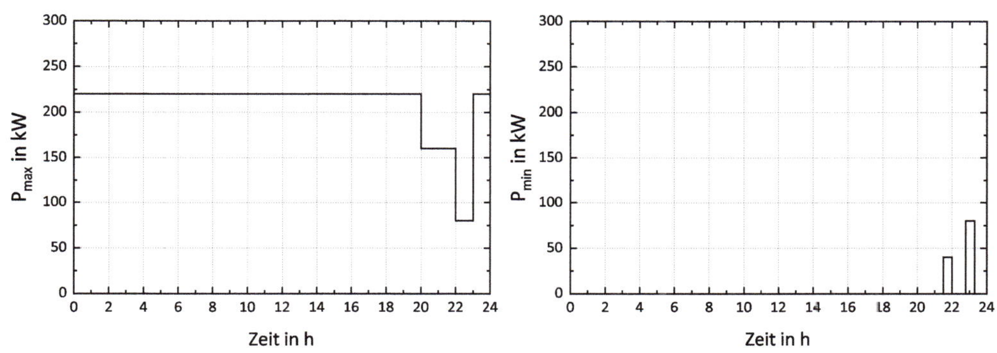

Abb. 11.15: Beispiel Einsatzgrenzen Anlage [85]

In Abb. 11.14 ist zunächst das Energietrendband einer einzelnen Verbrauchsanlage schematisch dargestellt. Der minimale Energiewert W_{min} beschreibt dabei die zum entsprechenden Zeitpunkt minimal zu handelnde Energie. Diese muss zu diesem Zeitpunkt zwingend bereitgestellt werden, da zum Beispiel der Speicher der WSA leer ist. Man erkennt, dass zwischen Mitternacht und sechs Uhr keine Energie benötigt wird. Ab zirka 6 Uhr muss eine Mindestenergie W_{min} bereitgestellt werden. Der oberer Energiewert W_{max} stellt die zu dem jeweiligen Zeitpunkt maximal aufnehmbare Energie der Anlage dar. Die Aufnahmefähigkeit der WSA wird zum Beispiel dadurch begrenzt, dass der Speicher voll geladen ist. Es kann somit keine weitere Energie gespeichert werden. Am Tagesende treffen minimale und maximale Grenze aufeinander und ergeben den Tagesenergiebedarf. Der Energiebedarf der betrachteten Anlage wird somit immer vollständig gedeckt, wenn die Bereitstellung der Energie innerhalb des Energiebands erfolgt. Das Energietrendband stellt sicher, dass die Anlage nach einem Tag wieder den vorherigen Speicherzustand erreicht.

Das Energietrendband einer idealen Anlage, also einer Anlage, deren Speichervolumen den gesamten Energiebedarf eines Tages decken kann, wird nur durch die Anlagenleistung begrenzt. Es ergeben sich damit die in Abb. 11.14 gestrichelt dargestellten Grenzen. Das Energietrendband einer realen Anlage weist hingegen Einschränkungen auf. Diese werden einerseits durch die Speicherkapazität und andererseits durch die maximale Anlagenleistung hervorgerufen. Die Energietrendbänder der Einzelanlagen werden anschließend für den Händler kumuliert. Hierbei müssen die zulässigen Betriebsgrenzen des elektrischen Netzes berücksichtigt werden.

Zusätzlich zum Energietrendband müssen die Betriebsgrenzen der Anlagen berücksichtigt und in geeigneter Weise beschrieben werden. Dies erfolgt entsprechend Abb. 11.15 durch die Festlegung der für jeden Zeitpunkt verfügbaren maximalen und minimalen Leistung der Anlage. Die maximale Leistung beschreibt die maximal abrufbare Leistung P_{max} zu einem Zeitpunkt und entspricht im Normalfall der Bemessungsleistung P_r der Anlage. Einschränkungen können hier durch Sperrzeiten oder betriebliche Restriktionen entstehen. Die untere Leistungsgrenze P_{min} beschreibt eine abzurufende Mindestleistung und liegt im Normalfall bei „null". Abweichend hiervon können zum Beispiel auch notwendige Einschaltzeiten auftreten.

Neben der Beschreibung der anlagenspezifischen Flexibilitäten müssen zusätzlich die technischen Grenzen der Betriebsmittel des betrachteten Netzgebiets berücksichtigt werden (siehe Abb. 11.16). Hierzu muss eine Verbrauchs- und Erzeugungsprognose für den Folgetag für jede einzelne Anlage erstellt werden. Die nicht steuerbaren Lasten bilden quasi eine Grundbelastung der Betriebsmittel. Die Einsatzgrenzen des Netzes ergeben sich einerseits durch die maximal bzw. minimal abrufbare Leistung jeder flexibel einsetzbaren Verbrauchs- und Erzeugungsanlage und andererseits durch die Restriktionen der Netzbetriebsmittel bzw. dem maximalen Spannungsfall im Netz.

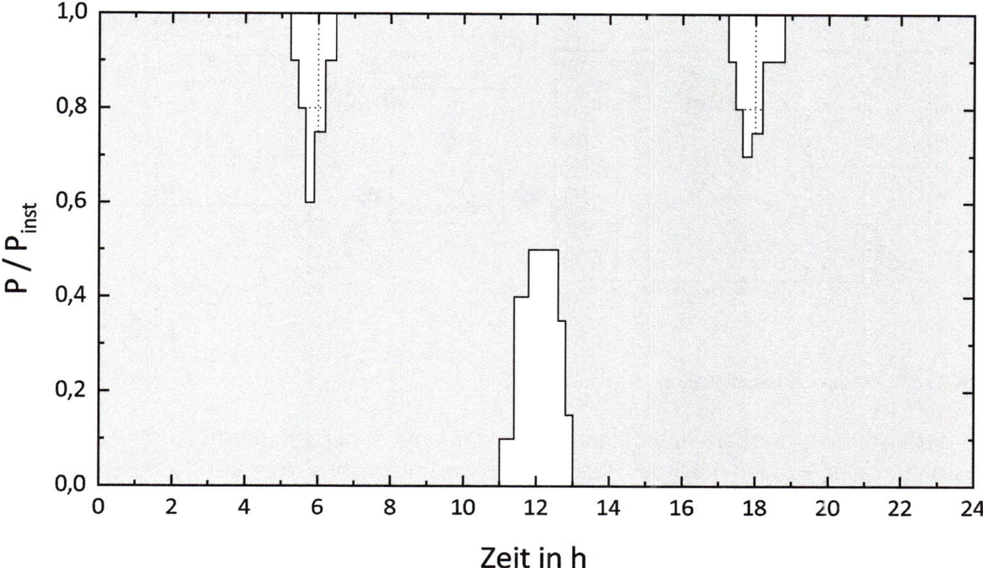

Abb. 11.16: Beispiel Einsatzgrenzen Netz [85]

Wird ein Engpass im Netz prognostiziert, muss die Leistung der flexibel einsetzbaren Verbrauchs- und Erzeugungsanlagen angepasst werden. Dies kann z.B. bei einer hohen Belastung und geringer Einspeisung aus EE-Anlagen morgens bzw. abends auftreten und dazu führen, dass die maximale zulässige Belastung reduziert werden muss. Umgekehrt kann eine sehr hohe Einspeisung in der Mittagszeit, z.B. durch PV-Anlagen, zu unerwünschten Spannungsüberhöhungen führen. Diese muss durch eine Erhöhung der Belastung innerhalb des Netzes, z.B. durch die Aktivierung der Nachladung einer WSA, vermieden werden. Dies führt zu der Vorgabe einer Mindestleistung. In der Abb. 11.16 sind die dargestellten Effekte erkennbar.

Verfahren der Lastallokation

Der Händler erstellt mit Hilfe der Flexibilitätsbeschreibungen und der Strompreisprognose einen kostenoptimalen Fahrplan. Dieser Fahrplan muss sich dabei zwingend innerhalb des Energietrendbandes befinden. Der Händlerfahrplan wird anschließend mit Hilfe der Lastallokation wieder auf die einzelnen steuerbaren Anlagen aufgeteilt. Dabei müssen das Energietrendband und die Einsatzgrenzen der einzelnen Anlagen sowie die Einsatzgrenzen des Netzes eingehalten werden. Die nachfolgende Abb. 11.17 stellt den Gesamtablauf der Lastallokation dar.

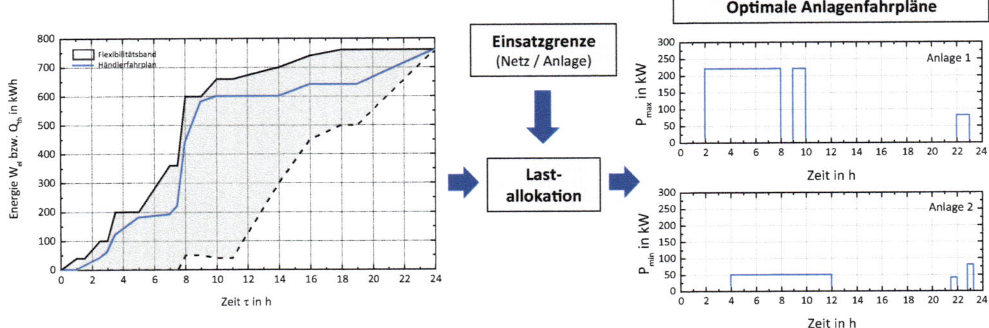

Abb. 11.17: Prinzip der Lastallokation

Bei der Erstellung der Einzelfahrpläne ist in erster Linie sicherzustellen, dass die Summe der Leistungen aller Anlagen derer des Händlerfahrplans entspricht. Die Leistung jeder Einzelanlage kann dabei in der Regel nur den Wert „null" oder die installierte Leistung P_{inst} annehmen (vgl. Gl. 11.8). Weiterhin ist zu beachten, dass die Lösungen für die einzelnen Zeitschritte nicht voneinander abhängig sind und daher als Mehrfachauswahl-Multidimensionales-Teilsummenproblem betrachtet werden muss. Die Beschreibung des Problems kann wie folgt aussehen (vgl. Gl. 11.9):

$$\sum_{p \in P_a} x_{p,a,k} = 1 \tag{11.8}$$

$$\sum_{a \in A} \sum_{p \in Pa} \left[x_{p,a,k} \cdot p_{a,k} \right] = P_{FP,k} \tag{11.9}$$

mit

$x_{p,a,k} \in \{0,1\}$

k	– Zeitschritt
a	– steuerbare Anlage
$p_{a,k}$	– Leistungsstufe zum Zeitschritt k
$P_{FP,k}$	– Summenfahrplan zum Zeitschritt k

Weiterhin ist zu beachten, dass sich der Fahrplan innerhalb des zulässigen Energietrendbandes befindet (vgl. Gl. 11.10).

$$W_{min,a,k} \leq \sum_{i=0}^{k} \sum_{p \in P_a} \left[x_{p,a,i} \cdot p_{a,i} \right] \leq W_{max,a,k} \tag{11.10}$$

Für dieses mathematische Problem existiert in der Literatur keine eindeutige analytische Lösung. Jedoch können numerische Lösungsalgorithmen basierend auf heuristischen Verfahren oder dem Johnson-Approximationsalgorithmus [26] angewendet werden. Letzterer wurde in Serving verwendet.

Lastallokation im Feldtest

Der implementierte Algorithmus zur Lastallokation wurde in einem umfangreichen Feldtest auf seine Wirksamkeit geprüft. Dabei wurden insgesamt 49 Anlagen über die gesamte Feldtestdauer von neun Monaten zunächst manuell und anschließend automatisch, flexibel gesteuert.

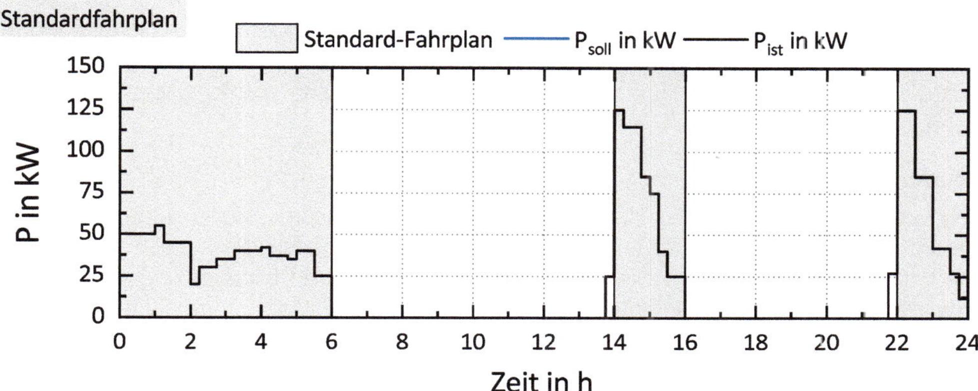

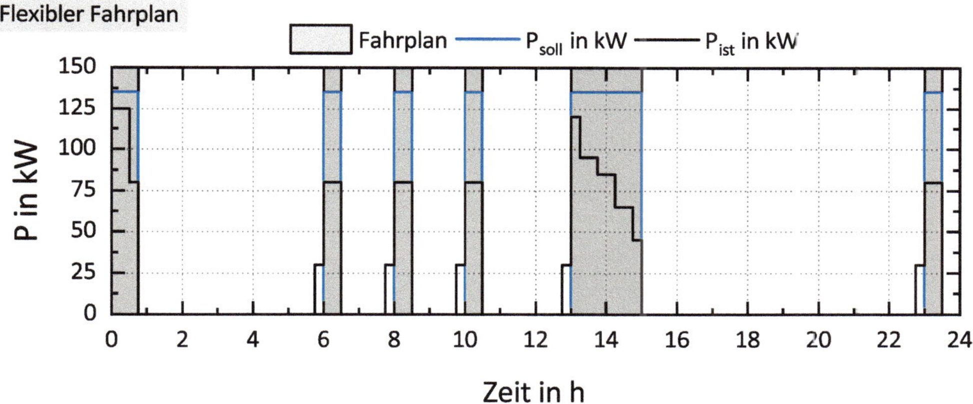

Abb. 11.18: Nutzung der Flexibilitäten – exemplarische Darstellung in Anlehnung an [85]

Abb. 11.18 zeigt den Vergleich eines flexiblen Fahrplans mit dem herkömmlichen Standardfahrplan[68]. Der Standardfahrplan ist dabei gekennzeichnet durch feste Einschaltzeiten (14-16 Uhr und 22-6 Uhr). Es erfolgt keine Optimierung im Handel. Zusätzlich treten höhere Verluste durch die „Vollladung" des thermischen Speichers am Abend auf. Der flexible Fahrplan hingegen ermöglicht eine bedarfsgerechte und kostenoptimierte Energiebereitstellung. Durch die Reduzierung der Verluste verringert sich der Energiebedarf der einzelnen Anlagen.

[68] Grafik 1 (Standardfahrplan): Beim Standardfahrplan gibt es keine Vorgabe von P_{soll}, da hier nur Freigabezeiten vorgegeben werden. Grafik 2: Bei der Flexiblen Fahrweise kommt der Sollwert P_{soll} aus der Fahrplanoptimierung.

11.3.4 Zustandsidentifikation und Netzmonitoring

Die Zustandsschätzung (engl. State-Estimation) zählt zu den Verfahren der Zustandsidentifikation und hat das Ziel, mittels statischer und dynamischer Eingangsdaten den wahrscheinlichsten Systemzustand zu ermitteln. Die konventionelle State-Estimation, mit einem überbestimmten Messdatensatz, wird in Hoch- und Höchstspannungsnetzen bereits seit vielen Jahrzehnten erfolgreich als Teil der Netzüberwachung in den Netzleitstellen eingesetzt. Für die Anwendung in Nieder- und Mittelspannungsnetzen sind hingegen angepasste Ansätze notwendig, um den strukturellen Besonderheiten in einem unterbestimmten System (spärliche Messinfrastruktur) Rechnung zu tragen.

Pseudomesswerte

Pseudomessungen[69] von hoher Qualität zu erzeugen ist eine anspruchsvolle Aufgabe, insbesondere in Niederspannungsnetzen mit stark stochastischem Bedarfsverhalten. In Serving wurde eine neuartige Methode entwickelt, nicht gemessene Wirk- und Blindleistungswerte mittels Intervallarithmetik zu modellieren und anschließend mit aktuellen Systembeobachtungen zu konsolidieren (vgl. Abb. 11.19).

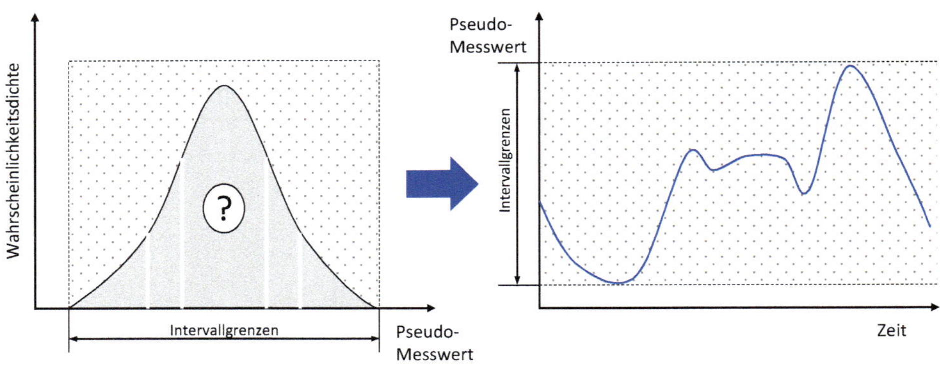

Abb. 11.19: Übergang von stochastischen Pseudomesswerten zur Intervallarithmetik

Die Intervalle können verwendet werden, um die Plausibilität von bereits generierten Pseudomessungen zu überprüfen oder um neue Pseudomesswerte zu generieren. Innerhalb des Algorithmus wurden die Messgleichungen iterativ mit Hilfe der Affinen Arithmetik linearisiert, wobei die Linearisierungsfehler inhärent berücksichtigt werden. Durch die Lösung einer Folge von linearen Problemen wird die Konsistenz mit den aktuellen Messungen erreicht. Die durch den Algorithmus berechneten Grenzen enthalten dabei immer den tatsächlichen Wert und eignen sich als Vorstufe zu jeder Zustandsschätzung.

---

69 Pseudomessungen: ist ein Begriff aus der State-Estimation-Theorie und umfasst Kennwerte, die nicht direkt gemessen werden können und auf Basis von anderen (gemessenen) Größen bestimmt werden (vgl. [118]). Pseudomessungen werden in der Regel als Ersatz für Messdaten verwendet, um die Beobachtbarkeit auch bei geringer messtechnischer Ausstattung zu erhalten. Die Qualität der Pseudomessungen wirkt sich stark auf die Genauigkeit des Ergebnisses der Zustandsschätzung eines Systems aus. Die Erzeugung von Pseudomessungen ist keine einfache Aufgabe, insbesondere bei Anschlüssen mit stark stochastischem Verhalten.

Die funktionale Bewertung wurde durch Simulation mit zwei Benchmark-Abzweigmodellen unterschiedlicher Größe und Komplexität durchgeführt. Um die praktische Anwendbarkeit zu demonstrieren, wurde zusätzlich ein realer Niederspannungsabgang untersucht. Die Ergebnisse haben die Funktionalität und Leistungsfähigkeit des Algorithmus gezeigt und die postulierten Eigenschaften wurden verifiziert [117].

Ermittlung einer Messkonfiguration

Um die Anzahl der benötigten Messgeräte zu minimieren, wurde ein Verfahren zur Berechnung der optimalen Messgeräteplatzierung entwickelt. Dieser Algorithmus basiert auf einer kombinatorischen Optimierung. Es werden die minimale Anzahl sowie die Standorte der erforderlichen Messgeräte bestimmt, um den Netzzustand innerhalb einer vorgegebenen Qualität zu bestimmen. Abb. 11.20 illustriert die Positionierung von Messgeräten in einem Niederspannungs-Netzzweig [116]. Eine weitere Herausforderung ist in der Niederspannung die korrekte Zuordnung der Spannungs- und Strommessung zum jeweiligen Außenleiter. Dies ist eine zentrale Voraussetzung, um einen konsistenten Messdatensatz zu erhalten. Um dies sicherzustellen, wurde ein Algorithmus zur Korrelationsanalyse verwendet. Dieser identifiziert die einzelnen Außenleiter und stellt die Zuordnung aller Messungen zur gleichen Leiterreihenfolge sicher.

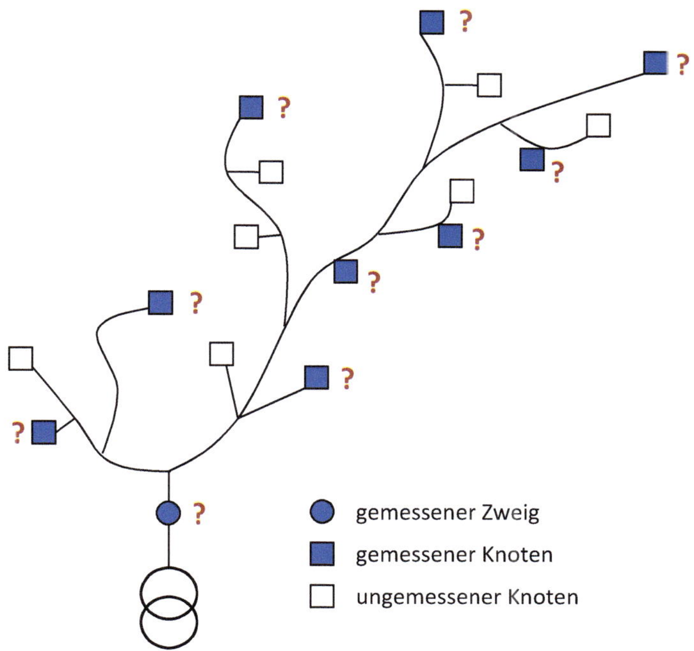

Abb. 11.20: Ermittlung der Messpositionen im NS-Netz

11.4 Projekt – Zellnet2050

Um die Sicherheit der Stromversorgung auch bei weiter zunehmender Integration fluktuierender EE-Anlagen zu garantieren, müssen die bestehende Netzinfrastruktur und der Netzbetrieb angepasst und weiterentwickelt werden. Mit Hilfe des Zellularen Ansatzes soll diese Anpassung gelingen. Wie beschrieben sieht das Konzept der zellularen Netzstruktur vor, dass die Energieversorgungssysteme „horizontal" sektorübergreifend miteinander verknüpft werden und geographische Regionen mit hierarchisch strukturierten „Energiezellen" überzogen werden. Ein Energieausgleich aufgrund einer Unter- oder Überdeckung erfolgt so direkt über hierarchisch benachbarte Zellen innerhalb eines Sektors (z.B. Niederspannungs-, Mittelspannungs-, Hochspannungsnetz) oder auch über Sektorengrenzen hinweg (Elektrizität, Wärme, Gas, Mobilität).

11.4.1 Ziel des Projekts Zellnet2050

Ziel des Projekts Zellnet2050 ist es, ein Konzept für Aufbau und Betrieb eines auf hierarchisch zellularen Strukturen basierenden Energiesystems für Deutschland bei sehr hoher Durchdringung mit erneuerbaren Energien zu entwickeln. Die wirtschaftliche Bereitstellung von Flexibilitätsoptionen, energiewirtschaftliche Aspekte und die Systemsicherheit stehen im Vordergrund.

Im Gegensatz zu anderen Projekten, die einen „Greenfield"-Ansatz verfolgen, soll eine wirtschaftlich tragbare Lösung gefunden werden, welche das Energiesystem (Wärme, Elektrizität, Gas) unter Berücksichtigung europäischer Rahmenbedingungen formiert und weiterentwickelt („evolutionäre Migration"). Dafür wird durch Demonstration der Schnittstelle einer ländlich, städtisch und industriell geprägten Zelle auf eine überschaubare Anzahl von Zelltypen gezielt, die auf typische Anforderungen zugeschnitten sind und mit denen das Gesamtsystem abgebildet werden kann. Ein Migrationskonzept für den Übergang von den heutigen Strukturen hin zu einem zellularen Ansatz ist explizites Projektziel.

11.4.2 Wissenschaftliche / technische Ausrichtung von Zellnet2050

Der Lösungsansatz und damit die Besonderheit dieses Vorhabens sind durch die folgenden Punkte gegeben:

- Aufbau eines zellularen, sektorübergreifenden Systemmodells über alle Hierarchieebenen für die speziellen spatialen Gegebenheiten in Deutschland
- Einbindung des Konzeptes in die bestehenden Strukturen des europäischen Energiemarktes und die Betriebsführungsstrategien der ENSTOE und ENTSOG
- Entwicklung und Test eines Betriebsführungs- und Automatisierungskonzepts
- Test des Konzeptes mit Hilfe eines offline- und eines online-Simulationsmodells
- Demonstrationen von typischen Zellen

Einige der genannten Aspekte werden im Folgenden detaillierter erläutert.

Aufbau eines zellularen, sektorübergreifenden Systemmodells

Ausgehend von der räumlichen Struktur, den klimatischen Gegebenheiten und den energiepolitischen Szenarien für das Zieljahr 2050 wurde ein zellulares multisektorales Energiesystem für Deutschland entwickelt und analysiert. Das Modell ist hierarchisch aufgebaut, mit einzelnen Gebäuden als unterster Ebene und dem europäischen Verbundnetz Strom bzw. Gas als oberster Ebene. Dabei wurden Zellen der unteren Ebenen aufgrund der fehlenden Datenbasis realitätsgerecht als typisierte Zellen abgebildet. Da ein evolutionärer Ansatz gewählt wurde, wurde als Eingangshypothese davon ausgegangen, dass die Hierarchieebenen den derzeitigen Nennspannungsebenen des Sektors Elektrizität bzw. den Druckebenen des Sektors Gas entsprechen.

Einbindung in die Strukturen des europäischen Energiemarktes

Die Energiewende kann wirtschaftlich nur im europäischen Kontext gelingen, da andernfalls die installierten Leistungen der EEA und der Speicherbedarf deutlich höher wären. Daher wurde das zellulare System so konstruiert, dass es mit der bestehenden Systemstruktur und den bestehenden Betriebsführungsstrategien kompatibel ist. Das schließt deren Weiterentwicklung ausdrücklich nicht aus.

Betriebsführungs- und Automatisierungskonzept

Um die technischen und ökonomischen Eigenschaften des zellularen Systems analysieren zu können, wurde der Betrieb des Systems über ein Jahr, mit verschiedenen Szenarien, simuliert. Dazu wurde ein Betriebsführungskonzept erarbeitet, das den Einsatz der Erzeugungseinheiten, der Energiewandler und der Speicher in einem Zeitschritt von $\tau = 15$ min umfasst. Es handelte sich grundsätzlich um ein wirtschaftliches Optimierungsproblem aus Sicht der einzelnen Zellen, das entsprechend den zu entwickelnden Marktregeln zu lösen ist. Dieses Betriebsführungskonzept war auf der obersten Ebene mit dem europäischen Verbundsystem im Elektrizitäts- und Gasbereich kompatibel. Mit Hilfe des Betriebsführungskonzeptes wurde geklärt, inwieweit einzelne Energiezellen langfristig auf den jeweiligen Hierarchieebenen wirtschaftlich bilanzierungsfähig sind.

Um die Systemsicherheit und die Versorgungszuverlässigkeit beurteilen zu können, wurden darüber hinaus alle Sollwerte von Stellgrößen wie z.B. Blindleistungseinspeisungen, Transformatorstufenstellungen für alle betrachteten Sektoren bestimmt. Dabei wurde geklärt, inwieweit einzelne Zellen weitere Systemdienstleistungen für andere Zellen bzw. den Zellverbund erbringen können. Besondere Beachtung fand die Beherrschung von Störungen, die Begrenzung der Störungsausweitung sowie die Beherrschung von extremen Wettersituationen. Ziel war es, ein größtmögliches Maß an Versorgungssicherheit und Versorgungszuverlässigkeit zu erreichen.

Basierend auf dem Betriebsführungskonzept wurden weitere Automatisierungskonzepte erarbeitet. Dabei wurde davon ausgegangen, dass zumindest in den unteren Zellebenen (Gebäude, Niederspannungsnetz, ggf. Mittelspannungsnetz) ein vollautomatischer Betrieb erforderlich ist, um die zunehmende Komplexität beherrschen zu können. In den höheren Hierarchieebenen wurde untersucht, welche Funktionen automatisiert werden müssen und welche Entscheidungen weiterhin von einem Operator getroffen werden sollten.

Migrationskonzept

Das Migrationskonzept ging von dem derzeitigen Zustand der vertikal optimierten Energiesysteme und ihren etablierten Betriebsführungs- und Automatisierungskonzepten aus. Es wurde untersucht, ob die Migration zu dem zellularen Zielsystem im laufenden Betrieb unter Wahrung der Versorgungssicherheit und der Wirtschaftlichkeit erfolgen kann. Es wurde berücksichtigt, dass aus den oben genannten Gründen alle Zwischenschritte und das Zielsystem kompatibel mit den europäischen Rahmenbedingungen sein müssen.

Zunächst wurden auf lokaler Ebene Energiezellen gebildet, deren Energiehaushalt und Energieaustausch bereits heute teilweise plan- und steuerbar sind. Ausgangspunkt war die kommunale Ebene (Stadtwerke) mit ihren Querverbund-Leitstellen, die ein optimiertes Bezugsmanagement ermöglichen. Dort stehen schon heute einige leistungsfähige Wandler zwischen den Sektoren zur Verfügung. Nachdem der zellulare Ansatz für diese Ebene entwickelt war, wurde er von dort nach unten bis auf die Ebene der Haushalte und nach oben bis zur Integration in das europäische Verbundsystem weiterentwickelt. Dabei ist zu beachten, dass auf den unteren Hierarchieebenen das Mengengerüst extrem zunimmt und ein hoher Automatisierungs- und Reifegrad erforderlich war, da sich z.B. die Systeme auf Haushaltsebene in privater Nicht-Expertenhand befinden. Daher erscheint es nicht sinnvoll, die Migration auf der untersten Ebene zu beginnen.

11.5 Fazit / Ausblick

Die dokumentierten Beispiele *zellularer Energiesysteme* zeigen, dass sehr unterschiedliche Systemkonzepte bisher existieren, die derzeit in der Erprobung sind. Vorteilhaft für alle System ist zu werten, dass durch eine zentrale Zusammenfassung der Daten und Informationen eine Steuerung bzw. Regelung realisiert werden kann. In diesem Kontext nimmt die Größe Flexibilität und Resilienz einen wichtigen Raum ein. Die Technische Flexibilität kann dabei als Kenngröße verstanden werden, wie weit die Fahrweise lokaler Energiewandlungseinheiten sich zeitlich und in der Leistung vom lokalen energetischen Verbrauch entkoppeln lässt. Problematisch zum heutigen Zeitpunkt sind jedoch immer noch die unterschiedlichen Daten-Schnittstellen und die verschiedenen Protokolle von Energiewandlungsanlagen. Eine durchgängige Interoperabilität ist noch nicht gewährleistet, wodurch die Skalierbarkeit bis zum heutigen Zeitpunkt noch nicht gegeben ist.

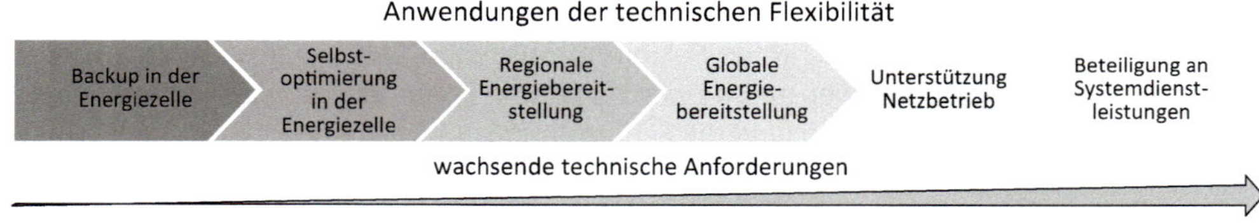

Abb. 11.21: Anwendung technischer Flexibilität

Abb. 11.21 zeigt die Anwendung technischer Flexibilitäten im Energiesystem. Lokal kann diese als Backup-System bzw. zur lokalen Optimierung eingesetzt werden. Zielgrößen der Optimierung können hierbei der geringste Ausstoß an CO_2, die höchste energetische Autarkie bzw. die geringsten Versorgungskosten sein. Als nächst höhere Ebene wird die lokale Bereitstellung von Energie anvisiert. Auf den weiteren überlagerten Ebenen kann eine globale Energiebereitstellung sowie die Unterstützung des Netzbetriebs bzw. die Erbringung von Systemdienstleistungen adressiert werden. Je höher dabei die Systemebenen angeordnet werden, desto höher sind die technischen Anforderungen an die Steuerungs- und Regelungs- sowie Kommunikationstechnologien.

Den technischen Anforderungen für zukünftige Energiesysteme stehen weiterhin zum heutigen Zeitpunkt massive regulatorische Hemmnisse sowie hieraus resultierende wirtschaftliche Hemmnisse entgegen. Neben den in diesem Buch dokumentierten technischen Herausforderungen müssen speziell die regulatorischen Hemmnisse vom Gesetzgeber angegangen werden.

12 Analyseverfahren für zellulare Energiesysteme

Die Analyse komplexer Energiesysteme kann unterschiedlich erfolgen. Grundsätzlich stehen hierzu

- messtechnische Verfahren
- numerische Verfahren

zur Verfügung. Die messtechnischen Verfahren im Feld sind durch eine hohe Praxisnähe geprägt und von den zum Zeitpunkt der Messungen vorhandenen Randbedigungen abhängig. Numerische Verfahren hingegen sind reproduzierbar, jedoch von der Qualität der Modelle abhängig. Eine Kopplung der Vorteile von beiden Methodiken stellt die Hardware-in-the-Loop-Analyse (HiL) dar. An der TU Dresden wurde hierzu ein Versuchsstand entwickelt, mit dem für kurze Zeitperioden komplexe Energiesysteme im Sinne von zellularen Energiesystemen vollständig abgebildet werden können. Der Versuchsstand wird als *Combined Energy Lab (CEL)* bezeichnet.

12.1 Combined Energy Lab

Das CEL ist ein Testbed zur multi-energetischen Analyse vernetzter Energiezellen und umfasst die technische Ausstattung eines modernen Gebäudes (z.B. Ein- und Mehrfamilienhaus), welches als Haushalts- und Gebäudeenergiezelle aufgefasst werden kann. Abb. 12.1 zeigt dies strukturell.

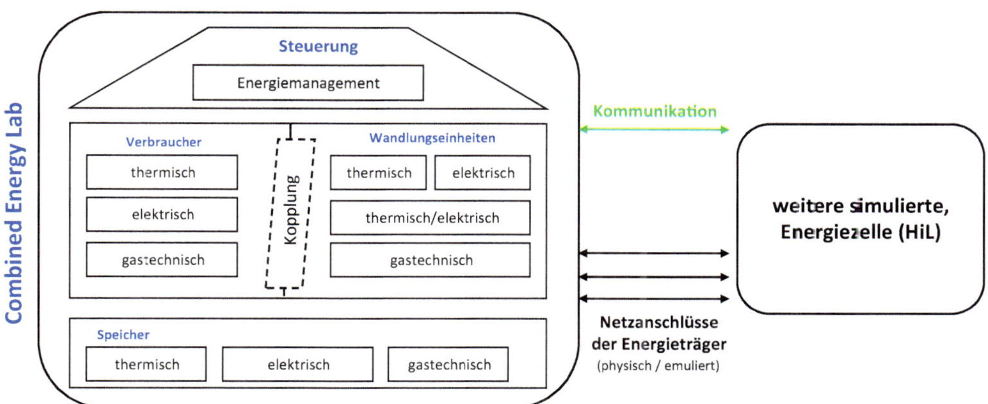

Abb. 12.1: Aufbau des Combined Energy Labs

Das CEL besitzt Wandlungs- und Kopplungseinheiten zur Bereitstellung, Anwendung und Speicherung von thermischer und elektrischer Energie. Durch eine kommunikationstechnische Verknüpfung der Einzelkomponenten wird eine Steuerung, Regelung und Optimierung der gesamten Energiezelle ermöglicht. Ein weiterer Fokus richtet sich auf das Verhalten der Energiezelle am Anschlusspunkt eines Versorgungsmediums. Durch virtuelles Nachbilden weiterer Energiezellen in Form einer HiL-Konfiguration können Interaktionen zwischen Nachbarzellen sektorenübergreifend analysiert werden. Das CEL ist in zwei Teilversuchsstände strukturiert (thermisch bzw. elektrisch). Über eine Kopplungsstelle können beide Versuchsstände in den gekoppelten Betrieb versetzt werden. Nachfolgend soll auf beide Teilversuchsstände separat eingegangen werden.

12.1.1 Thermischer Versuchsstand

Der thermische Versuchsstand stellt unterschiedliche Varianten von Energieumwandlungssystemen zur Bereitstellung von Wärme sowie Kälte zur Verfügung. Exemplarisch sind zu nennen KWK-Anlagen, Wärmepumpen, Gasbrennwertthermen und Brennstoffzellen, welche bei ihrer Nutzung eine Interaktion zum vorgelagerten Versorgungsnetz aufweisen. Durch die vorhandenen Komponenten können thermische Systeme vollumfänglich analysiert werden. Zu nennen sind:

- Hausanschlussstationen zum Energieversorgungsnetz,
- Energieumwandlungssystem,
- Verteilsysteme im Gebäude,
- Regeleinrichtung und Anlagen zur Wärme- und Kälteübergabe.

Zusätzlich besteht die Möglichkeit, den Nutzer in die Untersuchungen zu integrieren. Hinsichtlich der thermischen Komponenten stehen der Innenklimaraum, der Außenklimaraum sowie unterschiedliche hydraulische Module zur Verfügung. Abb. 12.2 zeigt das umgesetzte thermische Konzept des CELs.

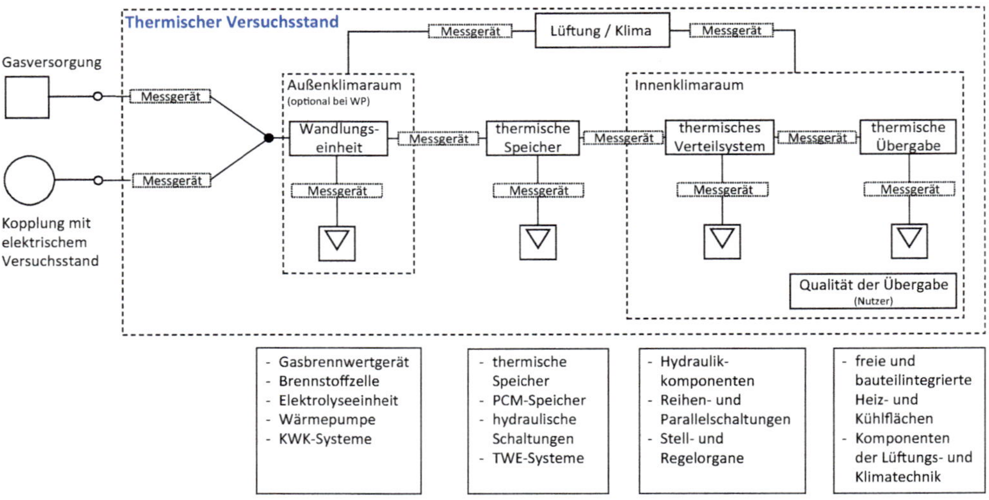

Abb. 12.2: Thermischer Versuchsstand – Combined Energy Lab

Der Innenklimaraum besteht aus wasserdurchströmten modularen Flächenelementen und hat die Innenraummaße *l/b/h* = 5 m/4 m/2, 5 m. Die Innenseiten sind metallisch, magnetisch und weiß. Abb. 12.3 dokumentiert verschiedene Ansichten des Raumes.

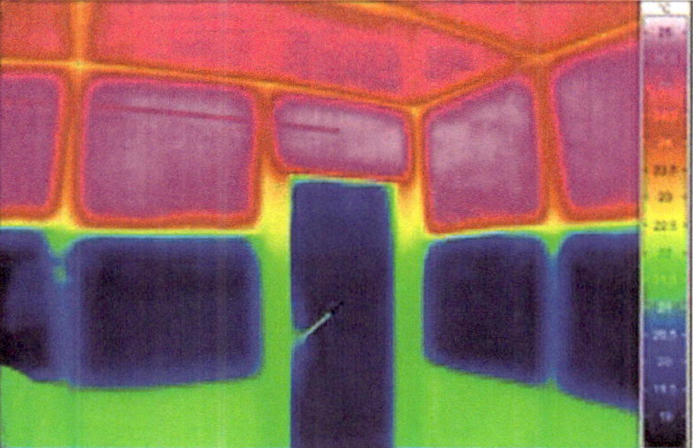

Abb. 12.3: Innenklimaraum – Combined Energy Lab

Durch die wasserdurchströmten Elemente können bis zu 73 Innenteilflächen im Bereich von $\vartheta_{OF} = 10\ldots50$ °C temperiert werden. Der Außenklimaraum des CELs ist ebenfalls aus Sandwichelementen aufgebaut (ähnlich einer Kühlzelle, jedoch nicht aktiv temperierbar) und hat die Innenraummaße $l/b/h = 3$ m/3 m/3 m. Die Innenseiten sind wie beim Innenklimaraum metallisch, magnetisch und weiß. Im Außenklimaraum kann ein Lufttemperaturbereich von $\vartheta_i = -18\ldots35$ °C, ein Band der relativen Raumluftfeuchtigkeit von $\varphi = 10\ldots90$ % und ein Luftvolumenstrom von $\dot{V} = 100\ldots5000\ \mathrm{m^3/h}$ realisiert werden. Außen- und Innenklimaraum sind für die Analyse von Teilkomponenten eines Energiesystems konzipiert. Für die energetischen Wandlungseinheiten müssen Kopplungsmodule vorhanden sein, die den physikalischen Anschluss realisieren. Die Kopplungsmodule verbinden Speicher und Energieumwandlungssysteme und stellen die Verbindung zur Wärmesenke / Kältesenke (Gebäude) her. Mit Hilfe von hydraulischen Modulen werden die thermischen Lasten in Echtzeit abgebildet und die Kopplung zu den realen Geräten realisiert. Zusätzlich ist es möglich, Sollwert durch eine Kopplung zu einem Gebäudesimulationsprogramm – TRNSYS-TUD [104, 105] – über eine MQTT-Schnittstelle zu realisieren.

12.1.2 Elektrischer Versuchsstand

Das Konzept des elektrischen Versuchsstands des CELs ist in Abb. 12.4 dokumentiert.

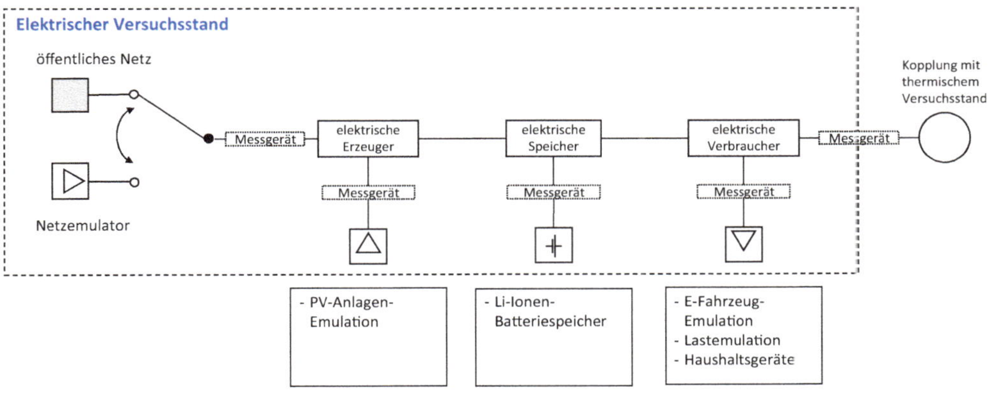

Abb. 12.4: Elektrischer Versuchsstand Combined Energy Lab

Der elektrische Versuchsstand umfasst Anlagen zur Nachbildung einer PV-Anlage, einen Lithium-Ionen-Batteriespeicher, ein Elektrofahrzeug (EV) mit Ladeinfrastruktur und eine Auswahl von elektrischen Haushaltsverbrauchern. Diese Anlagen werden entweder direkt vom öffentlichen Niederspannungsnetz, über einen Netzemulator oder durch die PV-Anlage mit Batteriespeicher im Inselnetzbetrieb versorgt. Zur Nachbildung des öffentlichen Netzes wird ein Netzemulator eingesetzt, der aktuell aus drei einphasigen Linearverstärkern besteht, die das Drehstromsystem im Vier-Quadranten-Betrieb bereitstellen. Die Leistungsverstärker besitzen eine Bemessungsscheinleistung im Dauerbetrieb von $S_{1\mathrm{ph}} = 5$ kVA je Phase und kurzzeitig eine zweifache Überlastfähigkeit. Im Senkenbetrieb ist eine Leistungsaufnahme von einem Drittel der Bemessungsleistung möglich. Schnelle Spannungs- und Frequenzänderungen können durch die sehr geringen Innenwiderstände und die intern implementierte Regelung nachgebildet werden. Die Leistungsverstärker weisen variable Spannungsbereiche auf und haben eine hohe Frequenzbandbreite. Die Sollwertvorgabe erfolgt über einen analogen Eingang. Zusätzlich umfasst das CEL ein PV-Batteriespeicher-System bestehend aus einem Hybrid-Wechselrichter, einer Lithium-Ionen-Hochvoltbatterie und einem Leistungsverstärker zur Emulation von PV-Strings. Der Hybrid-Wechselrichter unterstützt eine PV-Generatorleistung von $P_{\mathrm{G,max}} =$ 15 kW, eine maximale DC-Leistung von $P_{\mathrm{DC,max}} = 10{,}3$ kW sowie eine AC-Scheinleistung von höchstens $S_{\mathrm{AC,max}} = 10$ kVA. Zur Ansteuerung des Wechselrichters werden Modbus TCP/RTU sowie eine proprietäre API unterstützt. Zur Berücksichtigung von Elektromobilität besitzt das CEL eine dedizierte Ladeinfrastruktur für Elektrofahrzeuge. Weiterhin können als elektrische Allgemeinverbraucher drei einphasige Leistungsverstärker mit $P_{1\mathrm{ph,max}} = 5{,}4$ kW pro Phase zum Einsatz kommen. Über eine Messdatenbank von realen Haushaltsgeräten können über ein Echtzeitsystem beliebige Einzelgeräte sowie Gerätegruppen mit variabler Phasenzuordnung emuliert werden.

12.1.3 Kommunikation zwischen den Versuchsteilen / numerische Simulation

Um die elektrischen und thermischen Versuchsteile zu koppeln, sind entsprechende Anschlüsse vorhanden. In den Abb. 12.2 sowie Abb. 12.4 sind diese jeweils dokumentiert. Die sekundärtechnische Kopplung erfolgt auf Basis verschiedener Kommunikationsprotokolle und Schnittstellenwandler. Damit lassen sich sowohl zentrale als auch dezentrale Energiemanagementsysteme anbinden und sektorenübergreifende Untersuchungen durchführen. Zur Ankopplung von numerischen Simulationsprogrammen, wie z.B. TRNSYS-TUD [105], sind Protokollumsetzer zu MQTT[70] verfügbar (vgl. Abb. 12.5).

[70] MQTT – Message Queuing Telemetry Transport

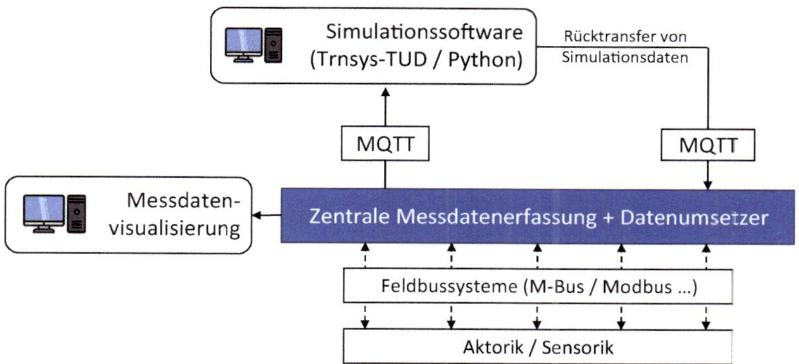

Abb. 12.5: Kommunikationsstruktur am Beispiel des thermischen Versuchsstandes

12.2 Messsysteme

Zur messtechnischen Analyse von komplexen Energiesystemen muss man in Systeme zur Langzeitmessung, die fest bei den technischen Einheiten verbaut sind, und Kurzzeitmesssysteme differenzieren. Eine weitere Differenzierung muss erfolgen in Hinblick auf eine Abrechnungsrelevanz der erhobenen Daten. Ist diese gegeben, sind höhere Anforderungen an die Messtechnik und an die Datenübertragung zu stellen. Der Aufgabenbereich des Messstellenbetreibers umfasst:

- Einbau, Betrieb und Wartung der Messstelle, Messeinrichtung und Messsysteme,
- die mess- und eichrechtskonforme Messung sowie
- der technische Betrieb der Messstelle.

Der Messstellenbetreiber hat beim Betrieb der Messstelle auf Transparenz und eine diskriminierungsfreie Ausstattung und Abwicklung des Messstellenbetriebs zu achten.

12.2.1 Langzeitsysteme

Langzeitsysteme charakterisieren sich durch eine feste, dauerhafte Installation an der Technischen Einheit. Abb. 12.6 zeigt den prinzipiellen Aufbau eines Langzeitmesssystems.

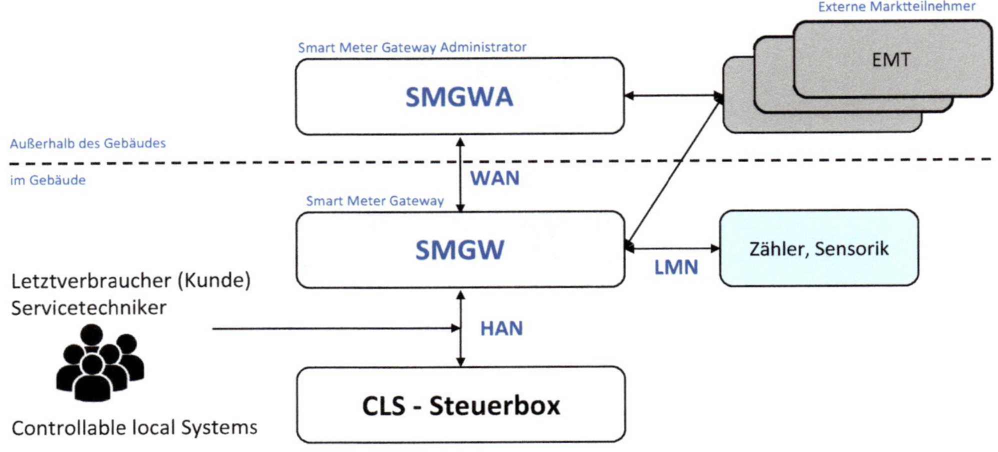

Abb. 12.6: Aufbau eines Langzeitmesssystems für komplexe Energiesysteme

Bestandteil des intelligenten Langzeitmessystems ist der Smart Meter Gateway (SMGW), an dem die Smart Meter (Zähler / Sensor) sowie Steuerboxen angeschlossen sind. Er steht in Verbindung mit dem Smart Meter Gateway Administrator, der die Möglichkeit besitzt, an externe Marktteilnehmer[71] Daten zu übertragen. Die Verbindungen sind hierbei bidirektional, d.h. von den externen Teilnehmern können auch Steuerbefehle über das Smart Meter Gatway an die Steuerboxen der technischen Einheiten übertragen werden. Zu beachten ist, dass der *Letztverbraucher* immer auch der Eigentümer der im SMGW verarbeiteten Daten ist. Der *Smart Meter Gateway Administrator (SMGWA)* ist eine vertrauenswürdige Instanz und zuständig für die Konfiguration, Administration, Überwachung und Steuerung des Smart Meter Gateways. Weitere spezifische Aufgaben sind die Erstellung und Administration der in das SMGW eingespielten Profile zur Tarifierung, Bilanzierung und Netzzustandserkennung sowie die Aktualisierung der SMGW-Software. Als SMGW sind aktuell die in Tab. 12.1 dokumentierten Systeme vom BSI zugelassen.

Tab. 12.1: Zertifizierte Smart-Meter-Gateways

Hersteller	Produktname	Zertifizierung	
		allgemein	nach TR-03109-1 [18]
Theben AG	CONEXA 3.0 Version 1.3	08.03.2022	31.01.2022
Power Plus Communications AG	SMGW Version 1.2	05.09.2021	09.12.2021
EMH metering GmbH & Co. KG	CASA 1.0	30.03.2021	31.01.2022
Sagemcom Dr. Neuhaus GmbH	SMARTY IQ-GPRS LTE Version 1.1	30.03.2021	–

71 z.B. Verteilnetzbetreiber, Messstellenbetreiber, Messdienstleister, Lieferanten

Zur Anbindung von Zählern an die LMN-Schnittstelle [72] des SMGW sind Adapter notwendig, die eine sichere Einbindung des MID-Zählers[73] gewährleisten. Abb. 12.7 zeigt eine entsprechende Strukturgrafik[74].

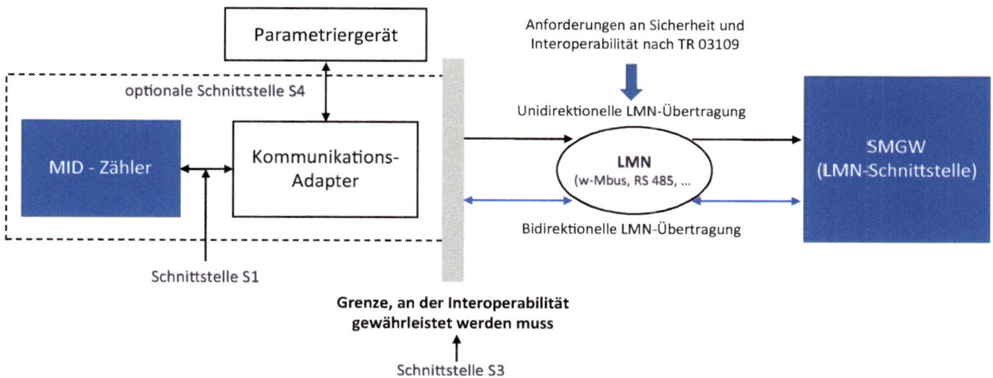

Abb. 12.7: Anbindung von Zählern an das Smart Meter Gateway nach [46]

Die Adapter zwischen dem Zähler und dem SMGW können unterschiedlich ausgeführt sein. Hinsichtlich der Integration sind voll-integrierte und externe Adapter möglich, wobei der Trend zu voll-integrierten Adaptern in den Zähler geht. Abb. 12.8 zeigt am Beispiel eines Gaszählers die Lösung für einen externen Adapter und einen voll-integrierten Adapter zum SMGW nach [31].

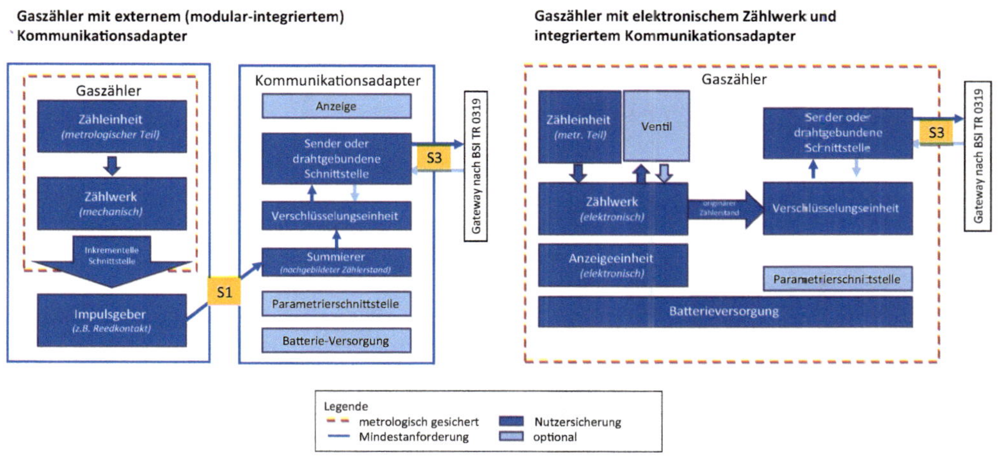

Abb. 12.8: Externe und voll-integrierte Kommunikationsadapter zur Anbindung an das SMGW in Anlehnung an [46]

[72] LMN-Local Metrological Network; WAN-Wide Area Network; HAN-Home Area Network

[73] MID-Zähler – Measuring Instruments Directive

[74] Nicht dokumentiert ist in Abb. 12.7 / Abb. 12.8 die Schnittstelle S2 (optoelektrische Schnittstelle), die optional vorhanden sein kann und zwischen Kommunikationsadapter und S3 verortet ist.

12.2.2 Kurzzeitsysteme

Das im vorhergehenden Abschnitt beschriebene Messsystem ist für den Dauereinsatz gut geeignet. Oftmals steht jedoch für den Transformationsprozess hin zu zellularen Energiesystemen die Fragestellung, welche energetische Wandlungseinrichtung am geeignetsten für die Versorgungssituation ist. Hierfür werden Kurzzeitmesssysteme benötigt, die möglichst nichtinvasiv Daten in hoher Auflösung aus dem energetischen System ermitteln können. Eine technische Möglichkeit beschreibt [129], in der ein derartiges Thermisch-Elektrisches Anlagen-EKG (TEK-EKG) beschrieben wird. Abb. 12.9 und Abb. 12.10 zeigen das Systemkonzept sowie Detailansichten des TEK-EKG-Systems.

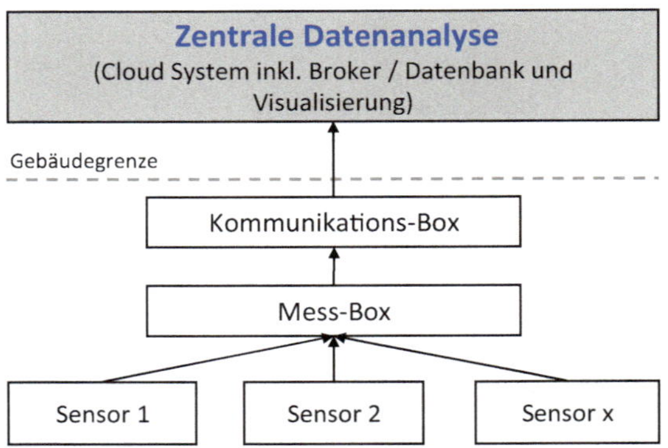

Abb. 12.9: Systemaufbau TEK-EKG-System [129]

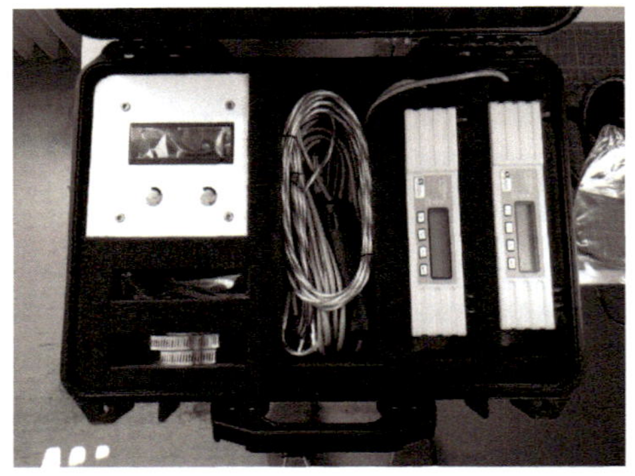

a, Mess-Box – TEK-EKG

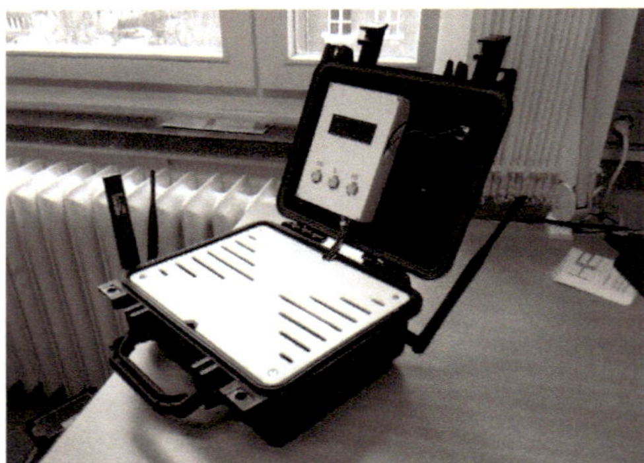

b, Kommunikations-Box – TEK-EKG

Abb. 12.10: Detailansichten der Mess- und Kommunikations-Box

Die *Mess-Box* enthält die Sensorik zur nichtinvasiven Messung. Bestandteil des Messsystems sind Temperatursensoren, Massestromsensoren und Volumenstromsensoren (thermisch / kalorische Messung) sowie Rogowski[75]-Spulen für die Bestimmung elektrischer Kenngrößen. Die periodisch

[75] Walter Johannes Rogowski (1881 – 1947), deutscher Elektrotechniker

erfassten Messdaten werden in der Messbox zusammengefasst und zu einem einheitlichen Datenformat konvertiert. Die *Kommunikations-Box* besitzt zwei Aufgaben. Im offline-Modus werden die Daten in der Kommunikationsbox auf einem separaten Medium gespeichert. Im online-Modus erfolgt mittels der Kommunikationsbox eine Übertragung der Messdaten an ein zentrales Backend. Im Backend erfolgt mittels eines MQTT-Brockers eine Verteilung der Messdaten hin zum Datenbanksystem. Aus der Datenbank können die Messdaten mittels der Software Grafana visualisiert werden. Zusätzlich sind im Backend Micro-Services vorhanden, die eine Datenanalyse zulassen. Hinsichtlich der Datenkommunikation sind in der Kommunikationsbox ein LTE-Stick, ein Wifi-Modul sowie eine LoRaWAN[76] und ein Wireless M-Bus-System integriert.

[76] LoRaWAN- Long Range Wide Area Network

Literatur

[1] Abdel-Majeed, A.: *Three-Phase State Estimation for Low-Voltage Grids*, Universität Stuttgart, Dissertation, 2017

[2] acatech/Leopoldina/Akademienunion: Das Energiesystem resilient gestalten: Maßnahmen für eine gesicherte Versorgung. In: *Series of publications on science-based policy advice* (2017)

[3] Alberts, B.; Heald, R.; Johonson, A.; Morgan, D.; Raff, M.: *Molecular Biology of the Cell*. W. W. Norton, 2022. – ISBN 978–0393884821

[4] Albus, A.: *Potentiale und Perspektiven der Gas-Plus-Technologie (Gastechnologien und Erneuer- bare Energien, Kraft-Wärme-Kopplung und Brennstoffzellen)*. Deutscher Industrie Verlag, 2015. – ISBN 978–3–8356–7148–5

[5] Baehr, H.-D.: *Thermodynamik – Grundlagen und technische Anwendungen*. Springer-Verlag, Berlin Heidelberg New York, 2005

[6] Baumgarth, S.: Strategien zur energieoptimalen Heizungsregelung. In: *Heizung/Lüftung/Klima/Haustechnik, Bd. 42* (1991), Nr. 5, S. 315–318

[7] Baumgarth, S.; Boggasch, E.; Heiser, M.; Schernus, G.: Optimale Anpassung der Energiebereitstellung an den Bedarf. In: *Heizung/Lüftung/Klima/Haustechnik, Bd. 55* (2004), Nr. 6, S. 42–48

[8] Bayer, J.; Benz, T.; Erdmann, N.; Grohmann, F.; Hoppe-Oehl, H.; Hüttenrauch, e. J.: Zellulares Energiesystem – Ein Beitrag zur Konkretisierung des zellularen Ansatzes mit Handlungsempfehlungen / VDE Verlag, Berlin Offenbach. 2019. – Forschungsbericht

[9] BDEW: *50,2-Hertz-Problem: Allgemeine Informationen*. Internet, 27.07.2012. – https://www.bdew.de/energie/systemstabilitaetsverordnung/502-hertz-problem/

[10] Beckert, U.: *Doppelt-gespeiste Asynchronmaschine als drehzahlvariabler Windenergiegenerator und ihre feldorientierte Regelung*. Skript für Nichtelektrotechniker, TU Bergakademie Freiberg, 2008

[11] Benz, T.; Dickert, J.; Erbert, M.; Erdmann, N.; Johae, C.; Katzenbach, B.; Glausinger, W.; Müller, H.; Schegner, P.; Schwarz, J.; Speh, R.; Stagge, H.; Zdrallek, M.: Der Zellulare Ansatz – Grundlage einer erfolgreichen, regionenübergreifenden Energiewende / VDE Verlag, Berlin Offenbach. 2015. – Forschungsbericht

[12] Brandalik, R.: *Ein Beitrag zur Zustandsschätzung in Niederspannungsnetzen mit niedrigredundanter Messwertaufnahme*, Technische Universität Kaiserslautern, Dissertation, 2020. https: //kluedo.ub.uni-kl.de/frontdoor/index/index/docId/5977

[13] Bruneau, A. M.; Reinhorn, A.: Exploring the Concept of Seismic Resilience for Acute Care Facilities. In: *Earthquake Spectra* 23 (2007), Nr. 01, S. 41–62. http://dx.doi.org/10.1193/1. 2431396. – DOI 10.1193/1.2431396

[14] BSI-KritisV 2021: *Verordnung zur Bestimmung kritischer Infrastrukturen nach dem BSI-Gesetz (BSI-Kritisverordnung – BSI-KritisV)*. September 2021. Bundesgesetzblatt: Bundesregierung

[15] BSIG 2009: *Gesetz über das Bundesamt für Sicherheit in der Informationstechnik (BSI-Gesetz – BSIG)*. August 2009. Bundesgesetzblatt: Bundesregierung

[16] Buffa, S.; Cozzini, M.; D'Antoni, M.; Baratieri, M.; Fedrizzi, R.: 5th generation district heating and cooling systems: A review of existing cases in Europe. In: *Renewable and Sustainable Energy Reviews* 104 (2019), S. 504–522

[17] Buffa, S.; Fouladfar, H.; Franchini, G.; Gabarre, I.; Chicote, M.: Advanced Control and Fault Detection Strategies for District Heating and Cooling Systems – A Review. In: *applied sciences* 11 (2021), S. 455

[18] Bundesamt für Sicherheit in der Informationstechnik (BSI) (Hrsg.): *Anforderungen an die Interoperabilität der Kommunikationseinheit eines intelligenten Messsystems*. September 2021. Bundesamt für Sicherheit in der Informationstechnik (BSI)

[19] Bundesministerium für Wirtschaft und Klimaschutz: *Verbundvorhaben: AC2DC – Erhöhung der Übertragungsleistung im Verteilnetz mit bestehenden AC-Verbindungen als DC-Strecken; Teilvorhaben: Systemkonzeption und elektrische Beanspruchung*. Internet, 08 2022. – https://www.enargus.de

[20] Bundesministerium für Wirtschaft und Technologie: *Zahlen und Fakten: Energiedaten, nationale und internationale Entwicklung*. 2021. http://www.bmwi.de/Navigation/DE/Themen/energiedaten.html: Bundesministerium für Wirtschaft und Technologie

[21] Bundesminsterium für Wirtschaft und Klimaschutz: *Entwicklung der erneuerbaren Energien in Deutschand im Jahr 2021*. Internet, 08 2021. – https://www.erneuerbare- energien.de/EE/Redaktion/DE/Downloads/entwicklung-der-erneuerbaren-energien-in-deutschland- 2020.pdf

[22] Bundesverband der Deutschen Heizungsindustrie: Absatzstatistik Wärmepumpen / BDH. 2022. – Forschungsbericht

[23] Bundesverband Solarwirtschaft BSW: *Anzahl insgesamt installierter Photovoltaik- Stromspeicher in Deutschland in den Jahren 2013 bis 2021*. Internet, 10 2022. https://de.statista.com/statistik/daten/studie/1078876/umfrage/anzahl-installierter-solarstromspeichern-in-deutschland/

[24] Calixto, S.; Cozzini, M.; Manzolini, G.: Modelling of an Existing Neutral Temperature District Heating Network: Detailed and Approximate Approaches. In: *Energies* 14 (2021), S. 379

[25] Cerbe, G.: *Grundlagen der Gastechnik*. Carl Hanser Verlag, München Wien, 2008

[26] Coffman Jr., E.; Garey, M. R.; Johnson, D. S.: *Approximation algorithms for bin packing – An updated survey*. In: Ausiello, G., Lucertini, M., Serafini, P. (eds) Algorithm Design for Computer System Design. International Centre for Mechanical Sciences. Springer Verlag, Wien, 2020

[27] Colebrook, C.-F.: Turbulent flow in pipes, with particular reference to the transition region between the smooth and rough pipe laws. In: *Journal of the Institution of civil Engineers, 11* (1938/1939), S. 133–138

[28] Deutsche Energieagentur GmbH: *Systemstabilität für die Zukunft*. Internet, 08 2022. – https://www.dena.de/themen-projekte/energiesysteme/stromnetze/systemdienstleistungen/

[29] Deutscher Verein des Gas- und Wasserfaches e.V. (Hrsg.): *DVGW G 487: Gasexpansionsanlagen*. August 2009. Deutscher Verein des Gas- und Wasserfaches e.V.

[30] Deutscher Verein des Gas- und Wasserfaches e.V. (Hrsg.): *DVGW G 497: Verdichterstationen*. Februar 2019. Deutscher Verein des Gas- und Wasserfaches e.V.

[31] Deutscher Verein des Gas- und Wasserfachs e.V. (Hrsg.): *Kommunikationsadapter zur Anbindung von Messeinrichtungen an die LMN-Schnittstelle des Smart Meter Gateways*. Juni 2022. Deutscher Verein des Gas- und Wasserfachs e.V.

[32] DIN Deutsches Institut für Normung e.V. (Hrsg.): *DIN EN ISO 15118-1: Straßenfahrzeuge – Kommunikationsschnittstelle zwischen Fahrzeug und Ladestation – Teil 1 (Allgemeine Informationen und Festlegung der Anwendungsfälle)*. Dezember 2019. DIN Deutsches Institut für Normung e.V.

[33] DIN Deutsches Institut für Normung e.V. (Hrsg.): *DIN EN ISO 15118: Straßenfahrzeuge – Kommunikationsschnittstelle zwischen Fahrzeug und Ladestation – Teil 2 (Anforderungen an das Netzwerk – und Anwendungsprotokoll)*. Dezember 2014. DIN Deutsches Institut für Normung e.V.

[34] DIN Deutsches Institut für Normung e.V. (Hrsg.): *Gasinfrastruktur: Beschaffenheit von Gas – Gruppe H*. DIN Deutsches Institut für Normung e.V., 11/2019

[35] DIN Deutsches Institut für Normung e.V. (Hrsg.): *DIN EN 50160: Merkmale der Spannung in öffentlichen Elektrizitätsversorgungsnetzen*. DIN Deutsches Institut für Normung e.V., 11/2020

[36] DIN Deutsches Institut für Normung e.V. (Hrsg.): *DIN EN ISO 7730 Ergonomie des Umgebungsklimas – Analytische Bestimmung und Interpretation der thermischen Behaglichkeit durch Berechnung des PMV- und des PPD-Index und Kriterien der lokalen thermischen Behaglichkeit*. DIN Deutsches Institut für Normung e.V., 2006

[37] DIN Deutsches Institut für Normung e.V. (Hrsg.): *DIN EN 12464-1: Licht und Beleuchtung – Beleuchtung von Arbeitsstätten – Teil 1: Arbeitsstätten in Innenräumen*. DIN Deutsches Institut für Normung e.V., 2021

[38] DIN Deutsches Institut für Normung e.V. (Hrsg.): *DIN EN 16798-1 Indoor environmental input parameters for design and assessment of energy performance of buildings addressing indoor air quality, thermal environment, lighting and acoustics.* DIN Deutsches Institut für Normung e.V., 2021

[39] Dittmann, A.; Fischer, S.; Huhn, J.; Klinger, J.: *Repetitorium der Technischen Thermodynamik.* Teubner Verlag, Stuttgart, 1996

[40] Dorsemagen, F.: *Zustandsidentifikation von Mittelspannungsnetzen für eine übergreifende Automatisierung der Mittel- und Niederspannungsebene*, Bergische Universität Wuppertal, Dissertation, 2018

[41] DVGW – Deutsche Verein des Gas- und Wasserfaches e.V. (Hrsg.): *DVGW G260: Gasbeschaffenheit.* DVGW – Deutsche Verein des Gas- und Wasserfaches e.V., 2021

[42] DVGW Deutsche Vereinigung des Gas- und Wasserfachs e.V. (Hrsg.): *DVGW GW 303-1: Berechnung von Gas- und Wasserrohrnetzen – Teil 1: Hydraulische Grundlagen, Netzmodellierung und Berechnung.* Bonn: DVGW Deutsche Vereinigung des Gas- und Wasserfachs e.V., Oktober 2006

[43] DVGW Deutsche Vereinigung des Gas- und Wasserfachs e.V. (Hrsg.): *DVGW G 260 (A): Nutzung von Gasen aus regenerativen Quellen in der öffentlichen Gasversorgung.* Bonn: DVGW Deutsche Vereinigung des Gas- und Wasserfachs e.V., September 2011

[44] DVGW Deutsche Vereinigung des Gas- und Wasserfachs e.V. (Hrsg.): *DVGW GAS Nr. 22: Informationssicherheit in der Energieversorgung.* DVGW Deutsche Vereinigung des Gas- und Wasserfachs e.V., März 2017

[45] DVGW Deutsche Vereinigung des Gas- und Wasserfachs e.V. (Hrsg.): *DVGW GAS Nr. 18: Prozessdatenaustausch zwischen Leitzentralen der Gaswirtschaft auf Basis von TASE.2.* DVGW Deutsche Vereinigung des Gas- und Wasserfachs e.V., Juli 2019

[46] DVGW Deutsche Vereinigung des Gas- und Wasserfachs e.V. (Hrsg.): *DVGW G 694(M): Kommunikationsadapter zur Anbindung von Messeinrichtungen an die LMN-Schnittstelle des Smart Meter Gateways.* DVGW Deutsche Vereinigung des Gas- und Wasserfachs e.V., Juni 2022

[47] Echternacht, D.: *Optimierte Positionierung von Messtechnik zur Zustandsschätzung in Verteilnetzen*, RWTH Aachen, Dissertation, 2015

[48] EEBUS Initiative e.V. (Hrsg.): *EEBUS Standard for Energy Control – White Paper 2022.* 2022. EEBUS Initiative e.V.

[49] Elsner, N.; Fischer, S.; Huhn, J.: *Grundlagen der Technischen Thermodynamik – Wärmeübertragung.* Bd. 2. 8. Auflage, Akademie Verlag GmbH, Berlin, 1993

[50] ENTSO-E: *European association for the cooperation of transmission system operators (TSOs).* Internet, 08 2022. – https://www.entsoe.eu/

[51] EnWG 2005: *Energiewirtschaftsgesetz.* Juli 2005. Bundesgesetzblatt: Bundesregierung

[52] Eole, S.: *Ab welcher Windgeschwindigkeit dreht eine Windenergieanlage?* Internet, 08 2022. – https://www.suisse-eole.ch/de/windenergie/faq/ab-welcher-windgeschwindigkeit-dreht- eine-windenergieanlage-8/

[53] Gabrielli, P.; Acquilino, A.; Siri, S.; Bracco, S.; Sansavini, G.; Mazzotti, M.: Optimization of low-carbon multi-energy systems with seasonal geothermal energy storage: The Anergy Grid of ETH Zurich. In: *Energy Conversion and Management* (2020)

[54] Garzon-Real, J.; Uhlemeyer, B.; Hobert, A.; Zdrallek, M.; Benthin, J.; Lucke, N.; Wortmann, B.; C., S.; Dirkmann, U. Untersuchung der Ausgestaltung eines Wohnquartiers als Energiezelle. In: *ETG-Kongress 2019*, VDE, 2019

[55] Gasch, R.; Twele, J.: *Windkraftanlagen, Grundlagen, Entwurf, Planung und Betrieb.* 4. Auflage, Teubner Verlag, Stuttgart, 2005

[56] GDEW 2016: *Gesetz zur Digitalisierung der Energiewende.* August 2016. Bundesgesetzblatt: Bundesregierung

[57] Glück, B.: *Strahlungsheizung – Theorie und Praxis.* VEB Verlag für Bauwesen, Berlin, 1981

[58] Glück, B.: *Bausteine der Heizungstechnik – Wärmeabgabe von Raumheizflächen und Rohren.* Verlag für Bauwesen Berlin, 1989

[59] Glück, B.: *Wärmetechnisches Raummodell.* C. F. Müller Verlag Heidelberg, 1997

[60] Graf, F.; Bajohr, S.: *Biogas – Erzeugung, Aufbereitung Einspeisung*. Deutscher Industrie Verlag, 2014. – ISBN 978–3–8356–3363–6

[61] Graf, F.; Bajohr, S.: *Biomethane – Production, upgrading and injection*. Deutscher Industrie Verlag, 2015. – ISBN 978–3–8356–7259–8

[62] Gross, D.: *Zustandsschätzung für eine aktive Verteilnetzführung unter Berücksichtigung einer defizitären Messinfrastruktur*, Universität Stuttgart, Dissertation, 2020

[63] Grosse, W.: Holz zur energetischen Nutzung – Aufkommen und Nachfrage. In: 16th *Dresdner Fernwärmekolloquium*, DREWAG, 2011

[64] Hacker, J.; Spath, D.; Hatt, H.: Zentrale und dezentrale Elemente im Energiesystem – Der richtige Mix für eine stabile und nachhaltige Versorgung / acatech – Deutsche Akademie der Technikwissenschaften e. V. 2020. – Forschungsbericht

[65] Hangartner, D.; Ködel, J.; Mennel, S.; Sulzer, M.: Grundlagen und Erläuterung zu Thermischen Netzen, / Hochschule Luzern. 2018. – Forschungsbericht

[66] Häseler, S.: Procuring Flexibility to Support Germany's Renewables: Policy Options. In: *Zeitschrift für Energiewirtschaft* 38 (2013)

[67] Hau, E.: *Windkraftanlage*. 3. Auflage, Springer Verlag, Berlin, 2003

[68] Haussmann, J.: *Visualisierung und Optimierung von Wassertransportpfaden in Gasdiffusionsanlagen einer PEM-Brennstoffzelle*, Universität Ulm, Diss., 2014

[69] Heuck, K.; Dettmann, K.-D.; D., S.: *Elektrische Energieversorgung*. 8. Auflage, Vieweg+Teubner Verlag Springer Fachmedien, Wiesbaden, 2010

[70] Holling, C.: Engineering resilience versus ecological resilience. In: *Engineering Within Ecological Constraints* (1996), S. 32–44

[71] Huhn, R.: *Beitrag zur thermodynamischen Analyse und Bewertung von Wasserwärmespeichern in Energieumwandlungsketten*, Technische Universität Dresden, Dissertation, 2007

[72] Idelchik, I.: *Handbook of Hydraulic Resistance*. 3rd Edition, CRC Press, 1994

[73] IEC – International Electrotechnical Commission (Hrsg.): *IEC 60870-5-104: Telecontrol equipment and systems, Part 5-104: Transmission protocols Network access for IEC 60870-5-101 using standard transport profiles*. 2006. IEC – International Electrotechnical Commission

[74] The Institute of Electrical and Electronics Engineers, Inc. (Hrsg.): *IEEE Std. 1366 – Guide for Electric Power Distribution Reliability Indices*. The Institute of Electrical and Electronics Engineers, Inc., 2021

[75] Jones, S.; Gillott, M.; Boukhanouf, R.; Walker, G.; Tunzi, M.; Tetlow, D.; Rodrigues, L.; Sumner, M.: A System Design for Distributed Energy Generation in Low-Temperature District Heating (LTDH) Networks. In: *Future Cities and Environment* 5 (2019)

[76] Kähler, A.: Automatische Adaption von Heizkurven mit Funkheizkostenverteilern. In: *EuroHeat and Power, Bd. 36* (2007), Nr. 1

[77] KapResV 2019: *Verordnung zur Regelung des Verfahrens der Beschaffung, des Einsatzes und der Abrechnung einer Kapazitätsreserve (Kapazitätsreserveverordnung – KapResV)*. Januar 2019. Bundesgesetzblatt: Bundesregierung

[78] Klimaschutz, B. für Wirtschaft u.: *Installierte Leistung (kumuliert) der Photovoltaikanlagen in Deutschland in den Jahren 2000 bis 2021*. Internet, 10 2022. – https://de.statista.com/statistik/daten/studie/13547/umfrage/leistung-durch-solarstrom-in- deutschland-seit-1990/

[79] Knabe, G.: *Gebäudeautomation*. Verlag für Bauwesen, Berlin München, 1992

[80] Knorr, M.: *Zur funktionellen, energetischen und wärmephysiologischen Bewertung der intermittierenden Betriebsweise von Heizungsanlagen*, Fakultät für Maschinenwesen, Technische Universität Dresden, Dissertation, Juli 2010

[81] Kommunalen Unternehmn e.V., V. der: *Mehr Systemverantwortung für Verteilnetzbetreiber – Neue Qualität der Zusammenarbeit von Verteilnetzbetreibern in der „intelligenten Verteilnetzkaskade".* Internet, 08 2022. – https://www.vku.de/

[82] Köppl, S.; Zeiselmair, A.; Estermann, T.; Bogensperger, A.; Bruckmeier, A.; Ebner, M.; Faller, S.; Müller, M.; Ostermann, A.; Reinhard, J.; Schmid, T.; Schulze, Y.; E., S.; Wohlschlager, D.: C/sells – Das Energiesystem der Zukunft im Solarbogen Süddeutschlands / Forschungsstelle für Energiewirtschaft e. V. 2021. – Forschungsbericht

[83] Kraft, G.: *Heizungs- und Raumlufttechnik – Band 1 (Heizungstechnik).* Verlag Technik GmbH Berlin, 1991

[84] Kraftfahrt-Bundesamt KBA: *Anzahl der Neuzulassungen von Elektroautos in Deutschland von 2003 bis 2022.* Internet, 10 2022. – https://de.statista.com/statistik/daten/studie/244000/umfrage/neuzulassungen-von-elektroautos-in-deutschland/

[85] Kreutziger, M.; Schmidt, M.; et al.: *Projektabschlussbericht SERVING.* 2020

[86] Kreutziger, M.; Schmidt, M.; Schegner, P.: SERVING – Service Plattform Verteilnetze zum integralen Lastmanagement. In: *Dresdener Kreis 2021*, S. 46–50

[87] Kuhn, R.-M.: *Kombination neuer Methoden zur Bestimmung des Wasserhaushaltes von Polymer-Elektrolyt-Brennstoffzellen*, Universität Ulm, Dissertation, 2011

[88] Lehmann, N.; Huber, J.; Kiessling, A.: Flexibility in the context of a cellular system model. In: 16th *International Conference on the European Energy Market*, IEEE, 2019

[89] Leimgruber, J.; Lipsky, P.; Reichlin, A.: Optimale Schaltzeiten in Heizungs- und Klimaanlagen – Gradientenmethode zu ihrer Berechnung. In: *Wärmetechnik 2, Bd. 34* 34 (1989), Nr. 2, S. 66–68

[90] Lutsch, W.; Huther, H.: AGFW-Orientierungshilfe zur Digitalisierung in der Fernwärmebranche / AGFW-Projektgesellschaft für Rationalisierung, Information und Standardisierung mbH. 2019. – Forschungsbericht

[91] Matthes, F.; Flachsbarth, F.; Vogel, M.; Cook, V.: Dezentralität, Regionalisierung und Stromnetze – Metastudie über Annahmen, Erkenntnisse und Narrative für die Renewables Grid Initiative (RGI) / Öko-Institut e. V. 2018. – Forschungsbericht

[92] Maurer, T.: *Kältetechnik für Ingenieure.* VDE Verlag, Berlin Offenbach, 2016. – ISBN 978–3– 8007–3995–6

[93] Menke, J.-H.: *A Comprehensive Approach to Implement Monitoring and State Estimation in Distribution Grids with a Low Number of Measurements*, University of Kassel, Diss., 2020. https: //kobra.uni-kassel.de/handle/123456789/12005

[94] Merkt, B.: *Beitrag zur Zustandsidentifikation von Energieversorgungsnetzen*, Leibnitz Universität Hannover, Dissertation, 2008

[95] Merz, M.; Hansemann, T.; Hübner, C.: *Gebäudeautomation – Kommunikationssysteme mit EIB/KNX, LON und BACnet.* Hanser Verlag, 2016. – ISBN 978–3–446–44662–5

[96] Mohr, P.: *Optimierung von Brennstoffzellen-Bipolarplatten für die automobile Anwendung*, Universität Duisburg-Essen, Dissertation, 2018

[97] Molly, J.: *Windenergie.* 2. Auflage, C. F. Müller Verlag, Karlsruhe, 1990

[98] Munser, H.: *Fernwärmeversorgung.* VEB Deutscher Verlag für Grundstoffindustrie Leipzig, 1979

[99] Neusel-Lange, N.: *Dezentrale Zustandsüberwachung für intelligente Niederspannungsnetze*, Bergische Universität Wuppertal, Dissertation, 2013

[100] O'Rourke, T.: Critical Infrastructure, Interdependencies, and Resilience. In: *The Bridge – Linking Engineering and Society* 37 (2007), Nr. 01, S. 22–30

[101] Ossevorth, F.; Seidel, P.; Krahmer, S.; Seifert, J.; Schegner, P.; Lochmann, P.; Oehm, L.; Mauermann, M.: Resilience in supply systems – What the food industry can learn from energy sector. In: *Journal of Safety Science and Resilience* 3 (2021), Nr. 03, 39-47. http: //dx.doi.org/10.1016/j.jnlssr.2021.10.001. – DOI 10.1016/j.jnlssr.2021.10.001. – ISSN 2666–4496

[102] Oswald, B.: *Netzberechnung: Berechnung stationärer und quasistationärer Betriebszustände in Elektroenergieversorgungsnetzen.* VDE-Verlag, 1992. – ISBN 33–8007–1718–2

[103] Oswald, B.: *Berechnung von Drehstromnetzen.* Springer Vieweg, 2012. – ISBN 978–3–8348–2620–6

[104] Perschk, A.: *Gebäude-Anlagen-Simulation unter der Berücksichtigung der hygrischen Prozesse in den Gebäudewänden*, Fakultät für Maschinenwesen, TU Dresden, Dissertation, 2001

[105] Perschk, A.: Gebäude und Anlagensimulation – Ein „Dresdner Modell". In: *Gesundheitsingenieur* (2010), August, Nr. 4

[106] Pfnür, A.; Winiewska, B.; Mailach, B.; Oschatz, B.: Dezentrale vs. zentrale Wärmeversorgung im deutschen Wärmemarkt – vergleichende Studie aus energetischer und ökologischer Sicht / Forschungscenter betriebliche Immobilienwirtschaft FBI an der TU Darmstadt / ITG Dresden. 2016. – Forschungsbericht

[107] Ramesohl, S.; Arnold, K.; Kaltschmitt, M.; Scholwin, F.; Hofmann, F.; Plätter, A.; Kalies, M.; Lulies, S.; Schröder, G.; Althaus, W.; Urban, W.; Burmeister, F.: Analyse und Bewertung der Nutzungsmöglichkeiten von Biomasse Band 3: Biomassevergasung, Technologien und Kosten der Gasaufbereitung und Potenziale der Biogasreinigung in Deutschland / Fraunhofer Institut Umsicht. 2005. – Forschungsbericht

[108] Rapp, H.; Fricke, N.; Pöllet, N.; Bernhardt-Vautz, S.; Felsmann, C.; Rühling, K.; Volner, V.; Hoppe, S.; Koziol, M.; Siebke, C.; Walther, J.; Blesl, M.; Wendel, F.: Digitalisierung von energieeffizienten Quartierslösungen in der Stadtentwicklung mit intelligenten Fernwärme-Hausanschlussstationen – iHAST (Phase 1-2) / AGFW, TU Dresden, BTU, IER. 2019. – Forschungsbericht

[109] Rasti, S.; Schegner, P.: A Novel Approach to describe and aggregate Multi-Energy Flexibility in Cellular Energy Systems using Affine Arithmetic. In: *ETG-Kongress 2021*, VDE, 2021

[110] Regelleistung.Net: *Internetplattform zur Vergabe von Regelleistung*. Internet, 08 2022. – https://www.regelleistung.net/ext/static/market-information

[111] Reuber, S.: *Ein systematischer Ansatz zur ein- und multikriteriellen Optimierung von Energie- systemen am Beispiel der SOFC-Prozesssynthese*, Technische Universität Dresden, Diss., 2014

[112] Röder, J.; Mitzinger, T.; Thier, P.; Wassermann, T.; Dunkelberg, E.: Analyse und Bewertung der Resilienz urbaner Wärmeversorgungskonzepte – Methodenentwicklung und Anwendung. In: *artec-paper series* 225 (2020)

[113] Rummich, E.: *Energiespeicher – Grundlagen, Komponenten, System und Anwendungen*. expert verlag, 2015. – ISBN 978-3-8169-3297-0

[114] Schegner, P.: Zellulare Energiesysteme und deren technische Herausforderungen. In: *Vorträge – RC Pirna Sächsische Schweiz*, Rotary Club Pirna Sächsische Schweiz, 2022

[115] Schlitzberger, C.: *Solid Oxid Fuel Cell (SOFC)-Systeme mit integrierter Reformierung bzw. Vergasung von Kohlenwasserstoffen*, Technische Universität Braunschweig, Diss., 2012

[116] Schmidt, M.; Hess, T.; Schegner, P.: Optimal Measurement Locations Based on Uncertainty Intervals for State Identification in Distribution Grids. (2017)

[117] Schmidt, M.; Schegner, P.: Deriving power uncertainty intervals for low voltage grid state estimation using affine arithmetic. (2020)

[118] Schmidt, M.; Schegner, P.: Deriving power uncertainty intervals for low voltage grid state estimation using affine arithmetic. In: *Electric Power Systems Research* 189 (2020), Nr. 03, 106703. http://dx.doi.org/10.1016/j.epsr.2020.106703. – DOI 10.1016/j.epsr.2020.106703. – ISSN 0378-7796

[119] Schmidt, R.; Lang, F.; Hackmann, M.: *Physiologie des Menschen*. Springer-Verlag, Berlin Heidelberg, 2017. – ISBN 978-3-642-01650-9

[120] Seidel, P.: *Ein Beitrag zur energetischen Analyse von vernetzten Energiesystemen am Beispiel von Klein-KWK-Anlagen (virtueller Verbund)*, Fakultät für Maschinenwesen, TU Dresden, Dissertation, 2018

[121] Seifert, J.: *Ein Beitrag zur Einschätzung der energetischen und exergetischen Einsparpotentiale von Regelverfahren in der Heizungstechnik*. TUDpress Verlag Dresden, Habilitationsschrift, 2009

[122] Seifert, J.: *Mikro-BHKW-Systeme für den Gebäudebereich*. VDE Verlag, Berlin Offenbach, 2013. – ISBN 978-3-8007-3475-7

[123] Seifert, J.: *Repetitorium Heizungstechnik*. VDE Verlag, Berlin Offenbach, 2015. – ISBN 978-3- 8007-3627-0

[124] Seifert, J.: *Repetitorium Gastechnik*. VDE Verlag, Berlin Offenbach, 2016. – ISBN 978-3-8007- 3967-7

[125] Seifert, J.: *Grundlagen der Wärmephysiologie*. ITM InnoTech Medien GmbH, Augsburg, 2019. – ISBN 978–3–96143–082–6

[126] Seifert, J.; Knorr, M.; Schinke, L.; Beyer, M.; Valentin, F.; Beek, T. van: EnOB: (PL- Reg) – Bewertung hybrider Energieerzeuger inklusive eines plattformübergreifenden Systemreglers für den Gebäudebereich / Technische Universität Dresden. 2022. – Forschungsbericht

[127] Seifert, J.; Knorr, M.; Wiemann, S.; Schegner, P.; Fitzek, F.; Krahmer, S.; Gasch, E.; Bonetto, R.; Sychev, I.; Kczak, W.: *National 5G Energy Hub – Einführung zukunfsträchtiger Kommunikationsstandards in der Energietechnik*. VDE Verlag, Berlin Offenbach, 2021. – ISBN 978–3–8007–5646–9

[128] Seifert, J.; Schegner, P.; Meinzenbach, A.; Seidel, P.; Haupt, J.; Schinke, L.; Hess, T.; Werner, J.: *Forschungs-Report – Regionales Virtuelles Kraftwerk auf Basis der Mini- und Mikro-KWK-Technologie*. VDE Verlag, Berlin Offenbach, 2015. – ISBN 978–3–8007–3654–6

[129] Seifert, J.; Seidel, P.; et al.: *TEK-EKG – Thermisches, Elekrisches Anlagen-EKG von Gebäuden und Quartieren*. VDE Verlag, Berlin Offenbach, 2022. – ISBN 978–3–8007–5957–6

[130] Seifert, J.; Werner, J.; Seidel, P.; et al.: *Praxiserprobung des Regionalen Virtuellen Kraft- werks auf Basis der Mini- und Mikro-KWK-Technologie*. VDE Verlag, Berlin Offenbach, 2018. – ISBN 978–3–8007–4630–9

[131] Siemer, M.: *Lokale Entropieproduktionsraten in der Polymerelektrolyt-Membran-Brennstoffzelle*, Helmut-Schmidt-Universität Hamburg, Diss., 2007

[132] Smolinka, T.; Günther, M.; Garche, J.: Stand und Entwicklungspotenzial der Wasserstoffelektrolyse zur Herstellung von Wasserstoff aus regenerativen Energien / Fraunhofer ISE, FCBAT. 2011. – Forschungsbericht

[133] Stadler, I.; Baum, S.: Virtueller Wärmestrompool – Flexibilisierung von Nachtspeicherheizungen / Technische Hochschule Köln. 2019. – Forschungsbericht

[134] Statista: *Urbanisierungsgrad: Anteil der Stadtbewohner an der Gesamt- bevölkerung in Deutschland in den Jahren von 2000 bis 2020*. 2021. https://de.statista.com/statistik/daten/studie/662560/umfrage/urbanisierung-in-deutschland: Statista

[135] statista: *Statistiken zu den Stromnetzbetreiber*. Internet, 08 2022. – https://de.statista.com/

[136] Statistisches Bundesamt Wiesbaden: *Bauen und Wohnen Mikrozensus – Zusatzerhebung 2014 Bestand und Struktur der Wohneinheiten Wohnsituation der Haushalte*. 2016. Statistisches Bundesamt Wiesbaden

[137] Steimle, F.; Lamprichs, J.; Beck, P.: *Stirling – Maschinen – Technik*. C.F. Müller Verlag, Heidelberg, 2007

[138] Sterner, M.; Stadler, I.: *Energiespeicher – Bedarf, Technologien, Integration*. Springer-Vieweg Verlag, 2014. – ISBN 978–3–642–37379–4

[139] Sulzer, M.; Werner, S.; Mennel, S.; Wetter, M.: Vocabulary for the fourth generation of district heating and cooling. In: *Smart Energy* 1 (2021)

[140] Swissgrid: *Netzebenen*. Internet, 08 2022. – https://www.swissgrid.ch/de/home/operation/power- grid/grid-levels.html

[141] Swissgrid AG (Hrsg.): *Transmission Code 2019*. Swissgrid AG, 2019

[142] Techem: Europäische Patentschrift EP 1 456 727 B1 – Verfahren und Vorrichtung zur Adaption der Wärmeleitung in Heizungsanlagen / Europäisches Patentamt. 2006. – Europäische Patentschrift

[143] Thomas, B.: *Miniblockheizkraftwerke*. Vogel Verlag Würzburg, 2007

[144] United Nations: *UN Habitat Report: The Streatgic Plan 2020 . . . 2023*. 2020. United Nations

[145] VDE Verband der Elektrotechnik Elektronik Informationstechnik e.V. (Hrsg.): *VDE- TAR 4105: Erzeugungsanlagen am Niederspannungsnetz – Technische Mindestanforderungen für Anschluss und Parallelbetrieb von Erzeugungsanlagen am Niederspannungsnetz*. VDE Verband der Elektrotechnik Elektronik Informationstechnik e.V., November 2018

[146] VDE Verband der Elektrotechnik Elektronik Informationstechnik e.V. (Hrsg.): *VDE- TAR-N 4105 Berichtigung 1 Erzeugungsanlagen am Niederspannungsnetz – Technische Mindestanforderungen für Anschluss und Parallelbetrieb von Erzeugungsanlagen am Niederspannungsnetz; Berichtigung 1*. VDE Verband der Elektrotechnik Elektronik Informationstechnik e.V., November 2018

[147] VDE Verband der Elektrotechnik Elektronik Informationstechnik e.V. (Hrsg.): *VDE- TAR 4100: Technische Regeln für den Anschluss von Kundenanlagen an das Niederspannungsnetz und deren Betrieb (TAR Niederspannung)*. VDE Verband der Elektrotechnik Elektronik Informationstechnik e.V., März 2019

[148] VDE Verband der Elektrotechnik Elektronik Informationstechnik e.V. (Hrsg.): *VDE- TAR 4110: Technische Regeln für den Anschluss von Kundenanlagen an das Mittelspannungsnetz und deren Betrieb (TAR Mittelspannung)*. VDE Verband der Elektrotechnik Elektronik Informationstechnik e.V., April 2022

[149] VDI e.V.(Hrsg.): *VDI Wärmeatlas*. 11. Auflage, Düsseldorf, SpringerVieweg Verlag, 2013

[150] VDI Verein Deutscher Ingenieure (Hrsg.): *DIN VDE 0100 Errichten von Niederspannungsanlagen – Normenreihe*. VDI Verein Deutscher Ingenieure, März 2022

[151] VDN e.V. beim VDEW (Hrsg.): *Transmission Code 2007*. VDN e.V. beim VDEW, 8/2007

[152] Wäresch, D.: *Entwicklung eines Verfahrens zur dreiphasigen Zustandsschätzung in vermaschten Niederspannungsnetzen*, Technischen Universität Kaiserslautern zur, Dissertation, 2018. https: //kluedo.ub.uni-kl.de/frontdoor/index/index/docId/5702

[153] Wikipedia: *Stromnetz*. Internet, 08 2022. – https://de.wikipedia.org/wiki/Stromnetz

[154] WindEnergie, B.: *Funktionsweise von Windenergieanlagen*. Internet, 08 2022. – https://www.wind-energie.de/themen/anlagentechnik/funktionsweise/

[155] Wolisz, H.; et al.: The New Role Of Night Storage Heaters in Residential Demand Side Management. In: 5th *German-Austrian IBPSA Conference*, IBPSA, 2014

[156] Wolter, M.: *Grid State Identification of Distribution Grids*, Leibnitz Universität Hannover, Dissertation, 2008

Index